Karl Peter Fischer, Daniela Wiessner, Robert K. Bidmon

ANGEWANDTE WERBEPSYCHOLOGIE

IN MARKETING UND KOMMUNIKATION

Verlagsredaktion: Ralf Boden
Technische Umsetzung: Holger Stoldt, Düsseldorf
Umschlag: Thomas Gnahm, Weimar
Titelfoto: © iStock, Joshua Hodge

Informationen über Cornelsen Fachbücher und Zusatzangebote:
www.cornelsen.de/berufskompetenz

1. Auflage
© 2011 Cornelsen Verlag Scriptor GmbH & Co. KG, Berlin

Druck: Druckhaus Thomas Müntzer, Bad Langensalza

ISBN 978-3-589-23922-1

 Inhalt gedruckt auf säurefreiem Papier aus nachhaltiger Forstwirtschaft.

Paradigmenwechsel im Marketing

Um es gleich vorwegzunehmen: Die Zeiten eines rein produktorientierten Denkens in Marketing und Kommunikation sind vorbei. Wer heute nicht den radikalen Wechsel vollzieht und sein komplettes unternehmerisches Handeln kundenorientiert aufbaut, der wird das Spiel um die Gunst des Kunden verlieren. Gerade deutsche Unternehmen – traditionell nur wenig mit Service und Kundenorientierung beschäftigt – stehen vor der Herausforderung, gewaltig umzudenken. Was heute zählt, sind nicht mehr nur Tugenden wie hohe Qualität in Forschung und Entwicklung. Was heute zählt, ist vor allem eines: der Kunde! Wir haben es mit einem Kunden zu tun, der mündig geworden ist, mitunter kritisch und immer selbstbewusst. Der nicht mehr einfach glaubt, was die Werbung erzählt, sondern überprüft, googelt, chattet, postet, seine Kritik frei und flächendeckend äußert. Unterstützt von Kommunikationsmöglichkeiten in nie dagewesener Vielfalt.

Ein gutes, funktionales Produkt genügt schon lange nicht mehr, um den Kunden zum Kauf zu bewegen. Die Qualitätsstandards der heutigen Zeit sind weltweit derart hoch, dass Differenzierung darüber kaum mehr stattfinden kann. Wer nicht über den Preis verkaufen will, der muss in Marketing und Kommunikation neue Wege gehen.

Wir zeigen Ihnen die Hintergründe auf, warum die Hinwendung zum Kunden und zu seinem Nutzen unumgänglich geworden ist. Dabei verstehen wir den Kundennutzen nicht in einem rein funktionalen Sinne. Uns geht es vielmehr um eine erweiterte Dimension: Nutzen im Sinne einer funktionalen aber auch erlebnisorientierten Komponente. Wir fordern ein Nutzenversprechen, das gleichzeitig zu einem Erlebnisversprechen wird.

Die klare Ausrichtung auf den Kunden führt uns zum nächsten wesentlichen Leitgedanken dieses Buches: die Involvement-Situation des Kunden. Hier haben wir uns in vielen Gesprächen mit Dr. Ulrich Lachmann, dem renommierten Experten in Sachen Involvement, inspirieren lassen und seine jahrzehntelange Erfahrung als Marktforscher, Berater und Autor für unser Vorhaben genutzt.

Sie werden lesen, warum das situative wie das persönliche Kunden-Involvement entscheidend die Entwicklung von Marketing und Kommunikationsmaßnahmen beeinflussen. Außerdem liefern wir Ihnen am Ende des Buches in unserer Kreativwerkstatt wertvolle Hinweise, wie sich die vorgestellten Theorien letztendlich praktisch in kreative Konzepte umsetzen lassen. Entdecken Sie Werbung, die wirkt!

Unser Buch richtet sich an alle, die sich auf irgendeine Art und Weise in Marketing und Kommunikation involviert sehen. Ob Brandmanager oder Vorstände, Werber, Marketer oder Vertriebler, Berater oder Studenten, Vereinspräsidenten oder Ladeninhaber. Es handelt sich um grundlegende Erkenntnisse und praktische Tipps, die Sie alle dabei unterstützen werden, Ihr Denken und Handeln in Zukunft optimal auf Zielgruppen und Kunden auszurichten. Mit dem klaren Ziel, die Wettbewerbsfähigkeit Ihrer Marke oder Ihres Unternehmens nachhaltig zu sichern.

Viel Vergnügen beim Lesen.

Im Herbst 2011
$\qquad$*Karl Peter Fischer*
Daniela Wiessner
Robert K. Bidmon

INHALTSVERZEICHNIS

Einleitung

Der König ist tot. Es lebe der König!

Wir widmen dieses Buch den Kunden dieser Welt. Auf dass sie Gehör finden in den Köpfen der Wirtschaft, des Marketings, der Kommunikation. Nicht mehr die Unternehmen beherrschen die Märkte, es sind die Kunden. Es scheint, als wäre endlich die Zeit gekommen, in der der Kunde tatsächlich König ist. Ein König, der Einfluss nimmt, der respektiert und geachtet wird von seinen Untertanen, den Unternehmen. Sie kommen, um mit ihm zu reden, hören, was er sagt und richten sich nach seinen Wünschen. Das ist die Zukunft.

Darum besteht auch eine der Aufgaben dieses Buches in der sinnvollen Verzahnung von Marketing und Werbepsychologie. Denn in der Psychologie findet der Mensch volle Beachtung. Wir werden Ihnen ausgewählte Theorien und Konstrukte aus der Psychologie wie Aufmerksamkeit, Reizauswahl und Involvement vorstellen und gemeinsam mit Ihnen beleuchten.

Doch zuerst müssen wir sicherstellen, dass wir alle vom Gleichen sprechen. Wir konfrontieren Sie deshalb jetzt mit ein wenig trockener Theorie. Es dauert nicht lange! Lassen Sie uns einfach schnell klären, was wir unter dem Begriff Marketing verstehen. Ganz so simpel ist es nämlich nicht.

Marketing – ein verwirrender Begriff

So sehr wie sich die Zeiten ändern, so ändert sich auch die Definition des Begriffes Marketing bzw. die grundlegende Auffassung dazu. Folgt man den Ausführungen von Meffert (Meffert, 1982) so verweist Marketing auf ein unternehmens- und marktbezogenes Denk- und Handlungsmodell, das auf dem Boden marktwirtschaftlicher Ordnungsprinzipien zu stehen hat (Ulrich, 1976).

Angesichts der neuartigen Herausforderungen der Informationsgesellschaft definieren diverse Autoren den Begriff Marketing eher thesenartig:

- Marketing als ein Führungskonzept und eine Denkhaltung, die dem Unternehmen Gestalt zu geben hat.
- Marketing als eine strategische Orientierung, wobei die Integration gesellschaftlicher Aspekte eine bedeutende Rolle spielt.
- Marketing als Mix von verkaufsfördernden Instrumenten, die je nach Wirtschaftszweigen unterschiedlich zu gewichten sind.
- Marketing als strategisches Integrationskonzept, das auch die Unternehmensidentität prägt (Corporate Identity).

Weinhold et al. (Weinhold-Stünzi, 1974; Friesewinkel, 1992; Mothes, 1984) gelingt es, dem Begriff mehr Format zu geben, ihn verständlicher und praxisnäher wirken zu lassen. Sie definieren Marketing als eine „marktgerichtete und marktgerechte Unternehmenspolitik" und Weiss (Weiss, 2000) erweitert: zum Nutzen der Gesellschaft, des Unternehmens und des einzelnen Mitarbeiters.

Marketing – ein Nutzenversprechen

Da haben wir ihn nun, unseren Nutzenaspekt im Marketing. Alle Autoren (Weiss, 2000; Wilkes, 1999) signalisieren eine geistige Grundhaltung, die im heutigen Wettbewerbsmarkt und der produzierten Überkapazitäten der Pointierung des „Shareholder-Value" in Vergessenheit geraten zu sein scheint.

Wir können die Herausforderungen der sich immer schneller drehenden Märkte nur dann in den Griff bekommen, wenn wir selber unser Marketing und unsere Herangehensweisen an die Märkte durch fortwährendes Lernen an diese Veränderungen anpassen.

Marketing impliziert somit auch einen hohen Grad an Flexibilität und Schnelligkeit. Für Peters (Peters, 1994, S. 59) ist die Sache mit dem Marketing sonnenklar und lässig formuliert: Es gibt nur zwei Arten von Unternehmen – die „schnellen und die toten".

Fassen wir diese und andere Definitionen zusammen, dann scheint Marketing irgendwo zwischen aktiver „Verkaufsförderung" (Polastro, 1997) und hoher Identifikationsphilosophie (Diedenhofen, 1997) angesiedelt zu sein.

Da wir uns in diesem Buch aber auf die Fahnen geschrieben haben, Ihnen praxisorientiertes Wissen mit auf den Weg zu geben, wollen wir uns nicht mit einer schwammigen

Begriffsklärung zufriedengeben. Vielmehr setzen wir eine weitere, neue Definition obendrauf. Eine Definition, die nicht nur den unternehmerischen Kern mitnimmt, sondern auch dem gesellschaftlichen Aspekt Rechnung trägt:

Marketing ist die ausgewogene Balance zwischen dem „Consumer Lifetime Value" und dem „Shareholder-Value".

In unserer Definition stehen sich zwei Begrifflichkeiten gegenüber: „Consumer Lifetime Value" und „Shareholder-Value". Darin definieren wir die beiden Kernaufgaben des Marketings:

- Zum einen die Fokussierung auf den Deckungsbeitrag, den ein Kunde während seines gesamten „Kundenlebens" realisiert.
- Zum anderen die gleichzeitige Berücksichtigung der Eigenkapitalrendite des Unternehmens.

Wer die sehr praxisnahen Bücher über optimales Marketing der amerikanischen fach- und populärwissenschaftlichen Literatur liest, der wird immer wieder auf die Begriffe „Consumer Lifetime Value" versus „Shareholder-Value" treffen. Die amerikanischen Autoren stellen darin folgende Theorie auf: Auch für sie gibt es nur zwei Arten von Unternehmen.

Die einen kümmern sich nicht oder nur teilweise um den Kundenwert, den „Consumer Lifetime Value". Sie werden über kurz oder lang auf der Verliererstraße enden.

Die zweite Kategorie von Unternehmen dagegen bringt es fertig, den „Consumer Lifetime Value", also den Kundenwert, sukzessive zu erhöhen. Solche Unternehmen brauchen sich um ihren Shareholder-Value und somit die angemessene Eigenkapitalverzinsung keine Sorgen zu machen. Der Erfolg ist ihnen sicher.

Um das Ganze auf den Punkt zu bringen, hier unsere These:

Produkte, die den Nutzen des Konsumenten nicht im Auge behalten, die die Lebensqualität der Konsumenten nicht steigern oder ihnen ein besseres Lebensgefühl vermitteln, solche Produkte und Unternehmen werden nicht wirklich erfolgreich sein.

Wenn wir das einmal pointiert formulieren und die duale Sichtweise unserer amerikanischen Kollegen einnehmen, erkennen wir also: Es gibt tatsächlich nur zwei Arten von Unternehmen: Nämlich diejenigen, die sich im Marketing ganz schnell auf den Kundennutzen konzentrieren und die toten.

Doch damit wir in Zukunft erfolgreich in den Märkten agieren, muss zunächst die „Marketing-Denke" auf den „Consumer Lifetime Value" verlagert werden und damit verbunden diese Marketing-Philosophie in den Führungsetagen der Wirtschaft Einzug halten.

Aufmerksamkeit und Wahrnehmung

1

In diesem Kapitel nehmen wir Sie mit in die Welt der Reize und der Aufmerksamkeit

Sie werden erkennen, wie aus reizarmen Situationen Langeweile entsteht und aus Langeweile plötzlich Aufmerksamkeit entstehen kann. Wir konfrontieren Sie mit dem allgegenwärtigen Information Overload und der Tatsache, dass 98 Prozent der Werbebotschaften darin gnadenlos untergehen. Ungehört. Ungesehen. Unwirksam.

Außerdem erfahren Sie, wie und vor allem warum Menschen Reize verarbeiten. Wir klären auf, ob es – wie im Neuromarketing behauptet – wirklich nur bewusste bzw. unbewusste Wahrnehmung gibt. Oder ob nicht doch eine Grauzone der Wahrnehmung existiert, die für uns Werber und Marketingfachleute von großer Bedeutung sein kann.

Am Ende dieses Kapitels kommen wir auf den ersten Eindruck zu sprechen und räumen gleichzeitig mit ein paar alten Marketingmythen auf. Wir wollen Sie anregen, erstaunen, überraschen und Sie befähigen, komplexe wahrnehmungspsychologische Zusammenhänge leicht und schnell zu verarbeiten. Immer im Hinblick auf eine Anwendung in der Praxis. Und darum bitten wir Sie jetzt um Ihre Aufmerksamkeit!

Denn wie alle in Marketing und Werbung kämpfen auch wir mit unserem Buch um ein wertvolles, weil extrem knappes Gut: die Aufmerksamkeit des Kunden. Sie gilt als die neue, harte Währung im Informationszeitalter. Im Marketing geht es schon längst nicht mehr allein um Neuigkeit, Kreativität oder Wahrheit – es geht ums Wahrgenommenwerden.

„Doing business without advertising is like winking at a girl in the dark. You know what you're doing, but nobody else does", konstatierte schon Stuart H. Britt. Wir, die Autoren dieses Buches, behaupten sogar, dass die meisten Werbekampagnen heute ohne Licht im Dunkeln winken. Die Kampagnenmacher wissen mitunter genau, welche Botschaften und vor allem Produkteigenschaften sie transportieren wollen, doch die wenigsten potenziellen Kunden interessiert es – die Jünger von Apple einmal ausgenommen. Zu viele Botschaften. Zu wenig Aufmerksamkeit. Das ist die bittere Realität.

Ohne Aufmerksamkeit verlieren sich alle noch so inspirierten, kreativen und neuartigen Bemühungen von Marketingexperten und Werbern im Nichts. Sie tappen umher in der Finsternis der Nichtbeachtung und verschlingen dabei Unsummen von Werbegeldern. Viel Aufwand für wenig Wirkung! Zeit, das Licht anzuknipsen.

Dieses Buch bringt hellen Schein in die Psyche der Konsumenten und verknüpft dunkle Theorie mit leuchtenden Praxistipps. Es erhellt, wann, warum und auf welche Weise Sie die Aufmerksamkeit von Konsumenten erzielen – immer vor dem Hintergrund aktueller, werbepsychologischer Erkenntnisse. Es nimmt Sie mit in das Innenleben der Konsumenten und erklärt entscheidende wahrnehmungspsychologische Zusammenhänge.

Es beleuchtet, warum die richtige Einschätzung des Kunden von elementarer Bedeutung ist und auf direktem Weg zum Nutzen führt. Nämlich zum Nutzen des Kunden, der mehr denn je im Mittelpunkt der Kommunikation stehen muss. Es zeigt Wege auf, wie Sie mit der richtigen Botschaft, der optimalen Positionierung, Authentizität und dem passenden Ton auch im größten Werbelärm Gehör beim Kunden finden. Konkret, praxisnah und wissenschaftlich fundiert.

Dieses Buch begnügt sich nicht damit, einen Blick in das Gehirn des modernen Konsumenten zu werfen, wie es das Neuromarketing so gerne tut. Was hilft es Ihnen zu wissen, in welchen Regionen des Hirns es blinkt, wenn Sie keine Ahnung haben, wie Sie es dort zum Leuchten bringen.

Daher verknüpfen wir das Warum mit dem Wie. Gleichermaßen als Leitfaden durch die Synapsen des Konsumenten und als Arbeitsanleitung für Werbetreibende und alle, die das Geschäft des Marketings lernen wollen. Ein Buch, das Wahrnehmungspsychologie und Kommunikation mit Theorie und Praxis vereint. Jetzt geht's los!

1.1   Mensch Kunde, pass doch auf!

Noch nie gab es so vielfältige Möglichkeiten, Menschen mit Informationen zu erreichen, wie heute: beim Frühstück, auf dem Weg zur Arbeit, in der Mittagspause, beim Fernsehen, beim Austausch mit Freunden und wenn es sein muss auch noch im Schlafzimmer. In Zeiten von Blackberry, iPhone und iPad gilt Information als immer und allgegenwärtig abrufbar. Sie poppt auf, wann immer ein Mensch sich im Internet bewegt, begegnet uns auf Schritt und Tritt. Heller, greller, lauter – überall. Die Folgen? Stress, Hektik, Information Overload oder droht sogar der Information Overkill? Weit gefehlt.

Der Mensch erweist sich als hochkomplexes Wesen, das sich hervorragend an seine Umwelt anpassen kann: hoch entwickelt und doch mit begrenzten Möglichkeiten ausgestattet. So verfügt das Gehirn lediglich über eine sehr beschränkte Verarbeitungskapazität. Es muss blitzschnell auswählen, welche Informationen für den Organismus von Bedeutung sind und welche nur geringe Relevanz aufweisen. Was macht er also, der informations- und reizgeplagte Mensch? Ganz einfach. Er selektiert und ignoriert – wo immer er kann. Das Ergebnis: Noch nie haben Menschen so viel Werbung übersehen wie heutzutage.

Die Werber leiden, nicht der Kunde
Nicht die ins Visier genommene Kundschaft leidet unter der Flut der Informationen. Es sind vielmehr die Unternehmen, die Marketingleiter, die Werber und Kommunikationsprofis, die wirklich leiden. Denn trotz aller Kreativität, Social Media, crossmedialer Kampagnen und schier permanenter digitaler Erreichbarkeit der Klientel, erwischen sie ihre Zielgruppen nicht oder nur mit wenig Wirkung. Denn die ignorieren schlicht, was ihnen nicht ins Bewusstsein passt.

Was lernen wir daraus? Geht es um Aufmerksamkeit, dann hilft viel nicht immer viel. Den Werbedruck erhöhen, die Penetranz, mit der wir den Kunden angehen, kann helfen, muss es aber nicht. Ausprobieren ist teuer und kostet die Agentur bei Misserfolg schnell mal den Etat. Viel wichtiger erscheint dagegen, die optimalen Maßnahmen auszuwählen, um das bewusste oder auch unbewusste Durchdringen zum umworbenen Kunden zu garantieren.

Um dies zu klären, benötigen wir einige theoretische Grundlagen, die uns aufzeigen, wie Menschen wahrnehmen und wie wir ihre Aufmerksamkeit und ihr Interesse erzielen. Um den Rahmen dieses Buches nicht zu sprengen, beschränken wir uns dabei auf relevante Sachverhalte.

Ignorieren Sie, was keine Relevanz hat
Sich auf Relevantes zu konzentrieren, bewährt sich auf allen Ebenen. Darum wollen wir auch gerne an dieser Stelle mit einem Mythos aufräumen. Löschen Sie die hoffnungslos veraltete AIDA-Formel am besten gleich aus Ihrem Gedächtnis. Die vier Buchstaben

AIDA beschreiben immer noch – nach Meinung vieler Werbetreibender – die unterschiedlichen Stufen der Werbewirkung, die direkt zum Erfolg führen. Das A steht demnach für Attention (unsere gerade besprochene Aufmerksamkeit). Hat man diese erhalten, folgt das berühmte Interesse (Interest): der Wunsch, das Angebot zu besitzen (Desire). Dieser erzeugt wiederum eine Handlung (Action), meist einen Kauf. A, I und D wären somit dem Werbeerfolg Action vorgelagerte Werbewirkungen.

Was sich so schön schlüssig, stringent und hartnäckig in den Köpfen eingelagert hat, stimmt heute nicht mehr. Unsere Wirklichkeit ist eine hochkomplexe und die AIDA-Formel darum reif fürs Museum. Wer heute noch auf AIDA hört, sitzt hoffentlich in der Arena di Verona!

Mythos: Vorsicht mit AIDA

E. St. Elmo Lewis (1872 – 1948) entwickelte die AIDA-Formel 1898 – ursprünglich als Anleitung für Verkaufsgespräche. Erst später übertrug er sie, er arbeitete damals bei einer Zeitung, auf Anzeigen. Er wollte Anzeigenkunden so helfen, ihre Werbung erfolgreicher zu gestalten.

Wo bleibt der Kontakt?

1898 war eine herrliche Zeit für Werber – es gab damals nicht solche Werbefluten wie heute. Heute fehlt der AIDA-Formel einer der wichtigsten Werbewirkungsfaktoren: der physische Kontakt zum Werbemittel. Früher mag das anders gewesen sein. Heute, in einer Medienwelt, muss Werbung, bevor sie wirken kann, im Kontakt mit der Zielgruppe stehen. Konkret: Wer für einen lokalen Sommer-Event im bayerischen Pfaffenhofen wirbt, sollte dies nicht in der mecklenburgischen Ostsee-Zeitung tun. Potenzielle Besucher haben so keine Chance, davon zu erfahren (egal wie aufmerksamkeitsstark die Werbung in der „Ostsee-Zeitung" ist). Es wäre also nötig, mindestens ein K, das für Kontakt steht, vor AIDA zu stellen.

Missverständnis Aufmerksamkeit

Gerade das erste A in AIDA, das für Aufmerksamkeit steht, wird von vielen Werbern missverstanden. Sie reduzieren die AIDA-Formel auf: *„Hauptsache, unsere Werbung erzeugt Aufmerksamkeit"*. Diese Sichtweise kann jedoch gründlich fehlschlagen. Welche Folgen diese Reduktion auf „Hauptsache Aufmerksamkeit" hat, berichtet beispielsweise die Pforzheimer Zeitung am 26.11.2003: Mit Bohrmaschinen bewaffnet wurde eine Sparkasse überfallen, um mit den dort geschossenen Fotos Werbung für diese Bohrmaschinen zu machen (Guerilla-Marketing). Aufmerksamkeit erzielte diese Kampagne dann in Gestalt eines Großeinsatzes der Polizei. Und hohe Kosten (für den Einsatz der Polizei, Imageschaden). Das letzte A von AIDA, nämlich die Action, erreichte der Hersteller damit nicht: den Verkauf von Bohrmaschinen.

Aufmerksamkeitserheischend und -stark war sicherlich auch die *„Mix it, baby"*-Kampagne mit Arnold Schwarzenegger. Der Energiekonzern *EON* wollte Kunden für seinen aus verschiedenen Energiequellen mischbaren und damit ökologisch besonders vertretbaren Strom gewinnen. Kenner schätzen die Kosten des viel beachteten Werbefeldzugs auf 20 Millionen Euro. Aber nur 1.100 Neukunden konnten gewonnen werden. Das macht satte 20.000 Euro Akquisitionskosten pro Kunde!

Aufmerksamkeit muss nicht immer so brachial sein, wie im eben genannten Beispiel. Die neuere Forschung zeigt, dass auch nur eine kurze, flüchtige Aufmerksamkeit Werbewirkungen hervorrufen kann – dazu später mehr.

Interesse steuert Aufmerksamkeit

Auch die Reihenfolge der Buchstaben in der AIDA-Formel stimmt nicht immer. Sowohl eigene Erfahrungen als auch viele Untersuchungen der Psychologie zeigen: Menschen werden schneller auf Botschaften zu Themen aufmerksam, für die sie sich interessieren: Wer einen Laptop kaufen will, beachtet in einem Zeitschriftenladen sehr schnell die Zeitschriften, die zum Beispiel aktuelle Tests zum Thema Laptop enthalten.

Kurz: Da Interesse auch die Voraussetzung für Aufmerksamkeit sein kann, könnte die Formel genauso gut IADA, oder, mit der zugefügten Kontaktmöglichkeit, KIADA lauten.

Erinnerungseffekte fehlen

Und noch schlimmer: Wichtige Werbewirkungen werden in der AIDA-Formel nicht berücksichtigt. So sind beispielsweise Erinnerungseffekte überhaupt nicht abgebildet: Wenn die Werbebotschaft Erfolg erzielen will, sollte sie im Gedächtnis behalten werden, da ja zwischen dem Kontakt mit der Werbung und dem Kauf häufig eine mehr oder weniger große Zeitspanne liegt. Wer am Wochenende Werbung sieht, sollte sich auch am Wochenanfang beim Einkaufen noch daran erinnern können.

Zentrale Aussagen nicht belegt

Die zentralen Aussagen von AIDA konnten trotz jahrzehntelanger Forschung auch nicht empirisch bestätigt werden.

Ambler und Vakratsas sichteten 250 wissenschaftliche Publikationen zum Thema *„Wie funktioniert Werbung?"* Sie kamen zu dem Ergebnis, dass das Konzept des hierarchischen Wirkungsverlaufs, dass also eine Werbewirkung der anderen folgt, empirisch nicht bestätigt werden kann!

Was wir brauchen, sind Alternativen zur AIDA-Formel. Werbung ist heute in vielen Fällen nicht erwünschte Information. Sie wird selten so konzentriert gelesen wie ein gutes Fachbuch. Im Bewusstsein des Menschen sind oft ganz andere Dinge. Nur ein kleiner Teil des Bewusstseins beschäftigt sich mit Werbung. Und das kann oft sogar gute Wirkungen hervorrufen, wie folgende Ausführungen zeigen.

Das Bewusstsein – Konstrukt zwischen Wahrnehmung und Realität

Wahrnehmung schafft Realität. Das bedeutet: Unsere Realität basiert allein darauf, wie wir sie wahrnehmen. Unser Handeln richtet sich nicht danach, wie sich die Welt objektiv darstellt, sondern ausschließlich danach, wie wir sie empfinden und wie sie unser Bewusstsein prägt.

▶ **Je eindeutiger und bewusster eine Information also ins Blickfeld gerät, umso besser ist sie dazu geeignet, unser Handeln zu beeinflussen.**

Die Intensität und die Dauer, mit der sich ein Mensch mit einer Information auseinandersetzt, hängt stark mit einem besonderen Konstrukt zusammen: dem Bewusstsein. Heute gehen wir davon aus, dass sich dieses Bewusstsein im Laufe eines Evolutionsprozesses entwickelt hat. In einer unwirtlichen Umwelt hatten diejenigen einen Überlebensvorteil (*„survival of the fittest"*), die denken, planen und sich Alternativen vorstellen konnten (Zimbardo/Gerrig, 2008). Gefahr erkannt, Gefahr gebannt!

Wer aufmerksam ist, konzentriert sich auf bestimmte Reize. Dabei ist Aufmerksamkeit das Ausblenden irrelevanter Informationen und die Auswahl relevanter Information. Die relevanten Informationen können dem Bewusstsein zugänglich gemacht werden, um Denken und Handeln zu steuern. Darüber hinaus können bewusst wahrgenommene Informationen auch gespeichert werden, um sie für spätere Entscheidungen wieder zur Verfügung zu haben.

Die fließenden Grenzen des Bewusstseins

Auch wenn es im ersten Moment so zu sein scheint: Selektion und Bewusstsein verlaufen nicht nach dem Schwarz-Weiß-Schema. Als Werber dürfen wir die Grauzone nicht unbeachtet lassen. Selektion bedeutet nicht, dass alle anderen Reize, denen sich ein Mensch nicht zuwendet, bewusst abgeblockt werden. Es gibt einen erheblichen Teil von Inhalten und Reizen, die auch ohne diese bewusste Zuwendung in das Gedächtnis einer Person vordringen.

Beachten Sie: Nicht jeder Wahrnehmungsprozess geschieht in gleicher Intensität. Auch eine unbewusste Reizverarbeitung kann sehr wohl die Entscheidungen des Empfängers beeinflussen, wenn auch nicht so stark und zeitlich so stabil wie bewusst wahrgenommene Informationen. Selbst subtile Markensignale, nur am Rande wahrgenommen, sind durchaus in der Lage, beim Empfänger bestimmte Verhaltensprogramme auszulösen. Dies gilt auch, wenn die Person sich nicht darüber im Klaren ist oder darüber Auskunft geben könnte.

Explizite oder implizite Wahrnehmung – dazwischen liegt ein Ozean

Neuerdings spricht man – geht es um die Verarbeitung von Reizen und Informationen – gerne von rein „expliziter" (d.h. mit gerichteter Aufmerksamkeit) bzw. „impliziter" (d.h. ohne gerichtete Aufmerksamkeit) Reizverarbeitung und setzt die Begriffe gleich mit „bewusst" und „unbewusst" (Scheier, 2005).

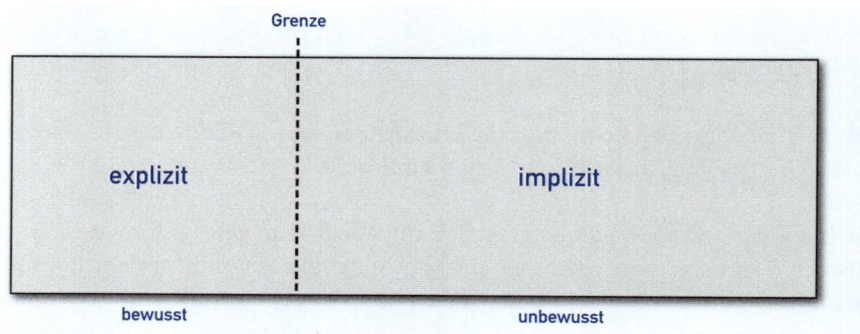

Abb. 1.1: Unterscheidung explizit versus implizit

Diese harte, dichotome Unterscheidung in explizit (d.h. bewusst) oder implizit (d.h. unbewusst) wird unserer Meinung nach den feinen Nuancen der Wahrnehmung nicht gerecht. Vielmehr gestaltet sich der Übergang von bewusst zu unbewusst fließend.

Eine radikale Grenzziehung zwischen explizit versus implizit bringt für das Marketing keinen vernünftigen Ansatzpunkt.

Es existieren graduelle Bereiche, in denen wir bereits „bewusst genug" wahrnehmen, um beeinflussbar zu sein, aber noch nicht genügend Bewusstsein dafür besitzen, wiederzugeben, was wir exakt wahrgenommen haben. Es sind die Grenzbereiche der Wahrnehmung, die hier ihre Wirkung entfalten.

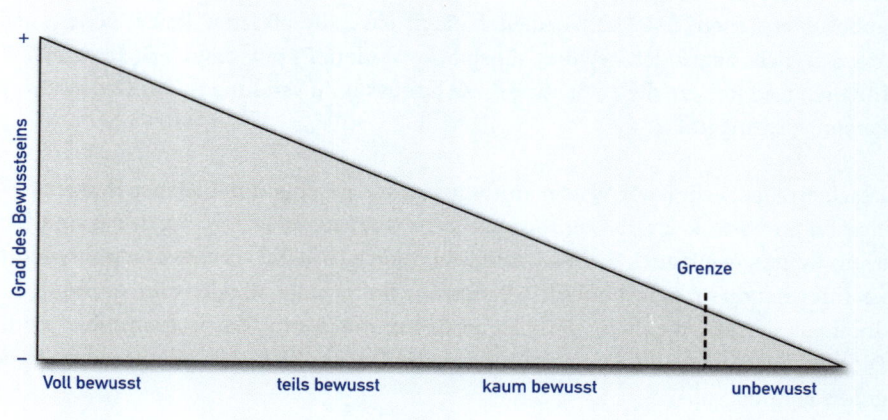

Abb. 1.2: Die graduellen Unterschiede des Bewusstseins bei der Reizverarbeitung

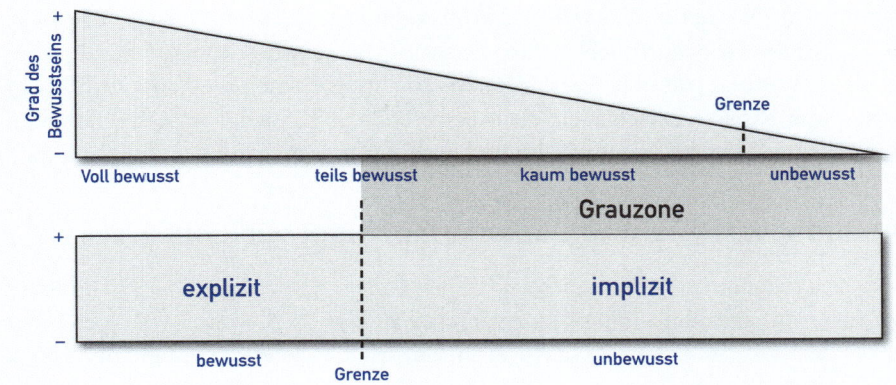

Abb. 1.3: Grauzone zwischen bewusster und unbewusster Wahrnehmung

Das „Zusammenfassen" der graduellen Unterschiede des Bewusstseins bei der Reizverarbeitung zu einer einzigen Kategorie „explizit" macht für Marketing und Kommunikation aus unserer Sicht keinen Sinn. Für Werber und Marketingentscheider besteht mit Blick auf zielführende Kommunikationsmaßnahmen nämlich durchaus ein gravierender Unterschied, ob der Kunde der Werbebotschaft mit Lesen, Nachdenken, Reflektieren oder Memorieren begegnet, oder er sie einfach nur als flüchtigen Eindruck aufnimmt.

Denn es sind gerade diese feinen unterschiedlichen Grade der bewussten Reizverarbeitung, die völlig unterschiedliche Maßnahmen und Instrumente erforderlich machen. Der Bereich „explizit" erweist sich daher als viel zu heterogen, um allein auf der Unterscheidung „explizit" versus „implizit" vernünftige Marketingmaßnahmen aufbauen zu können. Die für die Erweckung von Aufmerksamkeit maßgebenden unterschiedlichen Grade der bewussten Reizverarbeitung in nur einer Kategorie „explizit" zu verschmelzen, wäre fatal in der Praxis.

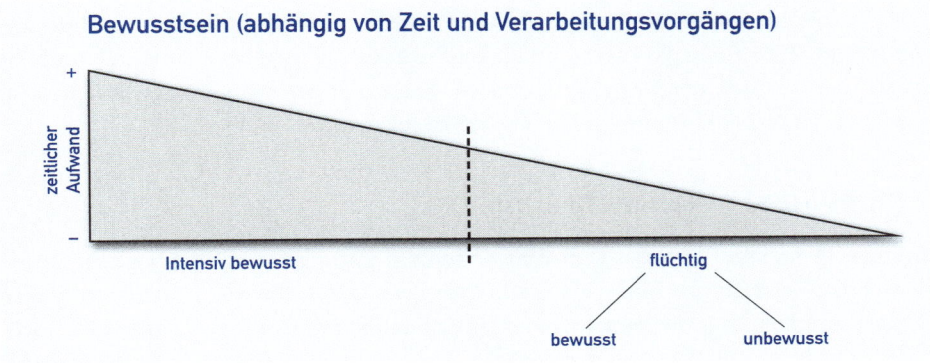

Abb. 1.4: Unterscheidung in „intensiv bewusst" und „flüchtig" für die Praxis

Darum betrachten wir die Unterscheidung zwischen expliziter versus impliziter Reizverarbeitung für Marketingmaßnahmen nicht geeignet, da zu unscharf. Wir schlagen vor, die Bereiche „bewusst flüchtig" und „unbewusst" zusammenzufassen (siehe Abb. 1.4).

Denn für den Anbieter und Absender der Marketingbotschaft erweist es sich als relativ egal, ob sich der Empfänger dem Reiz nur ganz flüchtig bewusst zuwendet und reagiert oder ob er aufgrund von unbewusster Reizverarbeitung eine Entscheidung trifft. Somit ziehen wir die Grenze zwischen „intensiv bewusster" und „flüchtiger" Reizverarbeitung wobei „flüchtig" sowohl „bewusst" als auch „unbewusst" sein kann.

1.2.2 Bewusst wahrnehmen oder unbewusst verführt werden?

Im Kommunikationsprozess interessiert uns vor allem eine Frage: Wie schaffe ich es, dass meine Information interessanter wirkt als andere und bewusst wahrgenommen wird? Schließlich besteht die Aufgabe darin, Botschaften derart zu vermitteln, dass sie beim anderen etwas bewirken.

Doch was passiert in unseren Gehirnen, wenn wir wahrnehmen? Was führt dazu, dass manche Informationen bis ins Bewusstsein durchdringen, manche unser Unterbewusstsein prägen und wiederum andere völlig an uns vorübergehen?

Am Anfang der Wahrnehmung steht immer die Aufmerksamkeit – also die Auswahl eines bestimmten Reizes; auch als „Information" bezeichnet. Unser Gehirn sucht sich aus, was es überhaupt wahrnehmen möchte. Es entscheidet in Bruchteilen von Sekunden, was es für relevant erachtet, genauer betrachtet zu werden. Die Aufmerksamkeit unterbricht sozusagen den permanenten Fluss unbewusst registrierter Reize und wendet sich etwas gezielt zu. Sie wählt bestimmte Reize aus der Umwelt (Selektivität) aus und weist ihnen unsere kostbaren, da nur sehr beschränkt zur Verfügung stehenden Bewusstseinsressourcen (Orientierung) zu.

Doch nicht jeder Wahrnehmungsprozess erfolgt unter gleicher Aufmerksamkeit. Die Aufmerksamkeit im Wahrnehmungsprozess ist wankelmütig, flüchtig und kann durchaus variieren. Sie reicht von etwas kaum zu bemerken bis sich voll auf etwas zu konzentrieren.

Reize, die im Fokus klarer Aufmerksamkeit stehen, nehmen wir normalerweise bewusst wahr. Wir sind in der Lage, darüber konkrete verbale Angaben zu machen und uns später unter Umständen an sie zu erinnern. Reize, die wir mit geringer bzw. nahezu ohne Aufmerksamkeit wahrnehmen, bleiben dagegen unbewusst.

1.2.3 Unbewusste Wahrnehmung

Mit dem Begriff der „unbewussten Wahrnehmung" bezeichnen wir die Wirkung unterschwelliger Reize auf das Verhalten des Empfängers. Unterschwellig bedeutet in diesem Zusammenhang, dass die Person die Informationen nicht bewusst verarbeitet, sie nicht bewusst wahrnimmt. Tatsächlich laufen rund 98 Prozent der Wahrnehmung auf dieser unbewussten Ebene ab. Viele Wahrnehmungsabläufe sind derart flüchtig, dass im menschlichen Bewusstsein davon nur wenige Informationen hängen bleiben.

Doch was ist mit dem raschen Blick über eine Anzeige, dem kaum wahrgenommenen Vorbeihuschen eines Plakates am Straßenrand, dem nebenbei gehörten Radiospot? Bleiben sie völlig ohne Wirkung? Diese Frage wird strittig diskutiert. Sie zeigt sich in der

Diskussion, ob wir entweder ausschließlich bewusst oder ausschließlich unbewusst wahrnehmen. Explizit oder implizit – das ist hier die Frage! Oder doch nicht?

Wie bereits erwähnt, gehen wir davon aus, dass es diverse graduelle Zustände des Wahrnehmens gibt – von absolut unbewusst über Formen der flüchtig bewussten Wahrnehmung bis hin zu intensiv bewusst. Diese Annahme führt uns zu folgender Erkenntnis:

➤ **Selbst flüchtig bewusst wahrgenommene Reize und Informationen weisen das Potenzial zur Änderung von Einstellungen auf.**

Und genau darum ist die flüchtig bewusste Wahrnehmung so bedeutsam für uns. Grundlegend sind hier affektive Mechanismen wie beispielsweise die klassische oder die operante Konditionierung. Mechanismen, die sich hervorragend dazu eignen, eine Vorprägung auf eine Marke herzustellen.

Den Beweis hierfür liefert im Grunde die klassische Werbung: Da wir 98 Prozent der auf uns einströmenden Reize unbewusst wahrnehmen, würde unter der Prämisse, dass dies folgenlos bliebe, gerade im klassischen Bereich nahezu alles auf der Strecke bleiben, was die Werbeindustrie an TV-Spots, Plakaten und Anzeigen produziert. Mehr als ein flüchtiges Bewusstsein haben wir für klassische Werbeformen meist nicht mehr übrig.

Wer sitzt schon gebannt vorm Fernseher und setzt sich intensiv und sehr bewusst mit den neuesten Inhalten der Shampoo-Werbung auseinander? Und doch beeinflussen sie unser Denken, Handeln und Fühlen und unsere Einstellung zu bestimmten Marken und Produkten. Spätestens wenn wir vor dem Shampoo-Regal stehen und uns denken, *„Ach ja, Fructis! Hatte ich noch nie, aber das könnte ich doch mal ausprobieren!",* merken wir, wie Werbung auch ganz nebenbei wirkt.

Exkurs zum Thema „Geheime Verführer"

Zur Vertiefung

Auch wenn wir gerade eine Lanze für die Beeinflussung unserer Einstellungen zu Produkten und Marken durch die unbewusste, periphere Wahrnehmung brechen, so müssen wir doch an dieser Stelle noch schnell mit einem alten Mythos aufräumen: „Werbung als geheime Verführerin". Lange hielt sich diese These und bestimmt spukt sie auch heute noch hie und da in den Köpfen der Menschen herum. Verständlich!

Zu spannend und schaurig zugleich erscheint doch die Möglichkeit, das Handeln (!) von Menschen beeinflussen zu können, sie allein durch sublime Botschaften zu manipulieren. Die Verlockung und Gefahr zugleich: Werbung, die sich jenseits der Wahrnehmungsfähigkeit (subliminal) in die Köpfe der Menschen schleicht und dort ihre konkrete Wirkung entfaltet. Das waren die Gruselszenarien des vergangenen Jahrhunderts.

Vielleicht haben Sie ja schon einmal von der Vicary-Studie gehört. Dazu müssen wir erst einmal etwas über amerikanische Kinos erzählen. Dort wird nämlich seit Jahrzehnten nach der Hälfte des Films eine Pause eingelegt. Da kann man dann Getränke und Snacks kaufen.

1957 blendete vor dieser Pause der Marktforscher James McDonald Vicary in einem Kino in Fort Lee je eine 1/3000-Sekunde lang ein: *„Trink Coca-Cola"* oder *„Iss Popcorn"*. Insgesamt 169 Mal. 45.699 Zuschauer wurden innerhalb von sechs Wochen unfreiwillige Teilnehmer dieses Experiments. Das Ergebnis überzeugte: In den Pausen nach den Einblendungen stieg der durchschnittliche Umsatz von *Cola* um 18,1 Prozent und der von Popcorn um 57,5 Prozent.

Viel Wind um nichts

Diese Untersuchung sorgte damals für viel Wirbel: Die Werbekritiker hatten endlich einen Beleg, wie gefährlich Werbung sei. Werbebefürworter sahen darin einen Beleg, wie effektiv Werbung sein kann. Allerdings wiederholten viele Werbewissenschaftler das Experiment – ohne Erfolg. Schon damals munkelte man, das Experiment sei erfunden. Der Knall kam dann anlässlich des fünften Jahrestages des Experiments, nachzulesen in der Zeitschrift *AdvertisingAge*: Erstens war Vicary der Hersteller der Geräte, mit denen man die Einblendungen machen konnte. Und zweitens war er Berater, der drittens, um seinen schlecht laufenden Geschäften etwas Schwung zu geben, diese Studie frei erfunden hatte. Sie hat, auch nach seinen eigenen Worten, weder wissenschaftlichen noch praktischen Wert. (http://adage.com/article/adage-encyclopedia/subliminal-advertising/98895/)

Nach diesem Bekenntnis war das Thema „unterschwellige Beeinflussung" jahrelang in der Wissenschaft tabu. Heute liegen aber dazu neue Ergebnisse vor: Wirkungslos sind direkte Aufforderungen wie *„Trink Coca-Cola"* oder *„Iss Popcorn"*. Ganz anders sieht es aber bei indirekten Effekten aus: So kann z.B. die Bedeutung eines Wortes schon nach einem ersten unterschwelligen Kontakt aktiviert sein. Im darauf folgenden Kontakt kann dann die gleiche Werbebotschaft davon profitieren. Sie wird z.B. schneller verstanden. Auch Motive und Emotionen lassen sich unterschwellig aktivieren. So legt man für nachfolgende Botschaften eine gute motivationale oder emotionale Grundlage. Und berühmt wurde der Mere-Exposure-Effekt: Ein zuerst unterschwellig dargebotener Reiz wird beim nächsten Kontakt meist positiver bewertet.

Diese Ergebnisse sind für uns wichtig. Der Mere-Exposure-Effekt erklärt z.B., warum Wegwerfen, Weiterblättern, Wegklicken keine werblichen Katastrophen sind. Ganz im Gegenteil. Die gerade genannten Ergebnisse zeigen, dass es zu positiven Effekten kommen kann. Und da haben wir schon den Bezug zu unseren Low-Involvement-Situationen, in denen es zu mehreren unterschwelligen bis flüchtigen Kontakten kommt.

Und noch etwas. Bei einer bewussten und aufmerksamen Verarbeitung von Werbung setzen bestimmte Kontrollprozesse ein. Gerade bei High-Involvement wird die Information genauer unter die Lupe genommen. Die einzelnen Argumente werden geprüft und hinterfragt. Solche Kontrollprozesse fallen bei unterschwelliger Wahrnehmung weg. Darin liegt auch ihre hohe Wirksamkeit (vgl. zusammenfassend: Felser, 2007, S. 313 ff.). Also, wenn Sie im Kino ganz konkret zu Popcorn und Cola greifen, liegt dies allein in Ihnen selbst begründet und nicht an der geheimen Macht der Werbung! Und falls Sie sich gut dabei fühlen, liegt das an unterschwellig wahrgenommenen Reizen. Lassen Sie es sich trotzdem schmecken!

Ohne Wahrnehmung keine Werbung. So wird unser Produkt zur Realität — 1.3

Wir erinnern uns an das Winken im Dunkeln: Wir haben ein tolles Angebot, wollen dafür kräftig die Werbetrommel rühren und können auch mit fantastischen Argumenten überzeugen. Nur keiner sieht uns, niemand schaut her. Zeit, den Halogen-Spot einzuschalten, Zeit, Aufmerksamkeit zu erregen und in die bewusste Wahrnehmung unserer Zielgruppe zu rücken. Mal sehen, welche Tipps die Theorie der Wahrnehmungspsychologie für uns bereithält. Denn wenn es schon so elementar ist, wahrgenommen zu werden, dann gebührt der Wahrnehmung unsere volle Aufmerksamkeit.

Richten Sie die Ihre nun auf das folgende Kapitel – konzentriert und ungestört. Und am Ende werden Sie einen echten Lerneffekt feststellen, nämlich dann, wenn unsere Worte Ihr Langzeitgedächtnis erreicht haben.

Das Drei-Speicher-Modell im Wahrnehmungsprozess — 1.3.1

Lachmann definiert in seinen Ausführungen (2004) die Wahrnehmung als einen Prozess, der sich in drei Stufen gliedert:
- das erste sensorische Registrieren eines Reizes im Ultrakurzzeitgedächtnis,
- seine weitere Verarbeitung im Kurzzeitgedächtnis und
- am Ende die Speicherung des Reizes im Langzeitgedächtnis (siehe Abb. 1.5).

Diese Theorie entspricht auch dem in der Konsumentenforschung etablierten „Drei-Speicher-Modell der menschlichen Informationsverarbeitung" von Atkinson und Shiffrin (1968).

Entgegen aktuellen Neuromarketing-Trends wollen wir mit diesem rein prozessualen Modell nicht – wie ein Computertomograf – in die Gehirnregionen des Menschen blicken. Wozu auch? Das von uns benutzte Modell soll uns einfach als praktikables Raster für die im Marketing tatsächlich relevanten Prozesse der Wahrnehmung dienen. Alles andere erachten wir an dieser Stelle als letztendlich übertrieben und unnötig.

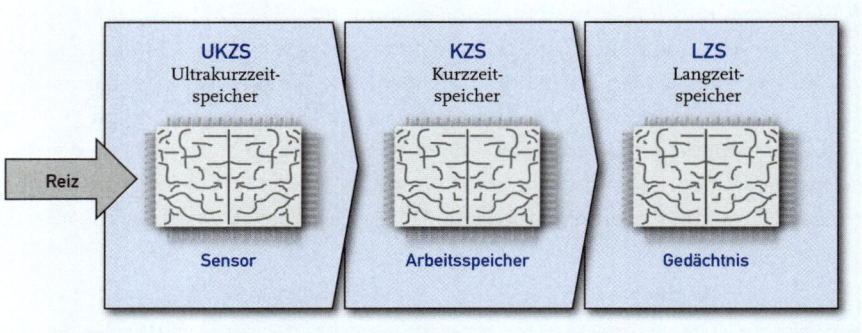

Abb. 1.5: Drei-Speicher-Modell (nach Lachmann, 2004, S. 61)

Der Ultrakurzzeitspeicher oder die dauerhafte Suche nach Relevantem

Das „Drei-Speicher-Modell" geht davon aus, dass die meisten optischen und akustischen Reize über die Sinne zuerst einmal im so genannten „sensorischen Speicher" (Ultrakurzzeitspeicher) ankommen. Er fungiert als unsere erste Kontaktstelle für Informationen aus der Umwelt und arbeitet wie ein Scanner, mit dem wir das Umfeld permanent nach relevanten, d.h. für unseren Organismus wichtigen Informationen absuchen.

Die wichtigste Funktion des sensorischen Speichers ist das Filtern. Ohne diesen Wahrnehmungsfilter würde uns die Flut der Informationen, die permanent auf uns einstürmt, förmlich erschlagen. Stellen Sie sich vor, Sie müssten jedes noch so kleine Geräusch, jedes Knistern und Knacken, jedes Hupen und Schreien in jeder Sekunde wahrnehmen. Sie würden verrückt werden. Darum sortiert unser Ultrakurzzeitspeicher radikal aus in: Was ist wichtig? Was ist interessant? Was ist bekannt? Der Rest fliegt raus.

Die bewusste Zuwendung zu „Relevantem", und sei sie noch so kurz, bezeichnen wir als Aufmerksamkeit. Sie kommt daher wie ein plötzliches Aufflammen von Interesse, ein kurzes Innehalten im Sinne von *„Stopp, da war doch was! Ach so, Werbung"*.

Gleich, ob nun ein objektiver Reiz Aufmerksamkeit ausgelöst oder eine innere Suchhaltung eine Information als wichtig eingestuft hat, entscheidend ist: Aufmerksamkeit führt uns zur ersten Stufe der zielgerichteten Wahrnehmung. Die Information wird klarer, deutlicher, lebhafter und eindringlicher. Sie tritt heraus aus dem Einheitsbrei des Irrelevanten. Sie wird erstmals Teil unserer Realität. Wir nehmen sie wahr.

Ein erster Lichtblitz im Dunkeln

Wie bereits erwähnt, gibt es viele Grade der Aufmerksamkeit. Manchmal registrieren wir gerade einmal so das Vorhandensein von etwas. Dann bemerken wir es, beachten es, nehmen es zur Kenntnis und schließlich wird es zum Gegenstand unseres Interesses.

Die Speicherkapazität des Ultrakurzzeitspeichers liegt sehr hoch, aber wie der Name schon sagt, ist sie von extrem kurzer Dauer (Lindsay/Norman, 1981). Die Kapazität umfasst praktisch alle Informationen, die ein Sinnesorgan überhaupt aufnehmen kann. Die auf experimentelle Untersuchungen zurückgehende Schätzung der Speicherdauer schwankt im Bereich von 0,1 Sekunden bis zu einer Sekunde. Das heißt, für Bruchteile von Sekunden entsteht ein sehr genaues Abbild unserer Umgebung und verschwindet sofort wieder – bis auf die wenigen Eindrücke von Bedeutung.

Für Marketing- und Kommunikationsmaßnahmen bedeutet dies:

 Aufmerksamkeit ist wie ein erster Lichtblitz im Dunkeln. In Sekundenschnelle wird gescannt, erkannt – und wenn wir Pech haben – gar nicht erst ins Gedächtnis aufgenommen. Das ist unsere erste Barriere, die es zu überwinden gilt.

Der Kurzzeitspeicher: Was nicht relevant ist, fliegt raus

Was den Filter des Ultrakurzzeitspeichers passiert und damit erste Aufmerksamkeit erregt hat, findet Eingang in den so genannten Kurzzeitspeicher, auch Kurzzeitgedächtnis genannt. Erst durch die Entschlüsselung (Dekodierung) bzw. die Interpretation der hier angelangten, im Ultrakurzzeitspeicher vorselektierten Reize entstehen gedanklich weiterverwendbare Informationen.

Der Kurzzeitspeicher übernimmt zwei Funktionen:
- zum einen die Speicherung der Informationen für mindestens einige Sekunden sowie
- zum anderen deren aktive Bearbeitung.

Sie sollten sich diesen Speicher allerdings nicht als einen Ort vorstellen, an dem selektierte Reize fein säuberlich abgelegt werden. Das Kurzzeitgedächtnis funktioniert vielmehr wie eine Art Arbeitsspeicher, als zentrale Stelle der Informationsverarbeitung. Gesammelte Reize werden darin zügig verarbeitet, entschlüsselt und in kognitive, also bewusst verfügbare Informationen umgewandelt. Hier finden all jene kognitiven Prozesse statt, die dem Menschen bewusst werden und seine Aufmerksamkeit erlangen.

In seinem Kurzzeitgedächtnis unterzieht unser Konsument die von ihm selektierten Reize einer genauen Untersuchung. Er interpretiert sie und überprüft sie auf ihre Bedeutung (vgl. Kuß/Tomczack, 2004). Stellt sich ein Reiz als nicht relevant und wichtig genug heraus, wird er sofort gelöscht. Die Folge:

 Nur etwa fünf Prozent aller Werbebotschaften werden bewusst wahrgenommen.

95 Prozent all dieser Maßnahmen verfehlen ihr Ziel aufgrund mangelnder Aufmerksamkeit. Sie scheitern an den Informationsschutzschilden Selektion und Ignoranz.

Die glorreichen Sieben der Wahrnehmung

Im Vergleich zum Ultrakurzzeitspeicher, der – wenn auch nur über einen minimalen Zeitraum – eine detaillierte Abbildung der Umwelt aufrechterhalten kann, ist die Kapazität des Kurzzeitspeichers recht begrenzt. Er ist lediglich in der Lage, eine sehr kleine Auswahl an verfügbaren Informationen aktiv aufrechtzuerhalten.

George A. Miller wies bereits 1956 darauf hin, dass wir maximal sieben (+ / – 2) Sinneinheiten auf einmal verarbeiten und halten können. Versuchen Sie beispielsweise, sich folgende Telefonnummer zu merken: 589312678. Definitiv zu viele Zahlen, um sie auf Anhieb zu behalten. Wenn Sie die Zahlen jedoch strukturieren, sieht es gleich anders aus, z. B.: 589 312 678. Schon viel einfacher! Dieses Organisieren von Informationen in Muster nennt man Chunking.

Die Strategie des Chunking dient dazu, die Kapazität des Kurzzeitspeichers nicht zu schnell aufzubrauchen. Bestimmte Reize werden dazu zu einem größeren Muster organisiert. Als „information chunks" bezeichnet man bedeutungsvolle Informationseinheiten (Anderson, 1996) wie z. B. mit einer Produktmarke verbundene Einzelinformationen wie Design, Preis und Qualität (vgl. Bettmann, 1979).

Für die Praxis ergeben sich daraus „goldene Regeln" wie beispielsweise: Alle Informationen müssen so angeboten werden, dass sie den Anforderungen des Kurzzeitgedächtnisses gerecht werden. Also niemals mehr als fünf Unterpunkte bei Aufzählungen. Überfordern wir den Arbeitsspeicher unserer Zielgruppe, ignoriert sie zum Dank dafür unsere Botschaften. So einfach ist das.

Der Langzeitspeicher – Das merk ich mir!

Entwickeln wir eine Werbekampagne oder denken wir über gezielte Marketingmaßnahmen nach, so haben wir konkrete Zielvorgaben. Wir wollen z. B. den Bekanntheitsgrad unseres Produktes erhöhen, die Einstellungen unserer Kunden dazu ändern und ihr Verhalten beeinflussen. Dazu ist es erforderlich, auf Dauer in die Köpfe unserer Kunden zu gelangen. Der Kunde soll sich erinnern und abrufen können, was ihn in seiner Kaufentscheidung unterstützt. Sowohl das Ultrakurzzeitgedächtnis als auch das Arbeitsgedächtnis sind bloße Zwischenstationen. Entscheidend hierfür ist die Reizverarbeitung auf der Ebene des Langzeitgedächtnisses: das Lernen.

Unser erklärtes Ziel ist also das Langzeitgedächtnis. Hier, auf der dritten Stufe des Drei-Speicher-Modells herrschen paradiesische Zustände für Kommunikationsexperten. Wohin das Auge blickt: Erfahrungen, Ereignisse, Informationen, Emotionen, Fertigkeiten, Wörter, Kategorien, Regeln. Das Langzeitgedächtnis dient als Lagerhalle sämtlicher Beurteilungen, Vorlieben und Wertesysteme, die sich ein Individuum im Laufe seines Lebens angeeignet hat. Es spiegelt den ureigenen Blick des Menschen auf seine Welt wider. Es beherbergt seine Realität, seine Wirklichkeit.

Tatsächlich etwas lernen bzw. sich merken kann der Mensch nur unter bestimmten Umständen. Er lernt z. B. durch bewusste, wiederholte Beschäftigung (Übung) mit der einzelnen Information oder durch häufigen Kontakt damit. Einen weiteren Weg zu einer erfolgreichen Speicherung im Langzeitgedächtnis stellt die intensive gedankliche Auseinandersetzung mit der Information und deren Andocken an bestehendes Wissen und Erfahrung (Kuß/Tomczak, 2004) dar.

Die Erregung öffentlicher Aufmerksamkeit ist keine Straftat!

Fassen wir also noch einmal zusammen:

- Unsere Kunden merken sich Botschaften und Informationen nur dann, wenn sie ihre Aufmerksamkeit erregen und prägnant genug sind, dass sie die Barrieren des Arbeitsspeichers im Kurzzeitgedächtnis überwinden.
- Außerdem sollten die Botschaften bereits vorhandene Motive im Kunden ansprechen, damit er sie wiederum mit Bekanntem verknüpfen, sprich assoziieren kann.

Doch wie soll das gehen? Wie schaffe ich es wenigstens schon mal in den Arbeitsspeicher und am besten auf die Festplatte meines Kunden? Wichtigste Regel dabei: Kommen Sie auf den Punkt! Wann immer Ihre Werbung oder Ihre Kommunikation aus Sicht des Kunden mit Unwesentlichem vollgestopft wirkt, wird er sie ignorieren. Wann immer sie schlecht gestaltet ist, wird er ihr keine Aufmerksamkeit schenken. Halten Sie sich immer vor Augen:

Mangelnde Aufmerksamkeit ist die Folge von mangelnder Qualität.

Auf diese Qualität hinsichtlich Gestaltung und Inhalt gehen wir gezielt in Kapitel 8 dieses Buches ein. Spannende Headlines, eine Punktlandung beim Inhalt und ein Volltreffer in Sachen Layout sollten danach keine Probleme mehr für Sie darstellen.

Doch bevor wir uns genauer mit der Umsetzung beschäftigen, brauchen wir noch etwas Theorie. Denn noch wissen wir ja nicht, was es mit den Reizen so auf sich hat. Sie sind ein wesentlicher Schalthebel bei der Informationsvermittlung.

Wie muss eine Reiz-Information daherkommen, auf dass sie auch wahrgenommen wird? Möglichst laut oder besser möglichst bedeutsam oder doch einfach nur möglichst oft? Unsere Antwort darauf lautet: Ja – je nach Situation!

Die Werbekeule oder wer nicht hören will, muss fühlen! 1.4

In unserer Gesellschaft herrscht die meiste Zeit ein Überangebot an Reizen. Dennoch gibt es auch hier Momente, in denen Reizarmut herrscht. Situationen, in denen Reize geradezu vermisst werden. Der Mensch langweilt sich – und das nicht gerne. Zu tief sitzt der Wunsch nach Abwechslung, Neuem und Belohnung, als dass sich moderne Individuen lange mit Reizarmut und Langeweile abfinden würden. Untersucht wurde dieses Verhalten zuletzt von Hans-Georg Häusel (2008). Er untergliederte das Emotions- und Motivsystem des Menschen in drei Systeme: das Balance-System, das Dominanz-System und das Stimulanz-System. In Letzterem findet er das stete Streben nach Erregung und Abwechslung sowie die Vermeidung von Langeweile und Reizarmut bestätigt.

1.4.1   Reizarmut – Langeweile macht kreativ und aufmerksam

Was macht also unser potenzieller Kunde, wenn er sich mit öder Langeweile konfrontiert sieht? Wenn er nicht gerade einschläft und sich der Lethargie hingibt – auch das gibt es natürlich – so kommt er in Schwung, wird kreativ und sucht förmlich nach Abwechslung. Er wendet sich aktiv den paar Reizen zu, die er findet. In dieser besonderen Situation wird gern auch mal den sonst so verschmähten und knallhart selektierten nicht relevanten Reizen Aufmerksamkeit geschenkt. Man hat ja sonst nichts zu tun.

Das bedeutet, in reizarmen, langweiligen Momenten haben Botschaften generell eine gute Chance, wahrgenommen zu werden. In der Werbepraxis kann es eine gute Strategie sein, solche Situationen aufzuspüren und Werbung genau dort zu platzieren. Überlegen Sie einfach einmal: Wann langweilen sich Menschen? Wann kämpfen sie mit Reizarmut und suchen förmlich nach Informationen? Klassische, reizarme Situationen sind beispielsweise Wartezeiten im Kino vor dem Hauptfilm, im Flugzeug, im Bus, am Bahnhof, beim Arzt. Wer hat noch nie auf Langstreckenflügen das Lufthansa-Reisejournal eifrig durchgeblättert und dabei selbst das umfassende Angebot an aufblasbaren Flugzeugen genau unter die Lupe genommen? Sie können also davon ausgehen, dass sich Menschen in derartigen Situationen eingehend mit Ihrer Botschaft beschäftigen. Intelligente Werbeansätze, die jetzt für ein gewisses Maß an Stimulanz und anregender Unterhaltung sorgen, werden nur zu gern mit Aufmerksamkeit bedacht.

Leider sind reizarme Momente äußerst selten. Würden sich nun alle Marketingexperten auf die Wartezimmer von Ärzten stürzen, so könnten diese sich zwar über einen lukrativen Nebenverdienst freuen, aber mit der Reizarmut in deutschen Wartezimmern wäre es auch vorbei. Für tragfähige Werbestrategien müssen wir grundsätzlich mit starker Konkurrenz in Sachen Reize rechnen.

1.4.2   Reizüberangebot – zunehmende Reizüberflutung führt zur Reizselektion

Wenn wir nicht gerade einen jener spärlichen Momente erleben, in denen so etwas wie echte Reizarmut herrscht, so werden wir Menschen nahezu ununterbrochen mit einem gigantischen Überangebot an Reizen konfrontiert. Eine Flut von Sinneseindrücken, die weit jenseits der eigentlichen Verarbeitungskapazität liegt. Bereits 1971 hat Alvin Toffler für diesen Zustand den Begriff „Information Overload" eingeführt. Das Phänomen ist somit kein neues.

In den USA wurde schon 1980 mit einer gesamtgesellschaftlichen Informationsüberlastung von 99,6 Prozent gerechnet (vgl. Koschnick, 2007). Für die Printwerbung in der Bundesrepublik Deutschland hat Kroeber-Riel bereits 1987 eine Überlastung von 95 Prozent festgestellt. Die Zahlen, die Sie dazu finden werden, divergieren. In einem Punkt stimmen sie jedoch alle überein. Es sind der Informationen zu viele! Zu viel, als dass ein Mensch alles wahrnehmen könnte und wollte.

Was an dieser Stelle so logisch und auch leicht nachvollziehbar erscheint, wird von den meisten Werbern dieser Welt ignoriert. Vermutlich greift auch hier die selektive

Wahrnehmung. Was nicht in den Plan passt, wird ignoriert und gelöscht. Die Konsequenz aus dem gewaltigen Reizüberangebot lässt Kommunikationsstrategen und deren Auftraggeber nicht gerade frohlocken.

Was ist nur los mit dem Homo oeconomicus?

Von einem anständigen Homo oeconomicus könnte man doch wohl erwarten, dass er sich zirka 40 Sekunden mit einer mühevoll gestalteten Anzeige beschäftigt, um all ihre Inhalte und Informationen korrekt aufzunehmen. Das wäre der Plan. Doch was macht er, der ewige Ignorant? Überfliegt die so aufwändig und inhaltlich wertvolle Anzeige in gerade mal zwei Sekunden. Zwei Sekunden, in denen er mit Müh und Not ein Bild und eine Headline streift. Vermutlich ein Grund, warum das Modell des Homo oeconomicus (*„Ich rechne, also bin ich!"*) mittlerweile als ausgestorben gilt. Aufgrund der begrenzten Verarbeitungskapazität von Informationen halten sich echte Menschen viel lieber an mentale Faustregeln als an rechnerische Ökonomie. Die Folgen: Fehleinschätzungen, Entscheidungen, die abhängig sind von der Aufbereitung der Informationen oder vom Herdentrieb.

Und doch gehen viele Werbefachleute nach wie vor davon aus, dass der Homo oeconomicus zumindest im Reservat ihrer Zielgruppe überlebt hat und sorgfältig studiert, was ihm dargeboten wird. Die Hoffnung stirbt eben zuletzt.

Der Schlüssel zur Relevanz – Schemata, Schlüsselreize und Skripts!

Wir stehen aufgrund des hoch effizienten Selektionsgebarens unserer Kunden vor einem echten Problem. Wie gelingt es uns, in Zeiten des Information Overload noch zum Kunden vorzudringen? Antwort auf diese Frage gibt uns die bereits erwähnte Relevanz. Wir müssen uns fragen: Was hat für unseren Kunden im Moment der Reizüberflutung Relevanz? Was bringt ihn dazu, sich bewusst hinzuwenden und unsere Information adäquat zu verarbeiten, ihr Aufmerksamkeit zu spenden?

Bei der Auswahl relevanter Reize greift der Mensch stark auf so genannte Schemata (Wissenspakete), Skripts und Schlüsselreize zurück. Schemata sind konkrete Vorstellungen oder Erwartungen zu bestimmten Vorgängen oder Objekten. Laut Lachmann handelt es sich um große komplexe Wissenseinheiten, die typische Eigenschaften und feste standardisierte Vorstellungen umfassen, die man von Objekten, Personen oder Ereignissen hat, auch von Marken und Unternehmen. Sie enthalten nicht nur Sachverhalte, Semantisches, sondern auch Bildhaftes, Emotionales, Haptisches, Gerüche usw. (Lachmann, 2004, S. 57).

Sie sind wie Netze, gewoben aus Assoziationen, in denen sich verfängt, was vertraut erscheint. In ihnen halten wir Annahmen ebenso parat wie durchschnittliche Erfahrungen. Schemata ändern sich mit wechselnden Lebenssituationen (Zimbardo/Gerrig, 2008). Sie werden in der Regel im Laufe des Sozialisationsprozesses – dem Erlernen von Einstellungen und Verhaltensweisen – erworben.

Schemata verfügen oft über einen herausragenden Aspekt, einen so genannten „Schlüsselreiz", der das zugehörige Assoziationsgeflecht aktiviert. Für den Südseeurlaub wäre dies der weiße Palmenstrand vor dem blauen Meer, für Paris der Eiffelturm, der

Christbaum für Weihnachten, das Posthorn auf gelbem Hintergrund für die Deutsche Post sowie die *Lila Kuh* für *Milka*. So reicht es oft schon, einen Schlüsselreiz zu zeigen, um beim Empfänger das komplette Assoziationsprogramm ablaufen zu lassen. Wer die *Lila Kuh* auch nur flüchtig erblickt, der mag sich sofort an seine Lieblingsorte und an den Genuss zart schmelzender Schokolade erinnert fühlen. Im rechten Moment genügt dieser kurze Stimulus, um ein heftiges Habenwollen auszulösen. Auf diese Weise tragen Schemata dazu bei, sowohl die Informationsaufnahme als auch die Informationsverarbeitung stark zu vereinfachen und zu beschleunigen.

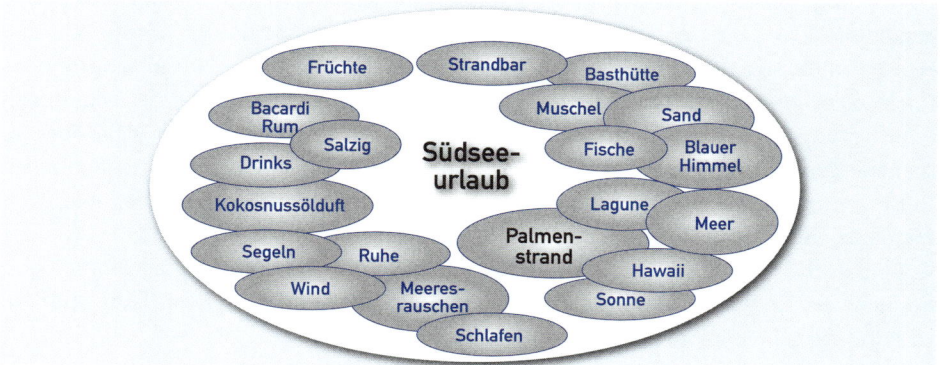

Abb. 1.6: Beispiel des Schemas „Südseeurlaub" mit dem Schlüsselreiz „Palmenstrand"

Aufmerksamkeit passt hervorragend ins Schema!

Schemata sind auch von großem Nutzen, wenn es um die Selektion von Reizen geht. Der Mensch vergleicht ankommende Stimuli grundsätzlich mit bereits vorhandenen Schemata. Alles, was sich nahtlos in ein Schema fügt, wird als Schema-kongruent eingestuft. Es passt gut in die Vorstellungswelt und die bisherigen Erfahrungen, die der Kunde z.B. mit einer bestimmten Marke gemacht hat. Die Information wirkt auf den Menschen glaubhaft und authentisch und verstärkt das vorhandene Schema. Sie wird daher als Schema-relevant abgespeichert (Hospes, 2001, S. 76).

Ein neuer Reiz kann aber genauso gut nicht zu den vorliegenden Einstellungen des Konsumenten passen. Er erweist sich als Schema-inkongruent. Die neue Information zu einem bestimmten Sachverhalt spiegelt nicht das Vorwissen des Menschen wider, seine Erwartungen werden nicht erfüllt. Innerhalb des angestoßenen Schemas wirkt die Information unpassend und damit unwahrscheinlich, ja nicht glaubwürdig. Auf der einen Seite kann die permanente Konfrontation mit einem schwach inkongruenten Reiz das Schema abschwächen, seine Inhalte verändern. Passt der Reiz zu keinem Schema, das der Konsument abgespeichert hat, wird er schlicht abgelehnt und gerät sofort in Vergessenheit.

Man sieht nur, was man weiß!

Eine besondere Art von Schemata sind die so genannten kognitiven Skripts. Wie Drehbücher beinhalten sie genaue Vorstellungen davon, wie etwas in einem gegebenen Rahmen abzulaufen hat. Beispiele dafür sind das Einkaufen in einem Supermarkt oder das Tanken an einer Tankstelle. Skripts reduzieren die Komplexität und vereinfachen die Informationsaufnahme. Sie werden im Laufe der Zeit durch das Erleben von bestimmten, immer wiederkehrenden Handlungsabfolgen und Routine angelegt und finden laut Tulving (1985) ihren Niederschlag im Langzeitgedächtnis des Menschen.

Zusammenfassend lässt sich sagen, dass Schemata wie Skripts in erheblichem Maße Einfluss darauf haben, wie schnell und wie wir etwas wahrnehmen bzw. interpretieren. Vor allem in so genannten Low-Involvement-Situationen (siehe Kapitel 2) spielen sie eine große Rolle. Mit ihrer Hilfe gelingt es selbst Menschen, die eine Information nur extrem beiläufig wahrnehmen, diese in Sekundenbruchteilen einzuordnen.

Da bei Low-Involvierten ein Großteil der Kommunikation über Bilder abläuft, spielen die visuellen Aspekte von Schemata in dieser Situation eine hervorgehobene Rolle – allerdings nur, wenn sie als Schema-kongruent erkannt werden.

Inkongruente Reize benötigen aufgrund ihrer Widersprüchlichkeit zur eigenen Erfahrungswelt hin High-Involvement (siehe ebenfalls Kapitel 2), d.h. eine klare Hinwendung zum Thema und kognitive Verarbeitung. Sie fordern deutlich mehr der spärlichen Bewusstseinsressourcen und werden dadurch leichter ignoriert als kongruente Reize.

Darum ist es im Rahmen der Werbegestaltung unbedingt anzuraten, Schemata in folgender Weise zu berücksichtigen (vgl. dazu Lachmann, 2004, S. 60):

- relevante Schemata für das Angebot bei den Empfängergruppen ermitteln und festlegen
- spezifische Aspekte für eigenständiges Schema definieren
- zu starke Inkongruenz mit bisherigen Schemata in der Gestaltung unbedingt vermeiden
- Schema affektiv aufladen, um Handlungsrelevanz zu fördern

Wie wir gesehen haben, dienen Schemata explizit der Informationsaufnahme. Sie sind die Brücken, über die wir unsere Kunden erreichen – gerade dann, wenn sie noch nicht brennend an unseren Produkten interessiert sind. Denn, um es mit Goethe zu sagen: Man sieht nur, was man weiß!

Reize im Reizüberangebot

Wie bringen wir nun in Zeiten des Reizüberangebotes unsere Information an den Mann? Das gelingt uns auf jeden Fall mit Reizen, die sich schlichtweg aufdrängen, an denen kein Weg vorbeigeht und die automatisch Aufmerksamkeit auf sich ziehen – wie z. B. ein lauter Knall oder lautes Schreien. Es handelt sich um die probate Methode, den Kunden so lange „anzubrüllen" – natürlich auch im übertragenen Sinne – bis er endlich zuhört. Sprich: Wir erhöhen die Frequenz, mit der wir unsere Botschaft hinausposaunen oder wir drehen die Lautstärke hoch, werden immer greller, bunter, allgegenwärtiger. Die Folge: Definitiv noch mehr Reizüberangebot, aber nicht zwingend mehr Umsatz!

Denn das Problem hierbei lautet: Auch Schreien und Knallen, Leuchten und Blinken nutzen sich schnell ab. Was im ersten Moment noch für Aufmerksamkeit sorgt, geht im nächsten Moment unter. Besser sind also Strategien bzw. Informationen, die den anvisierten Kunden ins Boot holen, ihn dort abholen, wo er gerade steht. Diese Einstellung setzt allerdings voraus, dass wir uns sehr genau mit unseren Kunden und unserer Zielgruppe auseinandersetzen.

Mensch im Mittelpunkt aller Kommunikationsbemühungen

Was treibt unsere Kunden, was bewegt sie, was ängstigt sie? Dies sind nur einige der Fragen, die wir zu beantworten haben. Es sind die explizite Innenschau und der psychologische Scan unserer Zielgruppe, die Werbebotschaften stark und wirksam werden lassen.

Nur durch die genaue Auseinandersetzung mit all jenen, die wir erreichen wollen, gelingt es, Informationen bzw. Reize so zu setzen, dass sie ankommen, wahrgenommen werden.

Was wir brauchen sind jene Informationen, die in konkreten Momenten für die Person Relevanz besitzen.

Sind sie gut aufbereitet und sorgfältig gewählt, treffen sie auf intrinsische Motive, die sich aus einer grundsätzlichen inneren Einstellung ergeben können oder aus einer aktuellen persönlichen Perspektive.

Oft hört man, der Mensch könne im überbordenden Informationsangebot nicht mehr unterscheiden, was wichtig sei und was nicht. Doch was mitunter wie ein wahlloses Getriebensein von der Flut der Angebote wirkt, ist in Wirklichkeit ein spielerisch-leichtes Ausprobieren und sich Hin- bzw. wieder Abwenden. Sehr schnell kann der Mensch erkennen, was sich als wahrhaft relevant herausstellt.

Der Abgleich mit seiner persönlichen Agenda, seiner Hitliste der Relevanz, erleichtert ihm die Orientierung und stellt die angebotene Informationsvielfalt in die Rangfolge seiner eigenen Wichtigkeitsordnung. Sie legt Präferenzen und Favoriten nahe und lässt zurücktreten, was zu einem bestimmten Zeitpunkt nicht oberste Priorität besitzt. Die Frage, die sich aus diesen Erkenntnissen ergibt, lautet daher ganz klar:

- Wie komme ich mit meinem Produkt oder meinem Angebot auf die Agenda meines Kunden?
- Und: Kann ich diese Agenda beeinflussen?

Die Antwort darauf hängt eng mit dem Begriff des Involvements zusammen, auf den wir im Kapitel 2 ausführlich eingehen werden.

Das Involvement

Dieses Kapitel handelt vom Involvement. Es handelt von dem Gefühl des Konsumenten, ob eine Botschaft oder ein Produkt für ihn von Bedeutung ist oder nicht. Und davon, wie sehr ein Kunde überhaupt bereit bzw. in der Lage ist, sich mit einer werblichen Information auseinanderzusetzen.

2

Damit wird das Involvement zum zentralen Entscheidungskriterium für kommunikative Maßnahmen jeder Art. Es weist uns sehr genau die Richtung, welche Kommunikationsmöglichkeiten wir vorfinden und wie wir in der Praxis welches Werbemittel einzusetzen haben. Es beschreibt die persönliche Hinwendung des Kunden zur Botschaft, die letztendlich über die sensorische Gestaltung, den Werbekanal, die Frequenz und Reichweite entscheidet.

Wer heute in Marketing und Kommunikation die Involvement-Situation des Kunden ungeachtet lässt, der betreibt Werbung wie ein Glücksspiel mit Zufallstreffern. Der ignoriert seinen Kunden und offeriert ihm Werbung, die er womöglich gar nicht aufnehmen kann oder will. Die Folge: Ein Schuss ins Leere!

Wir wollen mit diesem Buch daher mit dem Irrglauben aufräumen, man müsse nur für genügend Aufmerksamkeit sorgen, dann klappe es auch mit dem Kunden. In Zeiten des Information Overload ist das bedeutend einfacher gesagt als getan. Doch es gibt feinere Methoden, auch um an die wenig interessierte Kundschaft zu kommen und ihr mangelndes Interesse für die Unternehmenszwecke zu nutzen.

Im Laufe dieses Kapitels werden wir zunächst einmal den Begriff klären und analysieren, was es mit persönlichem und situativem Involvement so auf sich hat. Danach schlüsseln wir auf, mit welchen Involvement-Situationen wir in der Kommunikation zu rechnen haben und welche Möglichkeiten sie für uns offenhalten. Was fordert ein Konsument im High-Involvement, welche Informationen empfängt ein Kunde im Low-Involvement und wie erzeugen wir Folge-Involvement bei jenen, die zwar wenig Interesse zeigen, aber offen sind für Neues? Diese Fragen wollen wir im Laufe dieses Kapitels klären.

2.1 Bewusste oder unbewusste Wahrnehmung hängt vom Involvement ab

Der Begriff Involvement wird in den unterschiedlichsten Bereichen des Marketings verwendet. Bei der Vielfalt der Verwendung dieses Konstrukts verwundert es nicht, dass es bis heute keine allgemein akzeptierte Definition von Involvement gibt (vgl. Cohen, 1983). Kroeber-Riel und Weinberg (2003) verstehen unter Involvement die Ich-Beteiligung oder das Engagement, das mit einem Verhalten verbunden ist.

Wir folgen dieser Definition bewusst nicht, da wir wie Lachmann (2004) Involvement und Engagement unterscheiden. Er definiert Involvement als den Grad der Bereitschaft, sich mit einem Thema zu befassen, d.h. eine mentale Bedingung, auf welche die Werbung beim Empfänger trifft. Was aber noch nicht automatisch bedeutet, dass der Empfänger sich auch wirklich mit dem Thema auseinandersetzt. Dazu bedarf es mehr, nämlich des Engagements: die tatsächliche Handlung und aktive Auseinandersetzung mit einem Thema in Form von Lesen von Werbebotschaften oder Betrachten von Videos etc.

Die persönliche Agenda der relevanten Dinge

Grundsätzlich gehen wir davon aus, dass die Höhe des Involvements bei einem Menschen von sehr hoch bis niedrig reicht und sich fließend im Verlauf darstellt. Außerdem erweisen sich Menschen zu jedem Zeitpunkt nicht nur in Bezug auf ein einziges Thema „high-involviert", sondern in Bezug auf eine Vielzahl von für sie relevanten Themen. Ebenso wie das Involvement ein Kontinuum darstellt, so existiert auch bei den gleichzeitig interessierenden Themen ein Konkurrenzverhältnis mit unterschiedlichen Abstufungen.

Diese Rangfolge nennt Lachmann (2004) Agenda und versteht darunter „eine Liste abgestuft nach der Stärke des Involvements, der (zurzeit) für den Empfänger bedeutsamen, relevanten Themen" (S. 41). Der hochinvolvierte Empfänger wird sich also immer nur mit jenen Reizen intensiv und bewusst beschäftigen, die ein Thema betreffen, das aktuell auf seiner geistigen Agenda ganz oben steht.

Betrachten wir es so: Das Involvement entscheidet darüber, ob der Mensch einer Information Aufmerksamkeit zollt oder nicht. Beispielsweise nimmt eine bestimmte Person eine Autoanzeige vielleicht nur dann wahr, wenn sie gerade den Kauf eines neuen Automobils plant. Das Thema Auto steht in diesem Fall und zu diesem Zeitpunkt sehr weit oben auf einer Art persönlicher Agenda. Solch eine Person befindet sich in einer High-Involvement-Situation. Zum gleichen Zeitpunkt stehen Informationen beispielsweise zum Thema Urlaub für diesen Menschen womöglich sehr weit unten im individuellen Ranking wichtiger Themen. Die Person befindet sich Urlaubsanzeigen gegenüber in einer Low-Involvement-Situation – und ignoriert mal wieder die Bemühungen der Kollegen aus der Werbung.

Abb. 2.1: Vom Involvement zum Engagement

Die Folge: Involvement!

„Viele Anbieter überschätzen das Involvement der Umworbenen, das fast immer gering ist", stellte Kroeber-Riel schon vor vielen Jahren fest (1993, S. 225). Zum Glück gibt es das so genannte Folge-Involvement. Wie der Name bereits andeutet, entsteht es als Folge von äußerer Aktivierung. Es ist also noch nicht zu spät für unser Urlaubsangebot. Gelingt es z. B. ein genial günstiges Angebot zu liefern und dieses reizvoll zu platzieren, wird selbst ein Low-Involvierter doch noch neugierig.

Dafür benötigen wir allerdings einen gewaltig guten ersten Eindruck. Es ist gut erforscht und dokumentiert, welche Gestaltungselemente in den Bereichen Print, Mobile und Online in diesen ersten entscheidenden Sekunden von Personen wahrgenommen werden, z.B. Bilder, Grafiken, Headlines, Links etc. Gelingt es Ihnen, diese Elemente mit einer hoch aktivierenden Wirkung zu versehen, dann klappt es auch mit dem Folge-Involvement!

Die Arten des Involvements   2.2

In der Literatur wird allgemein üblich nur von High-Involvement-Situationen und Low-Involvement gesprochen. Dies dient vor allem der didaktischen Aufbereitung des Themas. Doch liegt es in der Natur des Menschen, dass er sich selten allein zwischen diesen beiden Extremen hin- und herbewegt. Vielmehr lagert sein Interesse an unterschiedlichen Themen auf vielen unterschiedlichen Ebenen des Involvements. Dementsprechend verarbeitet er auch dazugehörige Informationen – mal ausführlicher, mal weniger ausführlich, mal gar nicht.

Persönliches und situatives Involvement   2.2.1

In Sachen Involvement unterscheiden wir ein langfristiges persönliches Involvement von einem eher zeitlich begrenzten situativen Involvement (siehe Abb. 2.2).

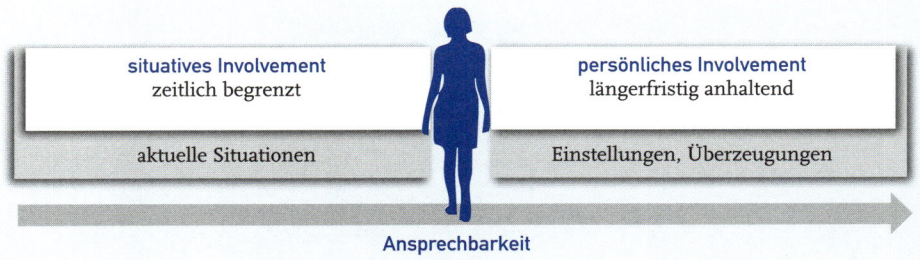

Abb. 2.2: Die Arten des Involvements nach Lachmann, 2004

Betrachten Sie das Involvement einer Zielperson, so werden Sie schnell merken, dass es einem wesentlichen Einflussfaktor unterliegt: der Zeit. Beim Involvement kommt es stark auf den Zeitpunkt an. So besteht persönliches Involvement meist über Jahre hinweg. Schließlich liegt dieses in der Person selbst begründet und geht mit grundsätzlichen Einstellungen, Überzeugungen, Hobbys und beruflichen Zwängen einher.

Das situative Involvement hingegen resultiert aus der jeweiligen Situation, in der sich die Person ganz aktuell befindet. Entscheidend ist das Hier und Jetzt! Als Beispiel dazu stellen Sie sich vor, Sie wären ein begeisterter Mountainbikefahrer. Räder interessierten Sie grundsätzlich immer. Sie wären hoch involviert in diesem Thema. Doch es wäre bereits fünf Minuten vor Ladenschluss und Sie benötigten unbedingt noch einen Liter Milch. Die fantastische Anzeige eines Fahrradhändlers würde Sie in dieser Sekunde gar nicht tangieren – und wenn, dann nur sehr peripher. Ihr ganzes Streben würde aus gegebenem Anlass ausschließlich dem Kühlregal des Supermarktes gelten und der darin befindlichen Milch.

2.2.2   Phasen- und Anlass-Involvement

Es macht daher Sinn, wie Lachmann (2004), das situative Involvement weiter in das so genannte Phasen-Involvement, das meist Tage bis Monate andauert, und in das so genannte Anlass-Involvement, das Sekunden bis Stunden andauern kann (siehe Abb. 2.3), zu unterteilen.

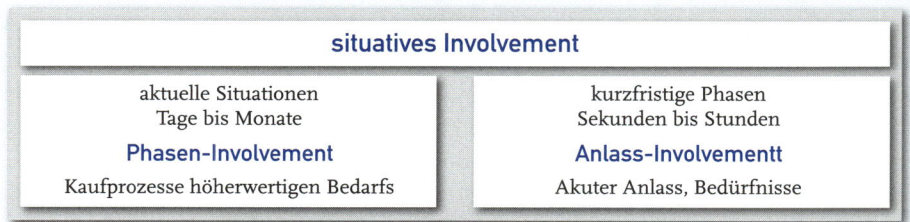

Abb. 2.3: Anlass- und Phasen-Involvement nach Lachmann, 2004

Von mittelfristigem Phasen-Involvement sprechen wir sowohl bei wichtigen Entscheidungsprozessen, wie etwa dem Kauf eines neuen Autos, einer Eigentumswohnung oder eines Computers, als auch während wichtigen vorübergehenden Zuständen (z.B. Mutter mit Baby). Anlass-Involvement liegt meist bei akuten Anlässen und plötzlich auftretenden Bedürfnissen vor (siehe Milch).

Wie wir gesehen haben, hängt das situative Involvement von akuten Anlässen bzw. Problemen ab. Sind diese nicht mehr gegeben, ist das Involvement genauso schnell wieder low und weg. Bei akuten Anlässen steigt das Involvement in diesem Thema entsprechend wieder an. Es kommt zu einer Involvement-Aufwärtsentwicklung. Im Zeitverlauf können wir uns dies in Form einer Kurve vorstellen.

Die Achterbahn der Zugeneigtheit   2.2.3

Nehmen wir für diesen Fall die Planung einer „größeren Reise". Bevor Sie den Entschluss gefasst haben, auf Reisen zu gehen, dümpelt Ihr Interesse am Thema Reise erst einmal in den Niederungen Ihrer Gedankenwelt dahin. Ihr Involvement ist gering, Anzeigen und Reiseangebote werden fröhlich ignoriert. Doch plötzlich fühlen Sie sich reif für die Insel. Sie fassen den Entschluss, in den Urlaub zu fahren. Schon beginnt Ihr Interesse am Thema Reise dramatisch anzusteigen – ausgelöst durch externe Signale wie z.B. interessante Urlaubsangebote und/oder durch Ihr Bewusstsein, dass Sie frühzeitig buchen müssen, um ein Schnäppchen zu ergattern.

An irgendeinem Punkt wird dann auch noch die Buchung dringend. Ihr Involvement erreicht seinen Höhepunkt: Jedes Detail zählt, jede Information verarbeiten Sie kognitiv, Sie begeben sich aktiv auf die Suche nach Fakten, vergleichen unterschiedliche Reiseangebote miteinander, bis Sie letztlich die Reise eines Anbieters buchen. Bingo! Nach der Buchung bleibt das Thema Urlaub immer noch interessant, vor allem, um Zweifel an der getroffenen Entscheidung zu reduzieren (Abbau kognitiver Dissonanzen). War das auch der richtige Anbieter? Haben Sie auch bestimmt nicht zu viel für die Reise bezahlt? Haben Sie schließlich hier ein Gefühl der Zufriedenheit entwickelt, geht es dann rapide abwärts mit Ihrem Involvement. Urlaub buchen? Kein Thema mehr.

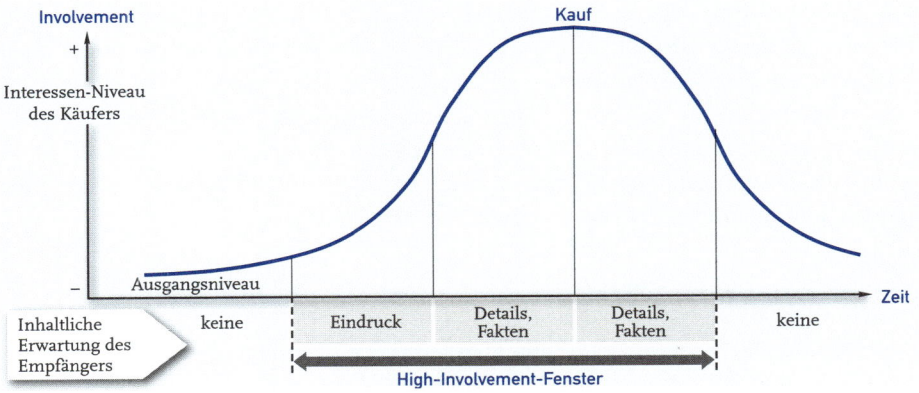

Abb. 2.4: Anstieg des Involvements im Zeitverlauf mit Darstellung des „Involvement-Fensters"

2.2.4   Das Fenster zu erhöhter Aufmerksamkeit

Das zeigt uns: Für situatives Involvement gibt es einen Zeitraum, in dem das Involvement ausgesprochen hoch ist und zur zentralen Reizverarbeitung führt. Diesen Zeitraum bezeichnen wir als „Involvement-Fenster" und genau das müssen wir erwischen und ausnützen. Bei persönlichem Involvement steht dieses Fenster meist über Jahre hinweg gleich offen, dagegen kann es bei dem Anlass-Involvement nur für wenige Sekunden geöffnet sein.

Beispiel: Sie stehen im Supermarkt vor dem Kühlregal und möchten endlich Ihren Liter Milch kaufen. Das Involvement-Fenster steht offen: Sie suchen, ergreifen die Milch, überprüfen das Verfallsdatum (im besten Fall), danach Milch in Einkaufswagen. Fertig! Und schon ist Ihr „Involvement-Fenster" wieder geschlossen.

Bei Phasen-Involvement kann die Öffnung des „Involvement-Fensters" Stunden bis Monate betragen. Die Dauer der Fensteröffnung hängt nicht zuletzt von der Häufigkeit des Kaufes eines Produktes ab. Je häufiger unser Kunde ein Produkt kauft, desto mehr wird die Kaufentscheidung für ihn zur Routine. Die Fensteröffnung verkürzt sich.

Aus Sicht der Kommunikationspraxis stellt sich die Frage: Wie bekommen wir mit unserem Angebot oder unserer Information den Fuß in die Tür – oder in diesem Fall ins Involvement-Fenster. Übrigens: Dass es kein leichtes Unterfangen wird, kann sich jeder vorstellen, der schon mal versucht hat, einen Fuß ins Fenster zu bekommen.

2.3   Von Anglern und Würmern oder die richtigen Informationen zur rechten Zeit

Es ist notwendig, dass wir unterscheiden lernen, in welchen mentalen Situationen wir unsere Zielgruppe ansprechen. Wie weit ist das Fenster geöffnet? Steht es sperrangelweit offen (High-Involvement) oder ist es fest verriegelt (Low-Involvement) oder ist es wenigstens gekippt, sodass wir mit geeigneten Maßnahmen vielleicht den Spalt noch weiter aufbekommen (Folge-Involvement)?

Sprechen wir unsere Kunden in einem der raren Momente hohen Interesses an oder treffen wir auf sie in Momenten, in denen sie nicht bereit sind, sich ausführlich mit unserem Produkt zu beschäftigen? Dann wäre die Bereitstellung umfangreicher Informationen nicht nur sinnlos, sondern obendrein kontraproduktiv.

2.3.1   High-involvierte Werber versus low-involvierte Kunden

In der Fehleinschätzung der Involvement-Situation des Kunden sehen wir die vielleicht größte Fehlerquelle in Werbung und Marketing. Aufgrund ihres eigenen hohen Involvements dem Produkt gegenüber vergessen die meisten Werbetreibenden, Unternehmen und Marketingbeauftragten, dass sich der Kunde zu 98 Prozent seiner Zeit in Low-In-volvement-Situationen befindet. Die Gründe dafür liegen vor allem in der immensen Reizüberflutung, absolut vergleichbaren Angeboten und zunehmender Kaufroutine. Im Low-Involvement entwickelt der Empfänger von Werbebotschaften ein regelrechtes Abwehrverhalten im Sinne von Vermeidung, flüchtiger Beachtung oder selektivem Wahrnehmen.

Wann immer wir in Seminaren darauf hinweisen, schallt uns ein entrüstetes „Ja, aber ..." entgegen. Kaum jemand möchte glauben, dass ausgerechnet seine Botschaft auf verschwindend geringes Interesse zu stoßen droht.

Dabei herrscht in der Forschung absolute Einigkeit: Wer nicht gerade unmittelbar vor dem Kauf einer Waschmaschine steht, der kümmert sich nicht um ausführliche technische Details und differenzierte Qualitätsmerkmale. Dem genügt die undifferenzierte, vorprägende Botschaft *„Bei Wasser führenden Geräten: Miele"* – die vermutlich jeder von uns schon einmal gehört hat. Nach überstandenem Wasserschaden und unmittelbar vor der Kaufentscheidung hingegen gibt es nichts Interessanteres und Wichtigeres auf der Agenda als eben jene Produktdetails wie Aqua Stopp und Konsorten, die eine vorhandene Meinung (Wasser führend: *Miele*) bestätigen und die Kaufentscheidung unterstützen. Im Low-Involvement liegt die Würze eindeutig in der Kürze.

Wen interessieren schon Details?   2.3.2

Obwohl dies so ist, finden wir in Magazinen und Zeitschriften mit Informationen vollgepackte Anzeigen, in denen jeder freie Millimeter genutzt wird – für Details, die keiner liest und keiner will. Sie erinnern sich an die zwei Sekunden, die jeder Low-Involvierte maximal einer Anzeige widmet?

- Betrachten Sie deshalb Ihre Kunden sehr genau und überlegen Sie, in welcher Phase des Involvements Sie Ihre Zielgruppe ansprechen wollen und vor allem mit wie viel Informationsgehalt.
- Finden Sie heraus, auf welche mentalen Voraussetzungen Ihr Werbemedium in der jeweiligen Situation trifft. Danach richten sich Inhalte und die optimale Gestaltung der Kommunikationsmittel.

Nicht das Produkt und seine herausragenden Fähigkeiten, sondern immer der Kunde und sein Befinden müssen im Mittelpunkt aller werblichen Bemühungen stehen. Der Wurm muss dem Fisch schmecken, nicht dem Angler.

Vom Low-Involvement zum High-Involvement   2.4

Wie wir gerade festgestellt haben, dümpeln die künftigen Empfänger unserer Werbebotschaften gemütlich auf den sanften Wellen des Desinteresses umher. Stellt sich also die Frage: Wie bringen wir Bewegung ins Spiel? Wie lassen wir die Wogen der Aufmerksam-

keit hochschlagen? Ist es überhaupt möglich, eine High-Involvement-Situation von außen herbeizuführen?

In der Situation des High-Involvements verarbeitet der Empfänger die Botschaft zentral
und wird sich ihr voll bewusst. Die Traumvorstellung eines jeden Werbers. Hohes, ge-
dankliches Engagement investiert der geneigte Kunde allerdings immer nur dann, wenn
er bereits eine innere Einstellung der Information gegenüber aufweist (Bedingungsin-
volvement) oder als Folge der Aktivierung durch äußere Reize (Folge-Involvement) (Lind-
sey/Norman, 1981).
   Die innere Einstellung zu unserem Produkt lässt sich schwerlich beeinflussen, schon
gar nicht kurzfristig. Sie erwächst aus einem plötzlichen Bedürfnis, nährt sich aus den
gesammelten Erfahrungen, dem prägenden Umfeld und vielen weiteren Faktoren, auf
die wir keinen direkten Einfluss nehmen können.

Wenn aus Erregung Folge-Involvement wird

Weitaus mehr Möglichkeiten bietet uns da das Folge-Involvement: Der Moment, in dem
ein vom Anbieter initiierter Auslösereiz so stark wirkt, dass der Empfänger sich dem
Produkt bzw. der Information zuwendet. Ein praxisnaher Ansatz, der uns Antwort auf
die Frage gibt, wie wir Kunden dazu bringen, sich für unsere Informationen zu interessieren. Aktivierung lautet in diesem Fall das Zauberwort. Es gilt, den Kunden zu aktivieren, ihn wachzurütteln und sein Interesse zu wecken.
   In der Fachsprache ausgedrückt stehen wir vor der Herausforderung, die Intensität
seiner physiologischen „Erregung" („arousal") oder seiner inneren „Spannung" im zentralen Nervensystem zu erhöhen (Kroeber-Riel/Weinberg, 2003). Was bedeutet das?
   Ganz einfach: Was erregt, interessiert! Gelingt es uns, das Erregungsniveau unserer
Zielperson zu steigern, so wendet sich diese der Information automatisch viel intensiver
zu (Neumann, 2003). Das ist der Punkt, an dem wir sie haben wollen. Unser Kunde
wendet sich der Information, der Botschaft, der Anzeige, dem Produkt aktiv zu. Es entsteht ein erster Eindruck. Und wie immer ist der entscheidend für alles Weitere, was
kommt.

2.4.1   Der entscheidende erste Eindruck muss sitzen

Betrachten wir also den Moment, in dem es in Sekundenbruchteilen zum ersten Eindruck kommt. Ein verschwindend kurzer Moment, der über den Erfolg Ihrer Werbemaßnahmen, über Aufmerksamkeit oder Ignorieren entscheidet.
   Wie bereits erwähnt, wenden sich Menschen einem Werbemittel meist nur eine extrem kurze Zeit zu: Normalerweise scannen wir unsere Umwelt Tag und Nacht. Bewusst
und unbewusst. Dieses fortwährende Scannen wird unterbrochen, wenn wir uns einem
Reiz zuwenden, ihm unsere Aufmerksamkeit spenden. Dies kann ein kurzer Blick, ein
flüchtiges Hinhören sein und weiter geht's. Also Selektion von werblichen Reizen im
Vorbeigehen. Während dieser Zuwendung nimmt das Individuum Informationen aus
der Umwelt auf, reichert sie mit bereits bestehenden, geistigen und emotionalen Ge-

dächtnisinhalten (z.B. Schemata) an und bewertet sie. Einige Informationen werden bewusst wahrgenommen, viele andere flüchtig bewusst oder unbewusst. Blitzschnell entsteht im Kurzzeitgedächtnis ein kurzer Eindruck vom Werbemittel: relevant oder nicht relevant. Der Wahrnehmende entscheidet, ob es sich lohnt, dem Werbemittel weitere Aufmerksamkeit zu schenken oder eben nicht. Manchmal fällt er diese Entscheidung in nicht mal einer Sekunde (Schubert, 2004; Vögele/Bidmon, 2002).

Am Anfang steht die Anmutung

Zur Vertiefung

Generell und medienübergreifend gilt: Nur wenn der erste Eindruck erfolgreich war, beschäftigt sich der Mensch intensiver mit dem Werbemittel. Beim allerersten Kontakt gibt es kaum bewusste bis unterschwellige Wahrnehmungen.

In den 1950er-Jahren fand in den USA ein erschreckendes Experiment statt. Weißen Amerikanern wurde nur ganz kurz (1/1000-Sekunde) eine Anzeige zum Thema Baumwollernte gezeigt. In der ersten Version ernteten dunkelhäutige, in der zweiten Version hellhäutige Menschen. Befragte man die Menschen nach einem ersten Gefühl, dann berichteten die Weißen bei der ersten Version von unangenehmen Gefühlen der Gefahr, der Bedrohung etc. Bei der zweiten Version gab es keine derartigen Rückmeldungen. In einer Variante des Experiments wurde übrigens dann jede Version mehrere Sekunden gezeigt und beide Male berichteten die Versuchspersonen – politisch korrekt – von positiven Gefühlen.

„Emotion first", ist eine der zentralen Erkenntnisse der neueren Forschung. So auch von neurowissenschaftlich orientierten Autoren. Auch sie sehen zuerst eine emotionale Bewertung der Informationen durch das limbische System (Damasio, 2005, S. 227 ff.; Storch/Krause, 2000), die vor der Verarbeitung „rationaler Informationen" erfolgt. Seit Jahrzehnten ist also klar (Rosenstiel/Neumann, 1990, S. 70 ff.; Neumann, 2003b):

📩 **Das Ergebnis des allerersten Kontakts mit einem Werbemittel ist eine erste gefühlsmäßige Anmutung!**

Konrad Schultz, ein deutscher Neurobiologe, liefert hierfür eine Erklärung. Für ihn ist das Gehirn ein in jeder Sekunde prognostizierendes Organ. In seinen Versuchen mit Affen hat er festgestellt, dass es Neuronen gibt, die spätere Belohnungen vorhersagen. Folgeuntersuchungen zeigten, dass durch den Ausstoß von Dopamin Vorhersagen über Empfindungen gemacht werden.

Entpuppt sich der erste Eindruck also als verheißungsvoll, weil er künftige Belohnung verspricht, wird der Sache nachgegangen. Wenn nicht, dann halt nicht!

Bekanntes oder Belohnung?

Was bedeuten diese Forschungsergebnisse für die Praxis? Von jedem Werbemittel entsteht innerhalb einer kurzen Zeit ein Ersteindruck – durch Scannen mit allen Sinnen. Dabei wird bewusst und nicht bewusst wahrgenommen. Wahrscheinlich kommt es beim allerersten Kontakt unter anderem auch zu einer Beurteilung der Ästhetik eines Werbemittels und seiner haptischen Qualitäten. Aus der Kunstpsychologie wissen wir: Was spontan als „schön" beurteilt wird, wird auch häufig als „gut" beurteilt.

Neben dieser blitzschnellen Beurteilung der Ästhetik wird auch die Relevanz der vom Werbemittel transportierten Information eingeschätzt: In kurzer Zeit selektiert der Mensch ganz bestimmte Teile des Werbemittels.

Erste Forschungsbefunde dazu gab es im Printbereich: Leser betrachten die meisten Printwerbemittel nur kurz: 1,3 und 2,0 Sekunden pro DIN-A4-Seite (Kroeber-Riel/Esch, 2000, S. 187). In dieser kurzen Zeit scannt das Auge die Seite. Dabei betrachtet es zirka sieben bis zwölf Bereiche, jeweils etwa so groß wie eine Zwei-Euro-Münze, jeweils etwa 0,2 Sekunden (Fixationen) lang.

Auch bei Online- und Mobile-Instrumenten geht es flott zu. Wir bewegen uns hier im Bereich ab 50 Millisekunden: In dieser Zeit müssen Webdesigner einen guten Eindruck beim Betrachter einer Website hervorgerufen haben (Lindgaard / Fernandes / Dudek / Brown, 2007). Hätten Sie es gedacht? Nicht einmal eine Sekunde, um einen guten Eindruck zu hinterlassen. BLINK – ein Augenzwinkern!

Sie sollten sich also auf keinen Fall auf Inhalte und Text verlassen. So viel sei schon einmal verraten.

Im Idealfall wendet der Mensch sich dem Werbemittel nach dem ersten Kontakt intensiver zu. Er liest, betrachtet Videos, lädt etwas herunter etc. Dabei fällt er im Ideal ein Relevanzurteil, das zu einer weiteren Reaktion (mehr Information, Kauf, Spende, Mitglied werden etc.) führen kann. Sprich, er legt das Produkt in den Warenkorb und kauft es. Klick! Wenn Sie denn Glück und Erfolg haben.

Der erste Eindruck in Print- und Online-Medien

Werber und Gestalter sollten wissen, welche Punkte die meisten Menschen in unterschiedlichen Medien zuerst wahrnehmen:

- Print: Bei Printwerbemitteln startet *„in über 75 Prozent der Fälle … die Anzeigenbetrachtung beim Bild"* (Jeck-Schlottmann, 1988). *„Das Auge beginnt nicht bei der Headline und arbeitet sich dann Punkt für Punkt bis nach rechts unten durch. Für den Blickverlauf gibt es klare Prioritäten: Bild vor Text, Personen vor Landschaften oder Hintergründen, Gesichter vor dem Körper, Auge, Mund und Nase zuerst"* (Wimmer, 1988).

  Die ersten Fixationen sind bei einem Werbebrief: der Name des Empfängers, das Datum, die Anrede, die Unterstreichungen und die Unterschrift. Die Inhalte der Unterstreichungen entscheiden nun über den Erfolg des Briefes. Sie sollten, so die Empfehlung der Praktiker, dem Leser Nutzen signalisieren (Vögele, 1990).

■ **Online:** Die Erkenntnisse aus dem Printbereich können wir nicht 1:1 auf Online- und Mobile-Instrumente übertragen. Der erste Eindruck entsteht hier manchmal nicht nur über kurze Blicke, obwohl dies wahrscheinlich in vielen Fällen so ist. Deswegen kann man nicht sagen, dass der erste Eindruck nur durch die ersten Fixationen zu Stande kommt. Vielmehr müssen wir davon ausgehen, dass der erste Eindruck im Onlinebereich auch über andere Sinneskanäle mitbeeinflusst wird, wie z.B. durch Töne. Wir sprechen deshalb ab sofort von Wahrnehmungs- punkten, wenn wir diese ersten kurzen Wahrnehmungen meinen, die zu einem Ersteindruck führen. Es kann angenommen werden, dass Klänge und Bewegun- gen noch vor Bildern wahrgenommen werden.

■ **E-Mails:** Bei E-Mails fällt der erste Eindruck in vielen Fällen komplett aus. Genau dann nämlich, wenn die Mail dem Spamfilter zum Opfer fällt. Falls E-Mails gese- hen werden, entsteht der Ersteindruck in den meisten Fällen aus den Angaben Absender (Bekanntheit) und Betreff. Außerdem führen die unterschiedlichen Sicherheitseinstellungen zu unterschiedlichen ersten Eindrücken: So zeigt z.B. Outlook per Voreinstellung keine Bilder in E-Mails und Newslettern – aus Sicher- heitsgründen. Wer also speziell mit einer E-Mail einen guten ersten Eindruck hinterlassen möchte, der mache sich ausführlich Gedanken zum Thema Betreff. Denn schon hier trennt sich nicht selten die Spreu – oder besser – das Spam vom Weizen.

■ **Websites:** Bei Websites dürfte der erste Eindruck teilweise von den zur Verfügung stehenden Bandbreiten abhängen: Bei geringen Übertragungsgeschwindigkeiten und langsamem Aufbau der Seite sind die ersten Informationen, wie z.B. Texte, ausschlaggebend. Bei schnellem Aufbau können es animierte und nicht animierte Bilder, Töne, aber auch deutlich hervorgehobene schriftliche Informationen sein. Elend auch, wer im Internet wegen zu langsamer Ladekapazitäten auf den ersten Eindruck warten muss. Darum raten wir, sparsam mit aufwändigen Animationen umzugehen. Merke: Ein rotierendes Sanduhren-Icon ist kein erster Eindruck!

Der erste Eindruck im Telefonmarketing

Auch im Telefonmarketing gelten die ersten Sekunden als kritisch. Hier entsteht der erste Eindruck durch paralinguistische Signale am Anfang des Gespräches, wie z.B. die Tönung der Stimme. Sie zeigen die Gefühlslage des Sprechers an und führen in Sekun- denbruchteilen zu Wohlwollen oder Widerwillen beim Empfänger.

Darum formuliert es z.B. Günter Greff (1997, S. 107) sehr treffend für die Praxis: *„Setzen Sie Ihre volle Gesprächsenergie in den ersten zehn Sekunden des Telefonats ein."* Um von Anfang an einen guten Eindruck am Telefon zu machen, empfehlen Praktiker, am Anfang des Gesprächs einen spannenden „Aufhänger" zu bringen und vor allem zu lächeln. Ein echtes Lächeln teilt sich dem Gesprächspartner am anderen Ende der Leitung über die Stimme mit. Ja, auch ein Lächeln kann schon richtig gutes Marketing sein!

2.4.2 So schaffen Sie Interesse an Ihren Produkten

Reize, die sehr früh wahrgenommen werden und etwas im Kunden bewirken wollen, brauchen jede Menge Aktivierungskraft. Nur wenn ein Reiz über ausreichend Aktivierungskraft verfügt, kann er in seiner Folge höheres Involvement auslösen. Werbliche Reize bzw. die Darbietung werblicher Informationen benötigen echtes Potenzial, wenn sie den Wahrnehmungsfilter mangelnden Interesses durchdringen wollen.

 Die höchste Aktivierungskraft besitzt selbstredend die persönliche Ansprache.

Wer seinen Kunden zum Gespräch bittet, auf seine Fragen und Wünsche eingehen kann, der hat die größten Chancen, aus geringem Interesse doch noch High-Involvement hervorzuzaubern.

Schwerer haben es da schon alle Arten von unpersönlicher Kommunikation. Gerade klassische Werbeformen sind wenig dazu angetan, spontanes Engagement zu erzeugen. Ein probates Mittel, die Tür des Interesses aufzustoßen, dagegen bieten die Werbeformen des Dialogmarketings. Persönlich in der Ansprache, schlank in Sachen Information, aber dafür „reizvoll" aufgemacht und mehrstufig in der Ansprache besitzen sie wertvolles Potenzial für Folge-Involvement.

Zur Vertiefung

Kleiner Exkurs in die Social Media!

Im Kontext der Aktivierung des Konsumenten und der Erzeugung von Folge-Involvement wollen wir es uns nicht nehmen lassen, einen kleinen Exkurs zum Thema Facebook, Twitter und Co. zu unternehmen. Kommunikation mit Social Communities sorgt derzeit für eine wahre Hysterie unter Werbern und Unternehmen. 500 Millionen potenziell erreichbare Kunden machen gierig, in der Hoffnung auf hochwirksames Word-Of-Mouth-Marketing. Die bloße Vorstellung, dass sich Werbeinformationen in Zukunft wie ein Lauffeuer in der virtuellen Community verbreiten, versetzt selbst gestandene Marketingpersönlichkeiten in rasenden Aktionismus.

Wir bleiben eher skeptisch. Zu sehr erinnert uns der heiß begehrte „Buzz", also das Rumoren im Internet, an das Spiel „Stille Post". Sie wissen schon: Ein Satz geht flüsternd reihum, von Mund zu Ohr. Der Witz liegt in der Verzerrung: Was als *„Ich finde Olaf nett"* beginnt, endet als *„Meine Tante liegt krank im Bett"*. Im Spiel mag das für Erheiterung sorgen. Bei Ihrer Markenbotschaft hört der Spaß hier auf.

Auf der anderen Seite zeigt sich deutlich, dass Social Media eine hervorragende Form des interaktiven Dialoges mit dem Kunden bieten. Ein persönliches Gespräch weist die höchste Aktivierungskraft für reges Interesse auf. Im Bereich Social Media treffen wir auf ausgezeichnete Voraussetzungen für eben diesen Dialog, eine fantastische Gelegenheit, mit Menschen in direkte Beziehung zu treten. Auf einer Ebene, die tatsächlich alle Dimensionen sprengt.

Viele Millionen Menschen gehen täglich auf Facebook ein und aus. Sie suchen nach Neuem, Ungewöhnlichem, Aufregendem, Unterhaltsamem. Wenn wir es schaffen, unser Produkt so interessant, abwechslungsreich, spannend und vielseitig in den Social Media zu präsentieren, dass die Leute sagen: *„Schau mal, das ist aber spannend. Gefällt mir!"*, *„Da schau ich morgen auch wieder vorbei"*, dann haben wir einen Riesenschritt in die richtige Richtung getan. Wir stecken sozusagen unseren Fuß in die Tür der Aufmerksamkeit. Und jeden Tag aufs Neue können wir Reize anbieten, die aus einer Low-Involvement-Situation echtes High-Involvement schaffen. Darin liegt die große Chance von Facebook.

Authentische, glaubwürdige Kommunikation in Echtzeit mit Kunden: Die Kunden lernen das Unternehmen kennen, das Unternehmen lernt seine Kunden, seine Freunde und auch seine Kritiker kennen. Es beginnt ein Austausch der Interessen auf beiden Seiten, der aus nur mäßig involvierten „Passanten" im besten Falle Fans, Multiplikatoren und Markenbotschafter werden lässt. Das nennen wir lebendiges Marketing, authentisch und kraftvoll.

Allerdings genügt dafür nicht die Aussage: „Wir sind jetzt auch auf Facebook." Freunde finden ist anspruchsvoll. Freundschaften pflegen, ebenso!

So bekommt Ihre Information Aktivierungskraft 2.4.3

Low-Involvement lässt sich also umwandeln. Es ist möglich, aus wenig Interesse mehr oder gar viel Interesse zu generieren. Doch wie? Wie bekommt ein Reiz durchschlagende Aktivierungskraft? Was macht ihn visuell, akustisch, taktil oder olfaktorisch so unwiderstehlich, dass er die Sinne des Empfängers auf Hochtouren bringt?

Als stark aktivierende Reize wirken laut Berlyne (1974) vor allem emotionale, kollative und physische Reize. Das wollen wir doch einmal genauer betrachten.

Abb. 2.5: Auslösung einer gezielten Aktivierung von Reizen nach Berlyne

Mit viel Gefühl! Emotionale Reize

Emotionale Reize weisen generell ein hohes Aktivierungspotenzial auf. Sie untergliedern sich in zwei Gruppen.

- Zum einen die zielgruppenspezifischen Reize. Sie sprechen besondere Vorlieben (Überzeugungen, Hobbys) unserer Zielgruppen (Lachmann, 2004) an. Hierbei helfen uns gut platzierte emotionale Schlüsselreize. Mit ihrer Hilfe lösen wir gezielte Assoziationsketten an Vorstellungen und Gefühlen aus und versetzen unsere Kunden in die beschriebene innere Erregung. Allerdings nur, wenn wir mit den emotionalen Reizen wirklich ins Schwarze treffen und die Personen an dem dargestellten Werbethema bereits echtes Interesse zeigen. Für Situationen im Bereich des Low-Involvements werden diese Reize keine besondere emotionale Erregung auslösen.
- Die andere Gruppe emotionaler Reize, die sich zur Aktivierung von Zielgruppen heranziehen lässt, sind die eher breit wirkenden allgemeinen, emotionalen Reize. Zu dieser Gruppe zählen kulturspezifische, gelernte oder genetisch bedingte Muster und Schemata, die in der Werbung sehr häufig zum Einsatz kommen, wie z. B. das Kindchenschema, Erotik, Archetypen sowie Abbildungen von Augen und Mimik (Weinberg, 1986b).

Leider müssen wir davon ausgehen, dass durch die häufige Verwendung emotionaler Reize über alle Anbieter hinweg eine zunehmende „Abstumpfung" beim Zielpublikum eintritt. Im Klartext bedeutet dies: „Sex sells" zieht schon lange nicht mehr so wie in früheren Zeiten. Wo früher ein nackter Busen zum Skandal gereichte, zuckt heute niemand mehr mit der Wimper. Die Aktivierungskraft derartiger Reize nutzt sich ab. Zudem besteht die Gefahr, dass aufgrund der breiten, allgemeinen Verwendung solcher Reize der einzelne Anbieter in seinem Auftritt austauschbar wird.

Surprise! Surprise! Kollative Reize

Abb. 2.6: Überraschungsreiz (© iStock)

Die höchste Chance für einen Anbieter, beim Empfänger seiner Botschaft Folge-Involvement auszulösen, bieten die kollativen Reize. Sie sorgen für einen echten Überraschungseffekt und verfügen dadurch über enorme Aktivierungskraft (Kroeber-Riel, 2003). Ein kollativer Reiz zeichnet sich durch seine Neuheit oder Mehrdeutigkeit aus und stellt den Wahrnehmungsmechanismus vor eine unerwartete Aufgabe (siehe Abb. 2.6). Diese erfrischende Widersprüchlichkeit und die Überraschung lösen in den Synapsen des Empfängers größte Freude aus. Alles, was überrascht und stimuliert führt zu vertieftem Interesse.

Problematisch könnte der Einsatz von Überraschungsreizen lediglich im Bereich eines sehr niedrigen Involvements sein. In dieser Phase des fast verschwindend geringen Interesses könnte gerade die Widersprüchlichkeit zu vertrauten Schemata einen negativen Effekt mit sich bringen. Gestaltet sich das Entschlüsseln des neuartigen Reizes nämlich zu zeitaufwändig, könnte sich der wenig interessierte Empfänger genauso gut abwenden. Das gewünschte Folge-Involvement bliebe aus. Viele Studien zeigen, dass die „visual fluency", also die Einfachheit, mit der eine Botschaft verarbeitet werden kann, eine signifikante Auswirkung auf die Beurteilung der Botschaft hat (Winkielman, Schwarz, Reber / Faendeiro, 2003). Auch Felser (2007) weist darauf hin, dass Neuartiges nur wirken kann, wenn es im Kontext von bereits „Vertrautem" steht. Zu viel Neues und Widersprüchliches führen eher zur Verwirrung und Ablehnung (Kover, Goldberg / James, 1995).

Es kommt doch auf die Größe an: Physische Reize

Eine ziemlich sichere Aktivierung erreicht man nach Kroeber-Riel und Weinberg (2003) mit physisch wirkenden Reizen. Hierunter versteht man im visuellen Bereich die Größe einer Anzeige, eines Plakates oder Screens oder die Farbigkeit in der Gestaltung der Werbebotschaft sowie die Lautstärke im akustischen oder den Geruch im olfaktorischen Bereich.

Abb. 2.7: Physischer Reiz „Größe eines Großflächenplakates"
(Eröffnung Topshop, London; © K.P. Fischer)

Die Aktivierungsstärke physischer Reize verhält sich dabei immer relativ zum jeweiligen Kontext (Umfeld) (Kroeber-Riel/Weinberg, 2003). So kann beispielsweise ein Schwarz-Weiß-Bild (Graustufen) in einem eher farbig (4c) geprägten Magazin eine aktivierende Wirkung entfalten.

Wir durften bisher erkennen, dass die Verarbeitung eines Reizes unmittelbar mit dem Involvement eines Menschen zusammenhängt, welches er dem jeweiligen Thema entgegenbringt. Im gleichen Zuge haben wir uns gefragt, wie es uns gelingen kann, Involvement beim Kunden zu erhöhen, ihn neugierig zu machen, ihn aus seinem Desinteresse zu reißen. Es fanden sich „reizende" Ansätze im Sinne kollativer, emotionaler und physischer Reize. Im Folgenden werden wir uns nun der Frage zuwenden, wie Kommunikation in verschiedenen, gegebenen Involvement-Situationen zu funktionieren hat.

2.5.1 Elaboration-Likelihood-Modell

Einen profunden Ansatz dazu liefert uns das Elaboration-Likelihood-Modell (ELM), ein duales Prozessmodell der Informationsverarbeitung. Richard E. Petty und John T. Cacioppo (1983, 1984, 1986) haben mit ihrem Modell definiert, wie wahrscheinlich es ist, dass sich ein potenzieller Empfänger einer Information bewusst zuwendet und diese elaboriert, also sich mit ihr differenziert auseinandersetzt. Das ELM bietet uns einen umfassenden Rahmen, um zu zeigen, welche Prozesse bei der Bildung und der Veränderung von Einstellungen im Menschen ablaufen. Für persuasive, also überzeugende Kommunikation, liefert uns das ELM genau zwei Wege: den zentralen und den peripheren Weg.

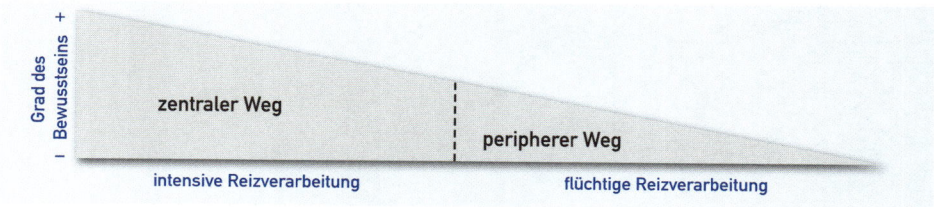

Abb. 2.8: Zentraler und peripherer Weg der Informationsverarbeitung

Welcher Weg beschritten wird, hängt zum einen von der Motivation der Person und zum anderen von ihrer Fähigkeit der Informationsverarbeitung ab. Da hätten wir es wieder: das Involvement!

Sind unsere Zielpersonen zur intensiven und kognitiven Informationsverarbeitung bereit – also hoch involviert und auch situativ bereit dazu –, werden sie den zentralen Weg der Informationsverarbeitung (elaboration) beschreiten.

Der zentrale Weg (central route to persuasion) macht Unternehmen ausgesprochen glücklich. Endlich ist die Stunde des Produkts gekommen. Alle Eigenschaften und Vorteile dürfen aufgezählt werden, denn genau hier, auf der zentralen Route, wünscht sich der Kunde eine intensive gedankliche Auseinandersetzung mit dem Produkt. Allerdings verhält er sich in dieser Phase kritisch und hinterfragt die gelieferten Auskünfte. Glaubwürdigkeit und Authentizität erhalten einen besonders hohen Stellenwert. Der Interessent sucht förmlich nach Informationen, möchte sich ausführlich gedanklich damit beschäftigen. Er will sich eine Meinung bilden und speichert ab, was er erfährt. Wer jetzt alle Produktfeatures auf den Tisch legt, hat schon so gut wie gewonnen. Gut aufbereitete Informationen, schneller Zugriff darauf und hohe Überzeugungskraft punkten beim Kunden. Der hört zu, liest aufmerksam, nimmt wahr und fokussiert. Zu diesem Zeitpunkt darf es auch gern mal ein bisschen mehr sein.

Ist die Lust zur Informationsverarbeitung hingegen gering und unser Kunde mal wieder low-involviert, kommt es zu einer peripheren, beiläufigen Reizverarbeitung (peripheral route to persuasion). Der Empfänger reagiert nur auf oberflächliche Hinweisreize und verzichtet auf kritisches Nachdenken (low elaboration). Die von Petty und Cacioppo (1983) behauptete „Instabilität" aufgrund der flüchtigen, peripheren Verarbeitung wollen wir durchaus kritisch sehen und relativieren. Denn das würde bedeuten, dass für eine langfristige, stabile Markenpräferenz nur Werbeträger geeignet sind, die eine intensive Verarbeitung und Beschäftigung mit dem Reiz ermöglichen.

Die fehlende Stabilität der flüchtigen Reizverarbeitung lässt sich aber in der Praxis durch entsprechende Wiederholungen, bis hin zur Konditionierung ausgleichen. Das bedeutet: Auch auf dem Weg der peripheren Reizverarbeitung kann es uns gelingen, durchaus stabile Eindrücke im Gedächtnis des Empfängers zu hinterlassen.

Des Weiteren baut unser Kunde aufgrund der Flüchtigkeit der Verarbeitung keine Gegenargumente auf. Er verhält sich in der peripheren Wahrnehmung äußerst unkritisch. Auf diese Art präsentierte Argumente nimmt er einfach unreflektiert und ungestört auf. Ein idealer Weg somit, den Kunden auf die Marke vorzuprägen.

Ob es bei der Verarbeitung eines Reizes zur „central route to persuasion" oder zur „peripheral route to persuasion" kommt, hängt letztlich von der aktuellen Motivation des Empfängers zur intensiven Reizverarbeitung ab – von seinem Involvement.

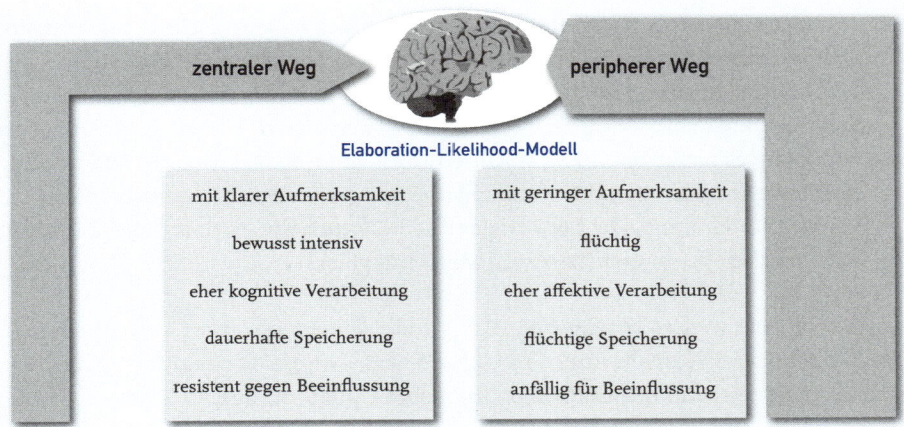

Abb. 2.9: *Vereinfachte Darstellung des Elaboration-Likelihood-Modells mit den Unterschieden, die sich aus dem zentralen und peripheren Weg der Reizverarbeitung ergeben*

2.5.2   Informieren, Aktivieren, Berieseln – die Kommunikationsstrategien in verschiedenen Involvement-Situationen

Die Involvement-Theorie führt uns zu vier Kommunikationsstrategien in verschiedenen Involvement-Situationen: Channelising, Selektion, Aktivieren und Vorprägen (siehe auch Kap. 6). Dabei weist uns das Elaboration-Likelihood-Modell den Weg, wie wir unseren Kunden in welcher Involvement-Situation ansprechen müssen.

Unser Kunde ist high-involviert, um nicht zu sagen höchst interessiert. Er sucht bzw. fordert *(„Pull")* bereits aktiv Informationen.

1. Channelising: Für uns heißt das, wir müssen jetzt dafür Sorge tragen, dass die Suche und engagierte Nachfrage des Kunden auf unseren eigenen Kommunikationskanälen landet und nicht beim Wettbewerb. Die Initiative der Nachfrager muss im Interesse des Unternehmens richtig gelenkt, sprich kanalisiert (Channelising) und direkt zum Kauf geführt werden.

2. Selektion: Die Kunst des Anbieters liegt bei dieser Strategie darin, hoch involvierte Kunden zuerst einmal ausfindig zu machen. Dabei drängt sich durchaus der Vergleich mit der Suche nach der Nadel im Heuhaufen auf. Selektion bedeutet somit, örtliche und zeitliche Konzentrationen solcher Nachfrager ausfindig zu machen, um diese dann gezielt ansprechen zu können (Push).

Treffen wir auf die Kunden hingegen in einer Low-Involvement-Situation, so wollen sie sich der zentralen Informationsflut partout nicht stellen. Für sie haben wir zwei Kommunikationsstrategien:

3. Aktivierung: Wir könnten sie aktivieren und mit einem Feuerwerk an Reizen ihr Engagement und Interesse auslösen. Wir verwandeln sie in High-Involvierte.

4. Vorprägen: Diese Strategie meint berieseln. In konstanter und flächig sprühender Art konfrontieren wir all die mäßig Involvierten mit steten Produktbotschaften. Sie danken es uns, indem sie einfach einmal so akzeptieren, was wir verkünden.
    In der Low-Involvement-Situation findet nämlich kein kritisches Hinterfragen statt. Was den Menschen peripher erreicht, das übernimmt er unreflektiert. Hauptsache, er kann es blitzschnell verarbeiten und muss nicht darüber nachdenken. Viel Bildanteil, wenig Text, eine knappe Kernaussage wirken sich hier positiv aus. Denn es bleibt kaum Zeit für Ihre Information. Doch wenn Sie sie nur oft genug wiederholen und den Empfänger damit gewissermaßen „weich spülen", könnte die Wirkung ganz hervorragend sein. Vorprägen – so lautet das Zauberwort auf dem peripheren Weg zum Marketingglück!

Es gibt noch eine weitere Möglichkeit: Der Kunde ist hoch involviert – allerdings in einem Bereich, der außerhalb Ihrer Produktwelt liegt – und daher sehr low involviert in Ihrem Angebot. Ihr Kunde besitzt den „Tunnelblick", der nur auf ein Thema fokussiert und Reize links und rechts neben dem Tunnel ausblendet. Diese Kunden sollten wir ignorieren.

Lachmann (2004) hat diese Situation ausgehend vom Anbieterreiz als „absorbierendes Fremdinteresse" bezeichnet. Der Werbeempfänger ist im Moment des Werbemittelkontaktes an einem „anbieterfremden" Thema „engaged" und somit nicht ansprechbar. Störende Reize – sprich unter Umständen Ihr Angebot – wird er in dieser Situation weder zentral noch peripher verarbeiten. Vielmehr wird er versuchen, sie zu vermeiden und auszublenden. Im schlimmsten Fall reagiert er darauf sogar genervt.

Ein schönes Beispiel dafür ist das Recherchieren eines bestimmten Themas im Internet. Wer recherchiert, ist an dem entsprechenden Thema interessiert, er verarbeitet Informationen zentral, unterliegt also dem Tunnelblick. Wird das engagierte Suchverhalten und Lesen durch sich aufdrängende Pop-up-Banner, die mit dem Thema nicht kompatibel sind, gestört, entsteht Reaktanz. Sollte Ihre Zielgruppe also den Tunnelblick haben – suchen Sie sich eine neue. Diese Kunden ignorieren Sie. Machen Sie das Gleiche. Hier ist im Moment alle Liebesmüh vergebens.

Das Kommunikationsmodell

3

Wir haben uns in den vorhergehenden Kapiteln eingehend mit den Fragen beschäftigt, wie Aufmerksamkeit und Wahrnehmung im Menschen entstehen. Diese wahrnehmungspsychologischen Hintergründe geben uns Aufschluss über intrinsische Abläufe. Sie verweisen auf den Weg, den jede Information nehmen muss, wenn sie denn etwas bewirken möchte.

Was uns jetzt noch fehlt, ist ein Modell, das Aufschluss darüber gibt, wie Menschen generell kommunizieren, sprich miteinander in Verbindung treten.

Der Mensch und seine Art zu kommunizieren

Das nun folgende Kapitel zum Thema Kommunikationsmodell schlägt die Brücke von einem Individuum zum anderen. Kein Wunder also, dass Kommunikation eine der Kernaufgaben des Marketings ist.

Mit ihr bringen wir die Botschaft zum Kunden. Sie strahlt wie ein heller Lichtschein auf unsere Produkte und Leistungen nieder und rückt sie ins rechte Licht der Aufmerksamkeit. Dabei scheinen die Möglichkeiten der Kommunikation in unserer Zeit gewaltig und allgegenwärtig. Jeder gibt sich immer und überall erreichbar.

Die Problemstellung in Sachen Kommunikation lautet deshalb nicht mehr, OB die Botschaft beim Empfänger ankommt, sondern WIE.

Die Frage, die sich uns stellt, lautet: Was will ich sagen und was kommt am Ende bei meinem Gegenüber an? Darin liegt vereinfacht ausgedrückt die gesamte Problematik der Kommunikation.

Was passiert zwischen Sender und Empfänger? Um diese Frage zu beantworten, wollen wir im Folgenden auf ein klassisches Modell des Kommunikationsprozesses mit seinen wesentlichen Wirkungskomponenten eingehen.

3

Wir erklären Ihnen, wie Kommunikation stattfindet: von der Kodierung der Botschaft durch den Sender bis zur Dekodierung durch den Empfänger.

Wir analysieren, welche Konsequenzen dieses Kommunikationsmodell für uns in Marketing und Kommunikation mit sich bringt. Und beantworten die Fragen:

- Wie kommuniziere ich eine Werbebotschaft so, dass sie ankommt?
- Welcher Werbekanal ist der richtige?
- Was kann meinen Kommunikationsprozess stören?

Sie werden auf den nun folgenden Seiten erkennen, dass Kommunikation in jedem Fall das Ziel verfolgt, bestimmte Eindrücke und Informationen an relevante Zielgruppen weiterzugeben. Kommunikation hat die Aufgabe, die Nachfrage nach einer Marktleistung zu kreieren, zu erhöhen und zu stimulieren. Auf welche Art und Weise dies möglich wird, lesen Sie jetzt!

3.1 | Der Kommunikationsprozess

Kommunikation ist das Bindeglied zwischen den Wahrnehmungen Einzelner, der Auslöser zur gegenseitigen Verständigung und Initiator von Verhaltensänderungen. Mit ihr beginnt das *„Teilen, Mit-Teilen von Nachrichten, aber auch Informationen aus dem eigenen Ich"* (Krause 1998). Wissenschaftlich formuliert versteht man unter dem Begriff Kommunikation den Austausch von Informationen und Bedeutungsinhalten zum Zwecke der Steuerung von Erwartungen, Einstellungen, Meinungen und Verhaltensweisen gemäß der spezifischen Zielsetzung des Unternehmens (Bruhn, 2003).

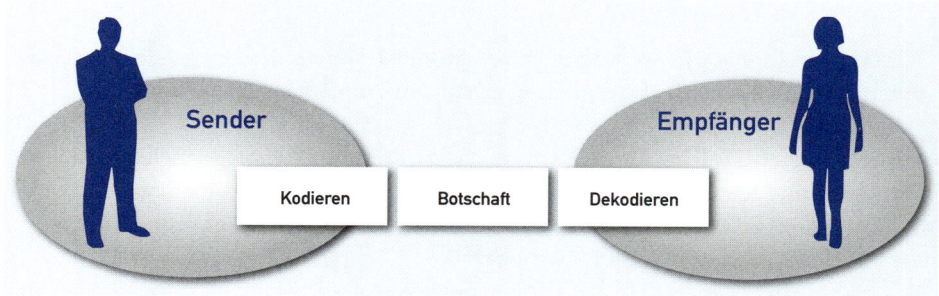

Abb. 3.1: Basis-Kommunikationsmodell

Die am Kommunikationsprozess Beteiligten bezeichnen wir als Sender und Empfänger. Der Sender als Ursprung der Information kann in der werblichen Kommunikation sowohl eine Person (z.B. Verkäufer) als auch ein Unternehmen (repräsentiert durch das Logo) sein. Hierin liegt auch schon die erste Herausforderung im Kommunikationsprozess: Wer überbringt die Botschaft? Früher wurden die Überbringer schlechter Informationen geköpft. Heute lässt man die Überbringer schlechter Werbebotschaften zwar leben. Doch statt „Kopf ab" lautet die Devise schnell mal „Etat weg"! Wir merken uns:

Da die Aufnahme und Interpretation der gesendeten Information beim Empfänger sehr stark durch das Image und die Glaubwürdigkeit des Senders beeinflusst werden, muss bereits der „Überbringer" der Botschaft mit großer Sorgfalt ausgewählt werden.

Besonders einleuchtend wird dieser Aspekt beim Thema Testimonials. Gerne lassen große Unternehmen Prominente für ihre Produkte sprechen. Hofft man doch zu Recht, der Glanz und das Image des bekannten Werbegesichts mögen auf das eigene Produkt abstrahlen, ihm große Aufmerksamkeit und Glaubwürdigkeit zugleich bescheren.

Bei George Clooney und dem „göttlichen" John Malkovich für *Nespresso* funktioniert das vorzüglich. Bei Jörg Kachelmann schnappte die Testimonialfalle für *Danone Actimel* zu. Der aktiviert seine Abwehrkräfte mittlerweile anderenorts und nicht mehr als wetterfester Werbeträger. Darum gilt unser erstes Augenmerk im Kommunikationsprozess der präzisen und wohl überlegten Auswahl des Senders.

Die Kodierung der Botschaft

Mit dem Sender beginnt dann auch der eigentliche, werbliche Kommunikationsprozess. Der Sender (Anbieter) konkretisiert seine Gedanken und transformiert sie in eine übermittlungsfähige Sprache (Tietz, 1981). Das bedeutet im Grunde nichts anderes, als dass wir unsere Botschaft in Inhalte packen müssen wie z.B. Bilder, bildlich dargestellter Text, gesprochener oder auch gesungener Text (Jingles), der Ton, die Musik oder das Geräusch sowie Gerüche, Signets, Symbole oder Marken.

Wir kodieren (verschlüsseln) unsere Botschaft. Als gut und gelungen erweist sich unsere Kodierung erst dann, wenn sie der Empfänger später korrekt, d.h. im Sinne unserer Botschaft, dekodieren kann. Das bedeutet, nur wenn der Empfänger genau versteht, was der Sender ihm sagen wollte, erst dann hat Kommunikation funktioniert.

Ob Kommunikation gelingt, hängt also nicht in erster Linie davon ab, was der Sender vermitteln möchte, sondern maßgeblich davon, was davon tatsächlich beim Empfänger ankommt.

Was so einfach klingt, birgt jedoch unendlich viele Möglichkeiten des Missverstehens. Darum muss der Sender schon bei der Kodierung an die Dekodierungsmöglichkeiten des Empfängers denken. Er muss darauf achten, dass sein verwendetes Zeichenrepertoire (Codes) mit dem des Empfängers übereinstimmt (*„common ground"*; Belch/Belch, 2002).

Bei dem bekannten Werbeslogan der Parfümeriekette *Douglas* hat die Dekodierung schon einmal nicht funktioniert: *„Come in and find out"* gilt als Paradebeispiel für Sender-Empfänger-Störungen. An *„Komm rein und finde wieder raus"* hatten die Sender des pfiffigen Slogans dabei sicher nicht gedacht. Auch wenn es genau so bei den Kunden ankam. Die gute Nachricht: In der Tat hat bisher jeder aus den *Douglas*-Läden wieder rausgefunden.

Die Botschaft richtet sich nach dem Empfänger

Wenn Ihre Botschaft nicht für immer ein Rätsel bleiben soll, müssen Sie sich eingehend mit den Dekodierungsmöglichkeiten des Empfängers auseinandersetzen. Auch hier gilt wieder unser bewährter Spruch: *„Der Wurm muss dem Fisch schmecken und nicht dem Angler."* Der Empfänger stellt die logische unbekannte Variable im werblichen Kommunikationsprozess dar. Auf ihn müssen wir uns im Kommunikationsprozess intensiv einstellen. Wir kommunizieren nicht, was uns gefällt oder was für uns aus der Sicht der Hoch-Involvierten verständlich erscheint. Wir kommunizieren allein aus Sicht unserer Zielperson. Entscheidend ist nicht, was der Sender von sich gibt, sondern allein das, was der Empfänger darunter versteht.

Wir richten unsere Werbebotschaft exakt auf die Dekodierungsmöglichkeiten unserer Zielgruppe aus. Diese bekommt von uns genau das zu hören, zu sehen, zu fühlen, zu riechen, was sie annehmen und begreifen kann. Idealerweise wissen wir bereits im Vorfeld, welche Erfahrungen, welches Vorwissen und welche Werte der Empfänger zu unserem Thema bereits abgespeichert hat (siehe Übereinstimmungsbereich, *„field of experience"* in Abb. 3.2).

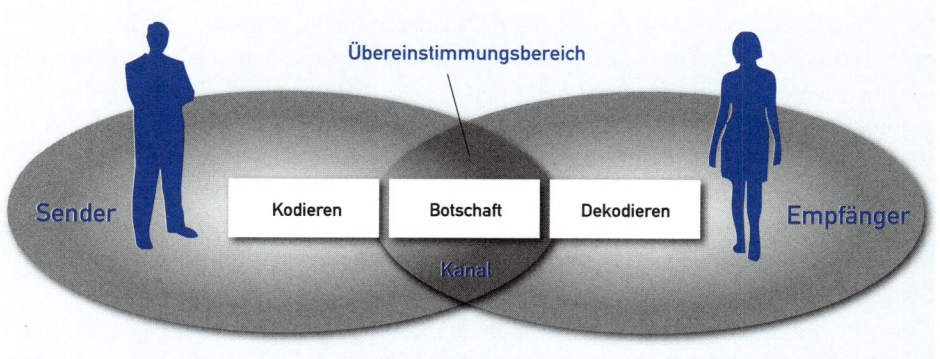

Abb. 3.2: Kommunikationsmodell mit Übereinstimmungsbereich

Schlüpfen Sie ruhig einmal in die Schuhe Ihrer Zielgruppe, blicken Sie durch deren Brille und tun Sie so, als würden Sie in deren Haut stecken. Je besser Sie Ihren Empfänger kennen, umso punktgenauer landen Sie Ihre Botschaft: mitten ins Hirn, mitten ins Herz!

3.2   Der Werbekanal

Für eine hoch empathisch kodierte Botschaft müssen wir im nächsten Schritt einen passenden Kanal finden, über den wir sie dem Empfänger verbal oder nonverbal zukommen lassen (siehe Abb. 3.3). Der Kanal bezeichnet letztendlich die Methode, sprich das Medium, durch das hindurch die jeweilige Botschaft über eine räumliche oder zeitliche Distanz übertragen wird. Im Fall der Werbung sind dies die Werbeträger (vgl. Grimm, 1979).

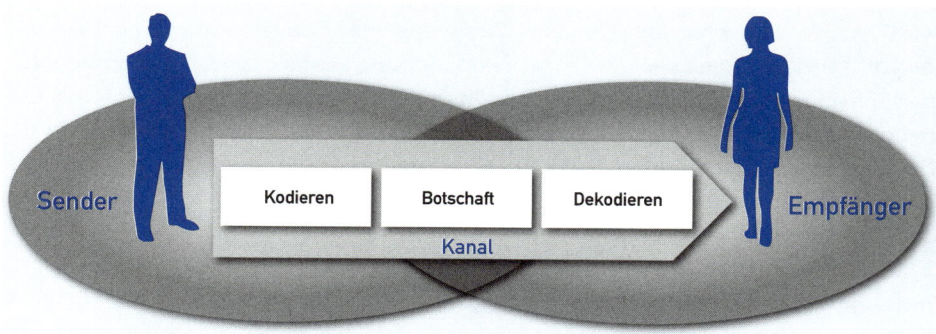

Abb. 3.3: Kommunikationsmodell mit Auswahl des geeigneten Kanals

Wir können die Übermittlung der Werbebotschaft sehr persönlich oder unpersönlich halten (Belch/Belch, 2002).

Bei den persönlichen Kanälen unterscheiden wir

- die direkte Kommunikation zwischen zwei Personen (z.B. Verkäufer und Käufer) oder Gruppen sowie
- die Kommunikation innerhalb sozialer Kanäle, wie z.B. Familie, Freunde, Nachbarn, Arbeitskollegen, die z.B. mit dem Kaufinteressenten über ein bestimmtes Produkt reden.

Gerade die sozialen Kanäle haben in vielen Fällen einen beträchtlichen Einfluss auf das Entscheidungsverhalten der Konsumenten (Kotler, Armstrong, Saunders / Wong, 2006). In diesen Reigen der Möglichkeiten fügen sich auch die Social Communitys wie Facebook, Twitter und Co. ein. Sie bieten ein sehr spezielles, interessantes Medium zur persönlichen Kommunikation. Die Möglichkeiten scheinen unendlich zu sein – der Effekt zu Werbezwecken bleibt allerdings nach wie vor eher verlockend als valide.

Im Gegensatz zu den persönlichen, direkten Kommunikationswegen gestalten sich unpersönliche Kanäle der Kommunikation, wie der Name schon sagt, ohne persönlichen Kontakt. Die Übertragung einer Botschaft findet ohne persönliches Zusammentreffen zwischen Sender und Empfänger statt. Diese Kommunikation verläuft meist indirekt, d.h. zwischen Sender und Empfänger sind Dritte geschaltet.

Gute Beispiele für unpersönliche Kanäle sind alle printbasierten und digitalen Massenmedien (d.h. Radio, TV, Zeitungen, Magazine, Direktmail, Außenwerbung sowie Internetportale). Die initiale Aktivität des Senders findet ihren Abschluss im Versenden der Botschaft über den entsprechenden Kanal. Ist die Botschaft erst einmal draußen, kommt es nun vor allem darauf an, dass der Empfänger die Information auch korrekt versteht, sie im gewünschten Sinne dekodiert.

Viele Werbebotschaften enthalten komplizierte Produktbeschreibungen und Inhalte, die die Kunden nur schwer verstehen. Um aber sicherzugehen, dass die Botschaft auch beim Empfänger ankommt, müssen Sender und Empfänger über dieselben Dekodierschlüssel verfügen, d.h. die vom Empfänger angewandten Regeln zur Dekodierung und Bedeutungszuordnung müssen deckungsgleich zu den Regeln des Senders sein (siehe Abb. 3.4). Nur wenn beide die verwendeten verbalen und nonverbalen Codes gleich verstehen, nur dann kann es zur gewünschten Reaktion kommen.

Dekodierung und Reaktionsweisen — 3.3

Gelingt unserem Kunden die Dekodierung und erkennt er die Bedeutung der Botschaft, dann hat er die Möglichkeit, auf drei verschiedene Arten und Weisen zu reagieren:

- Erstens, er versteht die Botschaft, doch sie interessiert ihn nicht besonders. Das kennen wir ja schon. Er belässt es dabei und vergisst die Botschaft wieder. Auch Gleichgültigkeit gegenüber der Werbebotschaft gilt als Reaktion – wenn auch nicht als erwünschte.

- Zweitens, er dekodiert die Botschaft, interessiert sich dafür und verändert sogar sein Verhalten dementsprechend. Sprich, er lässt beispielsweise eine Kaufhandlung als Antwort auf verkaufsorientierte Werbung folgen. Das ist unser Mann. Die perfekte Reaktion, da wollen wir ihn haben. Doch auch „aufgeschobene" Antworten sind denkbar, z.B. dann, wenn die klassische Werbung ein bestimmtes Produkt im Gedächtnis des Empfängers „vorprägt" und es erst zeitversetzt zu einer Reaktion (z.B. späterer Kauf) kommt.

In beiden Fällen erfolgt keine direkte Erwiderung (Response) der Kommunikation. Wir sprechen daher von einseitiger Kommunikation (one-way) im Sinne einer „Einbahn-Kommunikation" (Kotler, Armstrong, Saunders / Wong, 2006).

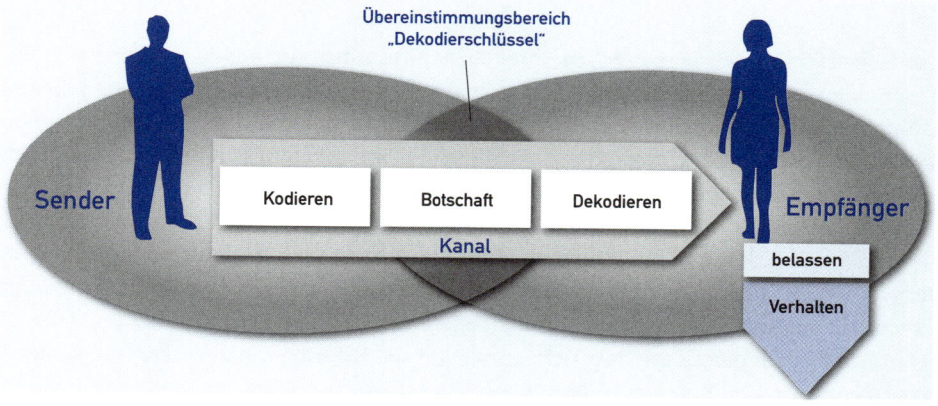

Abb. 3.4: Die Dekodierschlüssel sind bekannt. Der Empfänger erkennt die Bedeutung und reagiert.

- In einer dritten Reaktionsvariante formuliert der Empfänger sein eigenes Gedankengut, kodiert dieses und sendet diese neue Botschaft als Antwort (Response) an den Sender, der nun selbst zum Empfänger wird, zurück. Hier handelt es sich um zweiseitige Kommunikation (siehe Abb. 3.5). Der ursprüngliche Empfänger wird zum Sender seiner Reaktion, der Primärsender zum Empfänger der Reaktionsbotschaft. Damit entsteht ein Prozess der wechselseitigen Beeinflussung und Handlungen, den man heute als Interaktion (Dialog) bezeichnet (Belz, 1997).

Kunden zum Dialog auffordern

Dialogmarketing – darunter versteht man heute alle Marketingaktivitäten, zumindest im Bereich der Kommunikation, die einen Dialog mit dem Umworbenen anstreben. Das beginnt bei den Werbebriefen, geht über Fernsehspots und Internetseiten bis hin zur Interaktion via Facebook und anderen Social Media Portalen.

Bekannt ist diese Form der Werbung bereits seit 500 Jahren. 1471 erhielt Basel das Messeprivileg. Der Rat der Stadt sendete möglichen Aussteller-Interessenten Abschriften der kaiserlichen Urkunde. 1498 erschien in Italien der erste bekannte Katalog, herausgegeben von dem Buchhändler Aldo Romano Manuzio.

Daraus entwickelten sich dann der Versandhandel und der Werbebrief. Man schätzte den Rückkanal, denn er ermöglichte viel. Man konnte die Ausgaben eines Werbebriefs den Einnahmen gegenüberstellen. Man konnte zwei Varianten gegeneinander testen, um über den Response festzustellen, welche besser bei den Zielgruppen ankam. Man konnte die verschiedenen Reaktionen in einer Datenbank festhalten und so den Kunden immer persönlicher betreuen, u.v.a.m.

Mit dem Aufkommen von Fernsehen, Radio, Mobiltelefon, Internet etc. wurden die Erfolgsprinzipien aus der Offline-Welt auf die Online-Welt übertragen und verfeinert. Ein Grund, warum Dialogmarketing, oder nennen wir es besser interaktives Marketing, wieder voll im Trend liegt. Moderne Kunden wollen nicht einfach mit Werbung zuschwadroniert werden.

Sie wollen gefragt werden, ihre Meinung kundtun, ernst genommen werden, mitunter sogar aktiv eingreifen – wie in einer aktuellen Kampagne von *McDonald's*. Der Burger-Gigant lässt erstmals in seiner Geschichte Kunden ans Produkt und fordert seine Gäste dazu auf, eigene Burger-Ideen zu gestalten. Dazu steht ein Burger-Konfigurator zur Verfügung, mit dem jeder seinen Lieblingsburger zusammenstellen kann. Die beste Idee wird prämiert und deutschlandweit in den Restaurants verkauft. So werden die eigenen Kunden zu Produktmanagern und Innovatoren. Die Zukunft liegt im Dialog.

Dialogmarketing lässt den Kunden nicht passiv, sondern fordert zur Aktion auf. Die neuen Formen der Kommunikation aus dem Internet interpretieren wir dabei als radikalste Form des Dialogmarketings (Belz, 1997, S. 22).

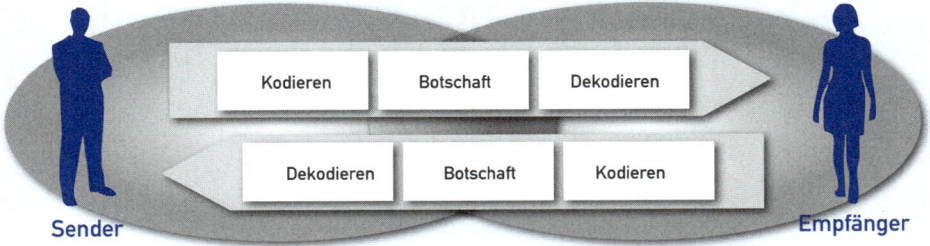

Abb. 3.5: Sender und Empfänger im Dialog

Mögliche Störungen im Kommunikationsprozess 3.4

Gleich welchen Weg der Kommunikation wir beschreiten, ob unpersönlich oder persönlich, ob einseitig oder zweiseitig – soll Kommunikation erfolgreich sein, so muss der Empfänger immer die von uns gewählten „Codes" dekodieren können. Nur dann kann er sie in der erhofften Art und Weise entschlüsseln und adäquat reagieren. Leider zeigt sich in der Praxis sehr häufig, dass dieser Transformationsprozess gestört ist. Der Empfänger registriert die Botschaft nicht oder interpretiert sie falsch. Um solche Fehler zu vermeiden, setzen wir uns mit den möglichen Störfeldern erfolgreicher Kommunikation auseinander.

Anfällig für Störungen erweisen sich vor allem die Bereiche Verschlüsselung und Dekodierung von Informationen. Die häufigste Störungsursache nach Friesewinkel: Die „Codes" stimmen nicht überein.

- Der Kanal (Medium, Werbeinstrument), über den die Information (Werbebotschaft) an den Empfänger weitergeleitet wird, kann gestört sein, d.h. die Nachricht wird verstümmelt.
- Das Wahrnehmungssystem des Empfängers ist gestört. Dies ist der Fall, wenn die Informationen durch eigene Wünsche und Erwartungen abgelenkt oder nicht bemerkt werden. Die Aufnahme in reduzierter Form ist ebenfalls recht häufig.
- Falls die Werbebotschaft die Erwartungen des Empfängers nicht bestätigt, tritt ebenfalls eine Störung auf. Er versteht dann eine Nachricht nur in dem Grade, wie sie sich in das Gefüge seines Wissens und seines Bildungsstandes einfügt.
- Die Werbebotschaft selbst kann missverständlich, unklar und vieldeutig sein. Hier kann eine Absicht dahinterliegen oder aber einfach ein fachlicher Fehler. Der Empfänger trifft in Bezug auf die Relevanz des an ihn gerichteten Themas eine Selektion.

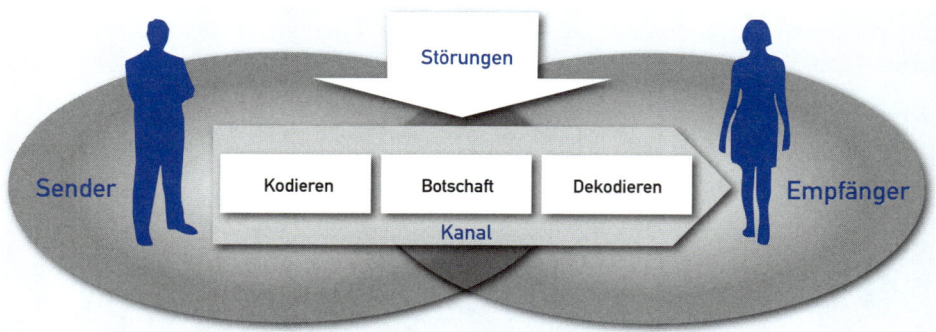

Abb. 3.6: Störungen im Kommunikationsprozess

Die diversen Störungsfelder der Kommunikation verdeutlichen es erneut: Im Mittelpunkt all unserer Bemühungen kann immer nur der Kunde stehen. Die kreativste, beste, interessanteste Botschaft bringt nichts, das tollste Angebot überzeugt nicht, wenn der Empfänger unsere Botschaft nicht entschlüsseln kann. Das Gehirn des Kunden, seine Denkweise, seine Erlebniswelt müssen von unseren Informationen genährt werden. Nur was bei ihm auf Relevanz stößt, nur was er verstehen kann, das wird am Ende für unseren Erfolg Folgen haben. Es ist gute Kommunikation, die Menschen bewegt, Einstellungen verändert, Handlungen nach sich zieht.

Wie lernt man die Codes einer Zielgruppe kennen?

„Die meisten Menschen denken und fühlen wie ich" – dieser Gedanke sorgt eher für Ärger und Missverständnisse als für nachhaltige Erfolge im Marketing. Am besten, Sie stellen sich für einen Moment vor, Ihre Zielgruppe würde aus einer anderen Kultur oder von einem anderen Planeten kommen – dem spezifischen Zielgruppenplaneten. Der trennte ja bereits Männer und Frauen sehr erfolgreich in Wesen vom Mars und von der Venus. Damit sollten alle omnipotenten Vorstellungen gleich im Keim erstickt sein. Besser so!

Es gilt also, die verschiedenen Codes von Zielgruppen kennen zu lernen. Eine Methode wäre z.B., eine Zeit lang mit der Zielgruppe zusammenzuleben – durchaus ein probater Weg. Außerdem könnten Sie die Medien der Zielgruppe über eine bestimmte Zeit nutzen und analysieren. Will heißen, wer den Hunde-Fan kennen lernen will, liest einfach die verschiedenen Hunde-Zeitschriften oder schaut sich Hunde-Websites und TV-Sendungen an.

Achten Sie dabei besonders auf
- die Sprache (Welche Wörter werden verwendet – Adjektive, Substantive, Verben – welcher Sprachduktus herrscht vor?),
- die Grafiken, Bilder (Welche Art von Darstellungen wird benutzt?),
- aber auch auf bestimmte Werte (Was ist der Zielgruppe wichtig? Gibt es zentrale Geschichten, die immer wieder erzählt werden?).

Sie haben die Wahl: Vorprägen oder Verkaufen

Werbung ist Kommunikation. Sie verleiht den Produkten, Leistungen und dem Unternehmen selbst eine Stimme. Erst mit dieser Stimme gelingt es uns, wirkungsvolle Werbung zu etablieren – im Sinne der beiden großen Stoßrichtungen: Vorprägen und Verkauf.

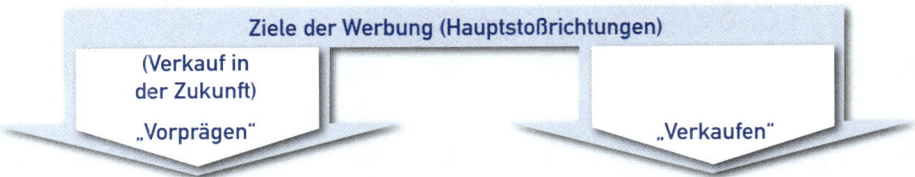

Abb. 3.7: Hauptziele der Werbung

Sie haben die Wahl. Setzen Sie Kommunikation gezielt dazu ein, um die Nachfrage nach einer Marktleistung zu erhöhen, d.h. Abverkäufe zu generieren (Kotler, Armstrong, Saunders / Wong, 2006). Oder prägen Sie mittels Kommunikation langfristig ein Markenimage im Gedächtnis potenzieller Zielgruppen vor und versuchen Sie, auf diese Weise in den Köpfen künftiger Käufer einen positiven Eindruck für Ihr Angebot aufzubauen. Vorprägung erhöht die Wahrscheinlichkeit für künftige Kaufentscheidungen.

Letztlich dienen beide Ziele der Erhöhung des Umsatzes und damit der Rendite des Unternehmens. Erfolgreiche Kommunikation macht sich bezahlt. Sie ist der elementare Baustein zum Erfolg.

Situationsanalyse

In den vorherigen Kapiteln haben wir mit Blick auf die Werbepsychologie ausgewählte Konstrukte und Theorien besprochen, welche Sie bei der Entwicklung wirkungsvoller Marketing- und Kommunikationskonzepte sinnvoll unterstützen. Nun wollen wir zum praktischen Teil des Buches übergehen. Die grundsätzliche Frage, die Sie im strategischen Marketing klären müssen, ist schnell erklärt.

Stillstand ist Rückschritt. Veränderung hingegen schafft Stabilität – Warum die Feldvorbereitung so wichtig ist.

Sie befinden sich heute mit bestimmten Produkten in bestimmten Märkten und erwirtschaften im Idealfall ausreichend Cashflow und Gewinn. Sie kennen Ihre eigenen Stärken und Fähigkeiten und schätzen Ihr Umfeld realistisch ein. Die größte Gefahr liegt darin, es sich in dieser Komfort-Zone zu gemütlich zu machen, Fett anzusetzen und unbeweglich zu werden. Denn sowohl die Märkte als auch die Wünsche der Konsumenten unterliegen permanentem Wandel.

Stellen Sie sich also immer die Frage, ob Ihr heutiges Geschäft auch in Zukunft Bestand haben kann. Der Weg vom Heute in ein erfolgreiches Morgen ist im Grunde nichts anderes als eine geerdete, realistische Vision – übersetzt in Ihre Unternehmensstrategie. Um nicht den Anschluss zu verlieren, sollten Sie die permanenten Veränderungen am Markt auf Ihrem Radar haben, als da wären die zunehmende Austauschbarkeit der Produkte, dramatische Überkapazitäten, aggressive Nachahmer sowie technologische Substitutionen in Ihrer Branche. Hinzu kommen die veränderte Wahrnehmung durch den Konsumenten, aber auch massive Einwirkungen durch eine zunehmende Globalisierung, Terror und Umweltkatastrophen, um nur einige Punkte zu nennen. Sie können als Unternehmen lange bestehen, aber nur, wenn Sie die Veränderung zu einem echten Erfolgsfaktor werden lassen. Stellen Sie sich auf das, was kommen mag, rechtzeitig ein!

4

4 Sind Sie für die Zukunft gerüstet?

Fragen Sie sich, was Sie schon heute tun können, um Ihren Markterfolg auch morgen zu sichern? Sie sollten sich um Ihre zukünftige Marktposition Gedanken machen, neue Kompetenzen aufbauen, um damit Ihrer Konkurrenz überlegen zu sein. Neue Erfolgspotenziale zu schaffen bedeutet, Kundenwünsche und Kundenbedürfnisse zu antizipieren und am besten vor allen Wettbewerbern neue Formen der Bedürfnisbefriedigung bereitzustellen. Sie sehen, auch bei strategischen Marketingüberlegungen dominieren die Kundenbedürfnisse. Marketing ist erst erfolgreich, wenn Ihre Kunden zufrieden sind.

Darum erfolgt nun in der Praxis und adäquat dazu in unserem Buch das Durchlaufen eines so genannten Marketing Management Prozesses mit Blick auf den Konsumenten. Wir folgen dabei der Marketingdefinition der American Marketing Association: *„Marketing is an organizational function and a set of processes for creating, communicating and delivering value to customers and for managing customer relationships in ways that benefit the organization and its stakeholders."*

Auf die Plätze ...

Um dies zu veranschaulichen, stellen Sie sich vor, Sie würden an einer Kreuzung vor einer Ampel stehen. Rot bedeutet: *„Stopp – stehen bleiben"*, Orange steht für: *„Achtung, mach dich fertig, überleg dir, wohin du gehen willst"*. Und bei Grün heißt es: *„Los geht es – Go"*.

Bei einem Marketing Management Prozess ist es ähnlich. Zunächst einmal steht die Ampel auf Rot. Wir bleiben stehen und betrachten die momentane Position, die Ist-Situation des Unternehmens, wie sie sich aktuell darstellt. Punkt für Punkt arbeiten wir die relevanten Fragen ab:

- Mit welchen Fähigkeiten, Kompetenzen und Potenzialen erwirtschaften Sie heute in welchen relevanten Märkten Ihren Cashflow?
- Wie präsentiert sich Ihr derzeitiges Ist-Image, Ihre wahrgenommene Corporate Identity?
- Wie deuten Sie Ihre differenzierende Kernkompetenz mit Blick auf Ihre Wettbewerber?
- Welche Entwicklungen aus dem Umfeld, die Sie meist nicht beeinflussen können (politische Entwicklungen, Trends, veränderte Technologien und wirtschaftliche Situation) tangieren Sie am heftigsten?

Diese Einflussgrößen werden wir in einer SWOT-Analyse (Stärken-Schwächen-Chancen-Risiken) zusammenführen. Gemeinsam mit Ihnen definieren wir dann Ihre zukünftige, mögliche Stoßrichtung (Option) in ein erfolgreiches Morgen. Damit endet der Prozess der Analyse.

Fertig …

Die Ampel schaltet nun auf Orange und Sie überführen diese Optionen in Ihre Strategien. Zunächst in die Unternehmens-, dann in die Marketingstrategie mit den Bestandteilen Marketingziel, Marketingzielgruppe. Daraus ergibt sich Ihre zukünftige Soll-Positionierung, also die Festlegung der Art und Weise, wie Sie in Zukunft von Ihren Konsumenten wahrgenommen werden wollen.

Los!

Erst jetzt schalten Sie die Ampel auf Grün: Go! Sie bewegen sich jetzt in Richtung der konkreten Umsetzung Ihrer Positionierung, Ihrer Vorhaben in den Märkten. Ihre Gedanken und Planspiele zur Analyse und die Strategie haben Sie bereits intern vollzogen. In der Umsetzung wird sich nun zeigen, ob Ihre Marketingstrategie trägt. Wir werden deshalb Ihren Marketing- und Kommunikationsmix schärfen und mit Blick auf die Werbepsychologie (s.o.) ein erfolgreiches Konzept erarbeiten.

Sie haben völlig Recht, wenn Sie jetzt stöhnen und behaupten, das klingt nach viel mühseliger Vorarbeit. Das klingt nicht nur so, das ist es auch. Es wäre viel schöner, gleich an die praktische, kreative Planung der Kampagne zu gehen. Doch wer erfolgreich agieren möchte, der muss erst einmal das Feld ebnen und den gerade beschriebenen Prozess durchlaufen. Es bleibt Ihnen nichts anderes übrig, wenn Sie nicht blind aus der Werbe-Hüfte feuern wollen. Auch im Sinne des Controllings von Werbebudgets macht es sich sehr gut, wenn Sie Ihre Kampagnen und Vorhaben begründen können. Und das nicht allein aufgrund unsicher prognostizierter Verkaufszahlen. Also fangen Sie an zu planen und zu analysieren. Jede erfolgreiche Kommunikationsplanung vollzieht sich in mehreren Planungsschritten. Los geht es mit der Situationsanalyse.

4.1 Die Unternehmenssituation – systematisch erfasst

Befassen wir uns mit der Situationsanalyse (Ampel steht auf Rot). Sie stellt grundsätzlich die Ausgangsbasis für alle folgenden strategischen Marketingbemühungen eines Unternehmens dar. Je besser Sie die internen und externen Rahmenbedingungen im Blick haben, umso sicherer lassen sich Chancen und Risiken Ihres Vorhabens abschätzen; umso gezielter lassen sich Maßnahmen einsetzen; umso effizienter lassen sich Ziele erreichen. Wie Ihre Vorarbeit auszusehen hat, lesen Sie auf den folgenden Seiten.

Verschaffen Sie sich einen vernünftigen Überblick über die für Ihre Konzeption notwendigen Ausgangsdaten. Diese eher analytisch geprägte „rote" Phase sollte auf keinen Fall fehlen. Bildet sie doch die Basis für eine fundierte und erfolgreiche Kommunikationsstrategie. Den Prozess der Kommunikationsplanung werden Sie in der Praxis sicher nicht linear abarbeiten können. Vielmehr werden Sie immer wieder „nachjustieren" müssen und dadurch Ihre Kommunikationsstrategie weiter schärfen.

Im Spannungsfeld globaler Veränderungen und Konflikte

Die Märkte sehen sich ständigen Veränderungen unterworfen, die sich zwangsläufig aus der Veränderung der Perspektiven der Menschen ergeben. Sowohl rationale als auch irrationale Verhaltensmuster tragen zu dieser Perspektivenänderung bei, wobei einzelne und zusammengefasste Tendenzen in Politik, Wirtschaft und Gesellschaft, aber auch individuelle Entwicklungen ausschlaggebend sind. Trotz der enormen Leistungen der verschiedenen Marktwirtschaften tut sich eine zunehmende Diskrepanz auf – zwischen den Motiven und Bedürfnissen der Menschen einerseits und den wirtschaftlichen Möglichkeiten der Unternehmen, diese Ansprüche zu befriedigen, andererseits.

Jedes unternehmerische Vorhaben sieht sich heutzutage von einem enormen Konfliktpotenzial umgeben. Wir alle agieren im Spannungsfeld von Arbeitslosigkeit, rasant steigenden Insolvenzzahlen, Rezession und Deflation. Wir stecken mitunter fest in zähen ökonomischen Wartepositionen oder verfallen in blinden Aktionismus. Wir stehen preisbewussten, aufgeklärten Kunden und aggressiven Wettbewerbern gegenüber. Wir müssen uns mit noch nie dagewesenen Kommunikationskanälen, Globalisierung, Deregulierung und Individualisierung auseinandersetzen.

In diesem übergreifenden Rahmen, der im Tagesgeschäft leider zu oft übersehen oder gar verdrängt wird, verliert auch die notwendige Gewinnorientierung ihr verzerrtes Antlitz; denn nur Gewinne schaffen die Voraussetzung für eine Wiederbelebung der Investitionstätigkeit und -bereitschaft der Unternehmen.

Um den Rahmen dieses Buches nicht zu sprengen, wollen wir nur stichwortartig auf die sich ständig wandelnden, übergeordneten Entwicklungstrends im Mikro- und Makroumfeld des geplanten Vorhabens eingehen. Aber lassen Sie uns betonen: Es wäre viel zu kurzsichtig, nur das Mikroumfeld des Unternehmens (Konsument, Markt, Unternehmen, Wettbewerber) zu beleuchten und dabei die externen Gestaltungskräfte des gesellschaftlichen Wandels zu vernachlässigen. Auf jene können Sie zwar keinen Einfluss nehmen, trotzdem tangieren diese Parameter Ihr geplantes Vorhaben nachhaltig. Also sollten Sie die hier maßgeblichen Entwicklungen zumindest auf Ihrem Radar haben!

Beginnen Sie bei sich selbst – Wer sind Sie aus Sicht Ihrer Kunden?

Die Situationsanalyse soll Ihnen Aufschluss darüber geben, wie sich Ihre Ausgangssituation aktuell darstellt. Beginnen Sie bei sich selbst. Stellen Sie sich kritisch der Frage: Wer sind wir eigentlich? Nicht aus der Innenperspektive heraus, sondern allein aus der Perspektive Ihrer Kunden. Folgen Sie dem Rat von Professor Bob Lauterborn und schlüpfen Sie in die Schuhe des Kunden. Vollziehen Sie zur Beantwortung dieser Frage unbedingt diesen Rollenwechsel.

Denn ehrlich gesagt, spielt es aus marketingtheoretischer Sicht keine Rolle, wie Sie sich selbst sehen. Entscheidend ist allein, wie Sie derzeit draußen am Markt wahrgenommen werden. Gehen Sie vom Standpunkt Ihrer Kunden aus und überlegen Sie, wie diese Sie wahrnehmen. Was jetzt zählt, ist die nackte, schonungslose Wahrheit – eben der Ist-Zustand. Wenn Sie es ganz professionell machen wollen, strengen Sie Imageanalysen über Ihr Unternehmen an. Und bedenken Sie: Gute Kommunikation beginnt beim Zuhören! Einige Methoden des koordinierten Lauschangriffs finden Sie im nachstehenden Werkzeugkasten.

Wie Sie Ihr Image ermitteln

Der Fokus liegt auf den richtigen Fragen

Zu einem guten Ergebnis in Sachen Imageanalyse kommen Sie, wenn Sie Ihre Fragen einer gut gemischten Fokusgruppe (maximal acht Teilnehmer) stellen. Gut gemischt meint: Jeder Typus Mensch aus Ihrer Gesamtzielgruppe sollte in etwa die gleiche Chance haben, in Ihrer Stichprobe gehört zu werden. Beginnen Sie mit einer Reizfrage über Ihr Unternehmen und beobachten Sie die Teilnehmer. Wichtig ist, dass Sie zuhören, wirklich zuhören und beginnen, zwischen den Zeilen zu lesen, was man über Sie denkt.

Das Weltraumspiel

Zu erkennen, wie man wahrgenommen wird, klingt zwar nach einer ernsthaften Angelegenheit, doch der Weg dorthin kann durchaus spielerisch sein. Erfahren Sie mehr über Ihr „Ist-Image" mithilfe einer sehr bewährten Methode, dem so genannten „Weltraumspiel" im Rahmen einer Fokusgruppe. Erzählen Sie den Teilnehmern der Fokusgruppe folgende Geschichte:

„*Sie* (die Teilnehmer der Fokusgruppe) *fliegen mit einem Raumschiff durch das unendlich weite Weltall. Plötzlich bemerken Sie, wie Ihnen der Treibstoff ausgeht. Mit letzter Schubkraft erreichen Sie gerade noch den nächsten Planeten, und zwar den Planeten Musterfirma.*" (Ihr Unternehmen ist also der rettende Planet). Fragen Sie nun die Teilnehmer weiter – „*Stellen Sie sich vor, Sie kommen immer näher an den Planeten Musterfirma heran, was fühlen Sie, was sehen Sie bei dieser Annäherung zuerst? Jetzt landen Sie, wie fühlt sich das an? Wie riecht der Planet, gibt es dort Tiere oder Menschen? Was für Menschen? Wie sehen diese Menschen aus? Welche Sprache sprechen sie?*"

Lassen Sie den Teilnehmern bei der Beantwortung der Fragen genügend Zeit. Sie werden sehen, dass sich die anfängliche Gehemmtheit über dieses Spiel sehr schnell auflöst. Lassen Sie die Teilnehmer reden und steuern Sie nur mit so genannten W-Fragen (Warum, Wer, Wieso, Wann). Schon nach einigen Minuten erhalten Sie mit dieser Technik ein detailliertes Bild über Ihr Firmenimage.

Orten Sie Ihr Grundrauschen im Internet

Ein weiteres hilfreiches Instrument stellt die Internetrecherche von Blogs, Foren und Social Communitys und anderen Plattformen dar. Kennen Sie den „Buzz", das Rauschen im Internet, über Ihr Unternehmen? Wissen Sie, ob man über Sie überhaupt im Internet redet? Wenn ja – positiv oder negativ? Nutzen Sie das Internet, um Ihr eigenes „Grundrauschen" zu erkennen.

Wenn Sie schon dabei sind, könnten Sie an dieser Stelle nicht nur die Frage klären, wer und was Sie heute aus Sicht Ihrer Kunden sind, sondern fragen Sie ruhig, wer und was Sie aus Sicht Ihrer Kunden heute *nicht* sind. Und fragen Sie sich und Ihr Team auch: „*Wer und was wollen wir aus Sicht unserer Kunden in zwei bis drei Jahren sein?*" Damit stellen Sie sehr schnell fest, ob Sie eine Vision haben, aus der Sie zumindest eine Strategie für die nächsten Jahre ableiten können.

In vielen Beratungen stellen wir mit Erschrecken fest, dass gerade auf diese letzte Frage oftmals die Führungsmannschaft eines Unternehmens (Geschäftsleitung, Marketing, Forschung und Entwicklung, Human Resources Management und Controlling) keine einheitliche Antwort geben kann. Keine Vision. Kein Plan. Kein Ziel. Die Entwicklung des Unternehmens als purer Zufall? Nicht gut.

Also ran an die Arbeit. Das Ist-Image des Unternehmens lässt sich einfach abfragen. Ihre zukünftige Corporate Identity hingegen, verstanden als die Soll-Positionierung eines Unternehmens im Morgen, macht es Ihnen da schon schwerer. Die Soll-Positionierung muss klug erdacht werden. Die Antwort auf die Frage, wie Sie in Zukunft von Konsumenten gesehen werden wollen, bedarf einiger Vorüberlegungen. Welchen Grund werden Sie Ihren Kunden geben, um letztlich das „Habenwollen" Ihrer Marktleistung auszulösen? All das muss für die Zukunft erarbeitet und geplant werden. Die Ausgangsbasis jedoch bestimmt die Situationsanalyse, das Hier und Jetzt!

Jede Lösung beginnt mit einer Frage: Wo genau liegt das Problem? 4.3

Als nächster Schritt im Rahmen der Situationsanalyse folgt die schriftliche Formulierung des Handlungsanlasses für Ihr Vorhaben oder Ihre Kampagne. Stellen Sie sich dabei einen unbeteiligten Dritten vor, dem Sie die Sachzusammenhänge kurz und knapp auf einer DIN-A4-Seite beschreiben wollen. Legen Sie dann ganz konkret fest, was Ihre Zielgruppe nach der Kampagne denken und fühlen soll, welches Verhalten sie an den Tag legen soll. Kurz: Was wollen Sie mit Ihren Maßnahmen erreichen?

Uns ist klar, dass Sie zu diesem Zeitpunkt noch kein detailliertes Konzept entwerfen können. Doch Sie sollten sich dazu zwingen, Ihr Vorhaben so genau wie möglich zu benennen und zu schärfen.

Je sorgfältiger Sie hierbei vorgehen, umso tragfähiger werden Ihre späteren Entscheidungen. Sehen Sie Ihr Konzept aber nicht als unumstößliches Dogma, denn wie heißt es bei Albert Einstein: *„Planung ersetzt Zufall durch Irrtum."*

Ihre Kernkompetenz bringt den entscheidenden Vorteil 4.4

Wir sind und bleiben präzise bei der Analyse der Ist-Situation. Die nun zu klärende Schlüsselfrage ist:

 Worin liegt Ihre Kernkompetenz aktuell im Vergleich zum Wettbewerb?

Blicken Sie hier von innen nach außen. Welche Fähigkeiten beherrschen Sie mit Blick auf Ihre Wettbewerber am besten?

Sie können sich an dieser Stelle mit einer einfachen Stärken- und Schwächenanalyse (siehe auch Kap. 4.11) die Arbeit einfacher machen. Schreiben Sie dazu die Bereiche auf, die Sie genauer beleuchten wollen. Das kann der Bereich Marketing, Vertrieb, Produktion, Forschung und Entwicklung, können die Finanzen sein oder der Bereich Personal und Führung. Im nächsten Schritt legen Sie fest, welche Unterpunkte Sie z.B. beim Thema Marketing optimieren möchten. Für „Marketing" könnten das beispielsweise das oben beschriebene Image, die Nähe zum Kunden oder Ihre mediale Präsenz sein. Betrachten Sie im Anschluss daran Ihre härtesten Wettbewerber. Wie schneiden jene in diesem Bereich im Vergleich zu Ihnen ab auf einer Bewertungsskala von eins bis sechs? Was Ihnen jetzt vorliegt, ist Ihre persönliche Benchmark im Vergleich zum Wettbewerb.

Indirekte Wettbewerber – die heimliche Gefahr

Nachdem Sie die Wichtigkeit der einzelnen Themen ebenfalls einer Gewichtung unterzogen haben, liefert Ihnen diese kleine Stärken- und Schwächenanalyse schon ein recht tragfähiges Bild der zukünftigen Maßnahmen, die Sie treffen müssen. Bitte denken Sie bei Ihren Wettbewerbern daran, dass Sie es sowohl mit direkten, als auch mit indirekten Wettbewerbern zu tun haben. Am gefährlichsten sind indirekte Wettbewerber, die beispielsweise quasi über Nacht das Spielfeld mit einer neuen technologischen Substitution betreten und obendrein aus einer ganz anderen Branche kommen.

Ein gutes Beispiel liefert uns dafür Apple. Lange Zeit beherrschten die Musikverlage die Branche. Sie entschieden über das Wohl und Wehe eines Künstlers. Wenn wir als Verbraucher das Lied eines bestimmten Interpreten kaufen wollten, mussten wir die komplette CD kaufen, auf der das Lied enthalten war. Diese Monopolstellung hat sich praktisch über Nacht durch *Apples iTunes*-Plattform aufgelöst. *Apple* hatte die Technik im Internet und entmachtete die Musikverlage. Heute können Verbraucher jedes beliebige Lied für 99 Cent kaufen. Wenn Buchverlage nicht aufpassen, wird sie wohl das gleiche Schicksal heimsuchen. Fazit: Behalten Sie auch Ihre indirekte Konkurrenz im Auge.

So könnte ein Muster für Ihre Stärken- und Schwächenanalyse aussehen:

Stärken- und Schwächenanalyse

	Leistungsausprägung					Erfolgswichtigkeit		
■ Eigenes Unternehmen ● Wettbewerber 1 ▲ Wettbewerber 2	große Stärke	kleine Stärke	ausrei-chend	kleine Schwäche	große Schwäche	hoch	mittel	gering
Erfolgsfaktoren Marketing und Vertrieb								
1. Bekanntheitsgrad								
2. Relativer Marktanteil								
3. Kundenzufriedenheit								
4. Kundenbindung								
5. Image in Bezug Qualität								
6. Image in Bezug Service								
7. Kommunikation								
8. Kommunikations-Mix								
9. Marketing-Mafo								
10. Vertrieb								

Abb. 4.1: Stärken- und Schwächenanalyse von Kotler

Kennen Sie Ihren Markt? Wenn nicht, dann wird es Zeit **4.5**

Die Situationsanalyse hat uns bislang wesentliche Erkenntnisse zum Unternehmen geliefert. Nun wird es notwendig, sich umzuschauen, auf welchem relevanten Markt Sie (aktuell) überhaupt agieren und welche zukünftigen Märkte Sie bereits im Visier haben. Denn um Gewinne über angemessene Marktanteile zu erzielen, benötigen Sie unbedingt eine vernünftige Einschätzung des eigenen Marktes, auf dem Sie heute aktiv sind, sowie des fremden Marktes, in dem Sie in Zukunft investieren wollen. Betrachten Sie dabei die qualitativen und quantitativen Veränderungen der (Teil-)Märkte. Diese lassen sich auf rationale wie auf irrationale Einflussgrößen zurückführen.

In Bezug auf die Marktdefinition sind zwei Extreme denkbar.

- Sie können Ihren Marktausschnitt extrem eng wählen, um sich darin als absoluter Platzhirsch für ein bestimmtes Thema zu positionieren. Dies hätte den Vorteil, dass die Dominanz Ihres Unternehmens in diesem sehr kleinen Teilmarkt sehr hoch wäre. Sie wären der Marktführer! Doch bedenken Sie: Ihre beherrschende Position würde unweigerlich dazu führen, dass sich bei einer derart engen Definition Ihres Marktes kaum mehr Wachstumschancen für Sie anbieten würden.
- Als anderes Extrem wäre eine extrem weite Definition Ihres Marktes ebenso denkbar. Mit der Folge, dass Ihr Marktanteil womöglich verschwindend gering wäre. Sie wären den Geschicken dieses Marktes komplett ausgeliefert, hätten kaum Einfluss und würden eventuell darin verloren gehen. Auch nicht gut!

Die Bestimmung der richtigen Marktposition **4.5.1**

Eine bedeutende Aufgabe innerhalb der Situationsanalyse besteht somit darin, den Erfolg versprechenden Markt klug zu definieren. Fassen Sie Ihre Marktdefinition so weit, dass Ihr Unternehmen seine Marktposition auf Dauer verteidigen kann. Viele Unternehmen machen bereits hier den entscheidenden Fehler. Wer seinen Markt nicht richtig erkennt und definiert, wird es sehr schwer haben, darin erfolgreich zu sein. Wer bei dieser Aufgabe Fingerspitzengefühl und durchaus auch Kreativität beweist, der kann sich schon in der Planung entscheidende Wettbewerbsvorteile sichern.

Diese Überlegungen zur Marktdefinition bestimmen auch die Kennzahlen, mit denen Sie im weiteren Verlauf arbeiten werden. Sie werden als Marktgrößen bezeichnet: Marktkapazität, Marktpotenzial, Marktvolumen und Marktanteil. Kennzahlen stellen Größen dar, deren Kenntnis für das Unternehmen wichtig ist, um zukünftige Absatzchancen von Produkten, Ideen und/oder Dienstleistungen richtig abschätzen zu können.

Entscheidende Marktkennzahlen

Wollen Sie in Zukunft den Umsatz und den Gewinn Ihrer bisherigen Produkte oder Dienstleistungen erhöhen oder eventuell in ein neues strategisches Geschäftsfeld investieren, so benötigen Sie Informationen über genau diese Marktkennzahlen. Finden Sie heraus, wie sich Ihr heutiger Markt in Zahlen darstellt. Analysieren Sie, wie sich das gesamte Absatzvolumen Ihrer Branche für das eigene Produkt oder die eigene Dienstleistung entwickeln wird. Dieses Absatzvolumen findet im Marktpotenzial seine oberste Grenze. Wachstum in einem Markt kann also nur realisiert werden, wenn das vorhandene Marktpotenzial durch das von der Branche realisierte Volumen noch nicht voll ausgeschöpft wird. Steigt der Branchenabsatz in der Zukunft, so wird auch Ihr Umsatz automatisch mit nach oben gehen – immer gesetzt den Fall, es gelingt Ihnen, Ihren Marktanteil zu halten.

Werfen wir nun einen Blick auf die wichtigsten Marktkennzahlen, die Sie im Rahmen der Situationsanalyse zu bestimmen haben. Als da wären:

- Die Marktgröße (im engeren Sinne) bezeichnet die Bedarfsträger, z.B. in Deutschland, die überhaupt Interesse an einem bestimmten Produkt oder einer bestimmten Dienstleistung haben. Angenommen, wir als Werbeagentur müssten diese Frage für uns beantworten, dann kämen für uns hier theoretisch alle Firmen in Deutschland in Betracht, die einen Jahresumsatz von mehr als 0,25 Mio. Euro haben. Dies wäre eine Gesamtheit von ca. 2.700.000 Unternehmen der Branchen Handel, Dienstleistung, Verlagswesen, verarbeitendes Gewerbe und Versicherungswirtschaft. Hinzu kämen alle Ausbildungsstätten, Universitäten sowie private Akademien und Seminaranbieter, die sich mit Werbung beschäftigen.
- Die Marktkapazität ist das theoretische Aufnahmevermögen, also die Maximalgröße eines Marktes. Die Preise sowie die Fähigkeit potenzieller Kunden, ein Angebot wahrzunehmen (Kaufkraft) bleiben dabei unberücksichtigt. Theoretisch wäre das die Zahl der Bedarfsträger, also in unserem Beispielsfall alle Unternehmen in Deutschland, die Werbung machen könnten.
- Das Marktpotenzial stellt die Marktkapazität (theoretisches Aufnahmevermögen) dar, multipliziert mit der vorhandenen Kaufkraft (nicht alle Unternehmen können sich Werbung auch leisten). Es beschreibt somit die Absatzmenge eines Marktes, die überhaupt realisiert werden kann. Hier müssen Sie die tatsächliche Nachfrage recherchieren oder schätzen.
- Unter dem Marktanteil eines Unternehmens versteht man seinen prozentualen Anteil des in Mengen- oder Werteinheiten gemessenen Marktabsatzes am gesamten Marktvolumen eines Marktes. Der Marktanteil gibt Auskunft darüber, wie stark Ihre Position auf einem bestimmten Markt ist. Die Veränderung der eigenen Marktanteile im Laufe der Zeit zeigt die Verbesserung oder Verschlechterung der eigenen Marktstellung. Da sich rechnerisch alle Marktanteile zu eins addieren müssen, kann ein Marktanteilsgewinn eines Anbieters nur auf Kosten eines anderen Anbieters erfolgen. Sollte es aufgrund der Umsatzgröße Ihres Unternehmens keinen Sinn machen, den Marktanteil auszurechnen, da dieser verschwindend klein ist, dann verzichten Sie auf dieses Procedere. Das Ziel der Kennzahl Marktanteil liegt darin, festzustellen, ob die Unternehmung an Marktposition gewonnen oder verloren hat. Aufgrund der jährlich steigenden Gewinne und im Vergleich zu Ihren Wettbewerbern.

Definieren und beschreiben Sie nun Ihren relevanten Markt   4.5.2

Sie haben sich erfolgreich Gedanken gemacht, mit welchen Angeboten Sie in welchen Märkten tätig sein wollen. Dabei haben Sie (falls verfügbar) die entsprechenden Kennzahlen im Hinblick auf Ihr Vorhaben ausgewertet. Stecken Sie nun Ihren relevanten Markt in Form eines „Dreiecks" ab. Denken Sie daran, dass Sie dieses „Dreieck" nicht zu klein (Sie verlören Flexibilität und Wachstumschancen und würden sich zum Marktführer „schrumpfen"), aber auch nicht zu groß (Sie hätten wenig Einfluss- und Gestaltungsmöglichkeiten) annehmen dürfen.

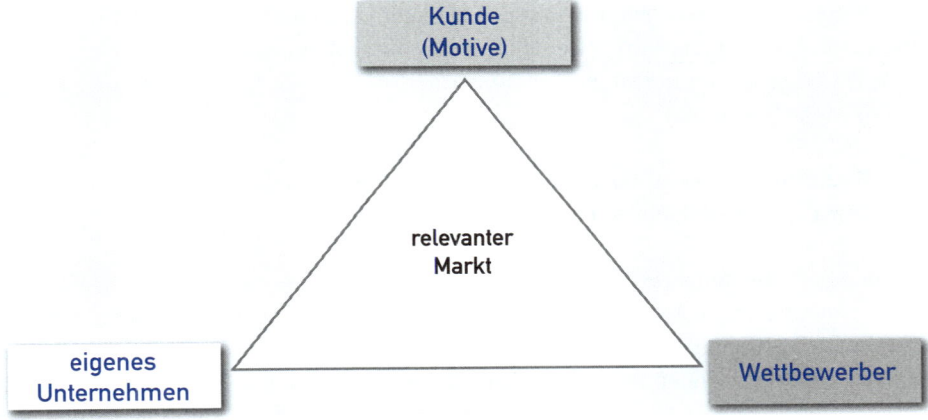

Abb. 4.2: Relevanter Markt

Versuchen Sie im Anschluss daran mit eigenen Worten zu formulieren und neben das skizzierte Dreieck zu schreiben, wie der Markt heißt, in dem Sie tätig sind. Sie werden feststellen, dass das, was so simpel klingt, ganz schön schwierig sein kann. Am einfachsten orientieren Sie sich natürlich an einer produkt- oder leistungsorientierten Beschreibung; etwa: *„Ich bin im Zeitungsmarkt – in der Verlagsbranche – im Markt für Süßwaren"* usw. So machen es die meisten – und stellen sich damit selbst ein Bein.

Marktsegmentierung aus Kundensicht   4.6

Als weitaus besser, weil auf Dauer tragfähiger, erweist sich statt der produkt- und leistungsorientierten eine kundenorientierte Marktsegmentierung, gerade dann, wenn Sie ein zielgruppenspezifisches Marketingprogramm aufsetzen wollen.

Wir empfehlen Ihnen, bereits bei der Segmentierung Ihres Marktes diese existenzielle Kundensicht einzunehmen.

Dadurch gestaltet sich die Bezeichnung des für Sie relevanten Marktes durchaus etwas schwieriger, dafür aber auch um einiges viel versprechender.

Was wir damit sagen wollen, lässt sich am besten an Beispielen erklären:

„Merci" ist mehr als nur Schokolade

Wie würden Sie beispielsweise den Markt der Marke *Merci*-Schokolade definieren? Ganz vordergründig und rein in Produktkategorien gedacht bestimmt mit „Süßwarenmarkt" oder „Markt für Schokoladenprodukte". *Merci* positioniert sich aber auf dem Markt des „Danke-Sagens" und konkurriert auf einmal nicht mehr mit Gummibärchen, sondern mit Blumen. Was diese Erkenntnis für das Marketing bedeutet, brauchen wir wohl nicht gesondert zu erwähnen. Sicher werden Sie nun vielleicht einwenden, dass diese Denkweise schon sehr weit hergeholt und konstruiert wirkt. Das mag man so sehen, doch bedenken Sie bitte eines:

▶ **Weder Sie, noch wir, noch irgendein Unternehmen verkauft Produkte auf dieser Welt. Wir alle verkaufen Nutzen.**

Wer braucht schon eine Harley, um von A nach B zu kommen

Überlegen Sie einmal: Auf welchem Markt befindet sich ein Motorradhersteller wie *Harley-Davidson*? Auf dem Motorradmarkt? Rein technisch betrachtet: ja. Doch kein Mensch kauft eine *Harley*, um damit von A nach B zu fahren. *Harley-Davidson* verkauft nämlich keine Motorräder! *Harley-Davidson* verkauft pures Lebensgefühl: *„Born to be wild!"* Da mag die Konkurrenz der *Hondas* und *Kawasakis* noch so mit technischen Superlativen brillieren. Wen interessiert das schon, wenn er mit einer *Harley* wild und unbändig sein kann?

Alleinunterhalter in 40.000 Fuß Höhe

Ebenso die *Virgin Group*. Der britische Mischkonzern von Richard Branson verfügt unter anderem über eine eigene Airline. Konkurriert die *Virgin Group* deshalb auf dem Markt der Airlines mit *Lufthansa* und *Air Berlin*? Verkauft der bekannte Abenteurer Richard Branson etwa Flüge? Weit gefehlt. Sein Angebot lautet: Unterhaltung auf 40.000 Fuß. Richard Branson positioniert seine Airline im Entertainment-Business und verfügt damit über ein Angebot mit eindeutigem Alleinstellungscharakter.

Wer Menschen bewegt, bewegt die Welt

Diese Beispiele sollen Sie darauf aufmerksam machen, wie wichtig die zielgruppenspezifische Definition Ihres relevanten Marktes ist. Versuchen Sie bereits in diesem frühen Stadium der Situationsanalyse eine kundenorientierte Sicht einzunehmen. Dieses kundenorientierte Verständnis Ihres Marktes hält einen großen Vorteil für Sie bereit: Sie bleiben im Rennen, selbst wenn der bestehende Markt aufgrund von Substitutionen nicht mehr existiert. Ein plakatives Beispiel dafür liefert uns die Post – gleich in welchem Land.

Die Post-Unternehmen haben jahrzehntelang kommuniziert, wie professionell sie beim Transport der Briefe von A nach B seien. Also wieder eine rein produktorientierte Sicht. Als die zunehmende Digitalisierung das Briefgeschäft durch E-Mails immer mehr verdrängte, brach der Briefmarkt förmlich zusammen. Besser wäre es hier gewesen, sich absolut kundenorientiert zu positionieren: Die Post als Spezialist in den Köpfen der Kunden, der Informationen schnell und sicher an jeden Ort dieser Welt übermittelt. Gleich ob zu Pferde, mit Briefen oder heute eben auf dem digitalen Weg. Die Menschen bleiben, selbst wenn Märkte wegbrechen. Besser ich habe sie auf meiner Seite, als nur ein Produkt in Händen. Wer Menschen bewegt, der bewegt die Welt! Egal auf welchem Markt. Siehe *Apple*.

Lernen Sie Ihre Kunden kennen (Motive und Bedürfnisse) | 4.7

Sie haben nun Ihren Claim abgesteckt und unter Berücksichtigung von Kundennutzen und aller sonstigen Faktoren einen Markt definiert. Als nächster, logischer Schritt folgt die eingehende Marktbetrachtung. Wer sind die Kunden, die sich in Ihrem Markt bewegen? Welche Menschen stecken eigentlich hinter den Kennzahlen? Wenn wir Menschen ansprechen wollen, dann sollten wir sie erst einmal kennen lernen. Wir sollten in Erfahrung bringen, warum sie sich in entsprechenden Situationen unterschiedlich verhalten. Dies setzt aber voraus, dass wir ihre Bedürfnisstrukturen kennen.

Täter und Motiv – Wenn Marketing zum Krimi wird!

Wie in jedem guten Krimi suchen auch wir im Marketing nach Tätern und ihren Motiven. Nur läuft es umgekehrt. Sie sollen die Motive ermitteln, um aus Kunden Täter werden zu lassen. Am besten mit der Option auf „lebenslänglich" – in Ihrer Kundendatei!

Also lassen Sie uns zunächst einmal das Konstrukt der Motive näher betrachten. Was macht ein gutes Motiv aus? Mit Felser (2007, S. 41) gehen wir davon aus, dass die Motive die Bereitschaft der Konsumenten zu einem bestimmten Verhalten regeln – ohne Motive kein Verhalten, keine Tat.

Das Besondere an Motiven ist, dass sie in jedem von uns bereits in den ersten Lebensjahren angelegt werden, sie können also nicht durch werbliche Aktionen in unser Gehirn eingepflanzt werden, sie sind schon immer da. Lassen Sie sich diesen Satz auf der Zunge zergehen – seine Tragweite ist enorm:

▶ **Werber können keine Motive erzeugen! Sie können immer nur mit ihrer Kommunikation an schon vorhandene Motive „andocken". Wer sie nicht kennt oder gar ignoriert, der findet auch keinen Ankerplatz im Hirn des Konsumenten und treibt schnell ab in die Verlustzone.**

Zur Vertiefung

Diese drei Grundmotive treiben den Menschen an

Die Motive, die uns Menschen antreiben, können sehr unterschiedlich sein. In den letzten Jahren haben Psychologen versucht, die Vielzahl der Motive auf einige wenige zu reduzieren. Als Grundmotive nennt Norbert Bischof, der in seinem „Zürcher Modell der sozialen Motivation" Erkenntnisse der Hirnforschung der Verhaltens- und Motivationspsychologie zusammengeführt hat, folgende drei Grundmotive: Sicherheit, Erregung und Autonomie. Andere Autoren wie Scheier und Häusel folgen dieser Einteilung und unterscheiden sich lediglich hinsichtlich der Begriffswahl. Auch McClelland geht im Grunde von ähnlichen Motivsystemen aus.

- Das Motiv Sicherheit setzt sich aus mehreren Teilmotiven zusammen. Wir subsumieren darunter Zugehörigkeit, Vertrautheit, Freundschaft und Hinwendung. Darin liegen das Streben nach Geborgenheit ebenso wie das Fürsorgemotiv, der Wunsch, sich um seine Nächsten zu kümmern.
- Das Motiv Erregung treibt uns Menschen an, es ist unser Drang, Neues zu entdecken, wir wollen stimuliert werden, suchen den Fortschritt, das Unbekannte, die Herausforderung, den Nervenkitzel und das Spiel.
- Das Motiv Autonomie: Hier geht es um Macht, Leistung und Kontrolle. Wir wollen unabhängig sein, suchen Status, Kampf und den Wettbewerb mit anderen.

Letztlich sind diese Grundmotive in jedem Menschen angelegt. Wir unterscheiden uns untereinander nur in der Ausprägung der einzelnen Motivstrukturen. Die subjektive Prägung, die sich auch auf die Persönlichkeitsstruktur eines Menschen auswirken kann, bleibt über das Leben hinweg konstant. So gibt es Menschen, die Sie eher als ängstlich bezeichnen würden, und andere, die ständig die Herausforderung suchen.

Motive treiben uns an. Scheier geht davon aus, dass es die Motive sind, die Individuen mit der notwendigen Energie versorgen, die ihnen den Antrieb geben zu handeln. Er spricht von so genannten Sollwerten der Motive, also wie viel Sicherheit, Autonomie und Erregung jeder Einzelne von uns benötigt. Somit hat jeder seinen persönlichen Pegel im Hinblick auf die verschiedenen Grundbedürfnisse, den er versucht aufrechtzuerhalten.

Sobald unser Gehirn einen Mangel in einem bestimmten Motivbereich feststellt, schlägt es Alarm. Etwas muss geschehen, um den Pegel aufzufüllen. Der Kunde schreitet zur Tat.

Motive sind also immer zielführend und drängen sich in den Vordergrund, sobald ein Mangelzustand angezeigt ist. Ist dieser beseitigt, treten die Motive wieder in den Hintergrund. Das Leben fühlt sich erfüllt und gut an.

Ob Wachhund oder Lebensversicherung – mit Sicherheit eine gute Entscheidung

Lassen Sie uns das mit dem Mangel und den Motiven an einem kleinen Beispiel erklären. Nehmen wir das Grundmotiv Sicherheit. Es gibt Menschen, bei denen dieses Grundmotiv sehr stark ausgeprägt ist. Sie haben ein ausgeprägtes Bedürfnis nach Schutz. Sie wollen sich und ihre Familie schützen. Dieses Verlangen kann sich nun in unterschiedlichen Dimensionen ausprägen. So werden diese Menschen eher für Themen wie Versicherungen, finanzielle Rücklagen, Altersvorsorge oder Schutz des eigenen Eigentums ansprechbar sein als andere, nicht so sicherheitsorientierte Menschen.

Berichte von Einbrüchen in der Nachbarschaft stoßen bei einem solchen Menschen das stark ausgepägte Sicherheitsmotiv an. Er ist nun hoch involviert (interessiert) in Themen rund um den Objektschutz. Auf seiner Agenda (siehe S. 32) steht dieses Thema mit einem Schlag ganz oben. Er ist „engaged" und damit leicht ansprechbar für alle Themen, die ihm jetzt Schutz für sein Eigentum versprechen. Dies können eine Alarmanlage, neue einbruchsichere Türen und Fenster, aber auch ein Bodyguard oder die Anschaffung eines Wachhundes sein. Je nachdem, wie schnell er mit einer entsprechenden Anschaffung seinen subjektiven Sollwert an Sicherheit aufgefüllt, also den Mangel beseitigt hat, wird das Motiv Sicherheit wieder in den Hintergrund treten.

Wer Kunden ignoriert, zahlt am Ende die Rechnung selbst

Das Beispiel zeigt, der Kunde und seine ihm innewohnenden Motive müssen im Mittelpunkt aller Marketingbemühungen stehen. Auch unsere eigenen Kunden, die wir Autoren als Werbetreibende und Kommunikationsspezialisten betreuen, gehen meist konform mit unseren Ausführungen. Auch sie bestätigen gerne: *„Ja, die Kundenbedürfnisse sind elementar, da haben Sie Recht."* Wie oft durften wir diesen Satz von Kunden und Seminarteilnehmern bereits hören. Genauso oft, wie er sich dann später als Lippenbekenntnis herausgestellt hat.

Zu groß erscheint die Verlockung, das eigene Wirken, die eigene Leistung als Dreh- und Angelpunkt zu betrachten. Unser Produkt ist fantastisch! Wer es nicht kauft, ist einfach dumm. Haben wir es nötig, uns mit Dummen auseinanderzusetzen?! Ist das nicht die typische, harte Denkweise, die dahinter steht, Kunden zu ignorieren? Wir hoffen nicht. Und doch: Immer noch zu viele Werbende stürzen sich mit Elan und großer Begeisterung in die kreative Gestaltung – noch ehe die Situationsanalyse abgeschlossen ist. Noch ehe das Marktsegment durchdrungen und die Motive der Menschen dahinter erkannt wurden. Sie diskutieren bereits fleißig über Bilder, Farben, Texte, Headlines und Papiergestaltung, obwohl noch keiner so recht weiß, um wen es überhaupt geht. Hauptsache die Produktinformation glänzt vierfarbig, ist geprägt und drucklackiert.

Es zeigt sich immer wieder: Diejenigen, die am Ende diese so aufwändig, mühevoll und teuer gestaltete Information entschlüsseln sollen, bleiben außen vor – die Kunden. Wenn wir in solchen Momenten nachfragen, warum gerade der zweite Schritt vor dem ersten getan wurde, offenbaren sich im Endeffekt stets zwei Gruppen. Den einen fehlt das Bewusstsein, wie entscheidend die Kundenbedürfnisse für den Erfolg der Werbung sind. Die anderen verfügen über zu wenig Inspiration, um herauszufinden, wie diese Bedürfnisse sich gestalten. Bei ihnen geht Ignorieren über Studieren.

Innovative Unternehmen nehmen ihre Kunden ernst

Beiden Gruppen können wir an dieser Stelle schlüssige Antworten liefern. Produkte und Dienstleistungen müssen sich heute den ständig wandelnden Bedürfnissen und Wünschen der Käufer anpassen. Eine rein leistungs- und produktorientierte Vorgehensweise erfüllt diese Forderung nicht mehr. Nach Aussagen des Management Instituts St. Gallen (SGMI) werden Unternehmen nur dann erfolgreich sein, wenn

- genügend Konsumenten mit einem ausreichend intensiven Bedürfnis nach ihren Leistungen vorhanden sind,
- sie eine bessere Leistung als ihre Mitbewerber anbieten
- oder eine vergleichbare Leistung zu einem bedeutend günstigeren Preis anbieten
- und sie letztlich genügend Stoßkraft in den Märkten entfalten können, um eine Kaufentscheidung bei Konsumenten auszulösen.

Hier bietet sich eine nachfrageorientierte, am Kunden orientierte Vorgehensweise an. Dabei sollten Sie als Unternehmen Ihre Kunden schon in die Ideengewinnung für neue Produkte mit einbeziehen. Denken Sie daran, Sie verkaufen kein Produkt, Sie verkaufen Lösungen.

Philip Kotler spricht in diesem Zusammenhang vom so genannten Sense-and-Respond-Paradigma. Demnach ermöglichen innovative Unternehmen es ihren Kunden, Bedürfnisse, Vorstellungen und Probleme detailliert zu äußern – bis hin zur Festlegung der gewünschten Leistungsmerkmale. Aus diesem Grund muss es Ihnen schon in der Analysephase gelingen, potenzielle Kunden für Ihr geplantes Vorhaben (z.B. Produkteinführung) als Partner in die Entwicklung der Problemlösungsansätze mit einzubeziehen.

Zur Vertiefung

Mythos: Vergesst Maslow

Sprechen wir von Bedürfnissen, dann poppt in den meisten Köpfen sofort die maslowsche Bedürfnispyramide hoch. Obwohl längst überholt und uralt, wie es Pyramiden nun einmal an sich haben, gehört sie zu den hartnäckigsten Mythen der Werbung und das, obwohl es dafür ganz erheblich an empirischen Belegen mangelt (Wahba / Bridgewell, 1976; Soper, Milford / Rosenthal, 1995).

Kernaussage: Motive sind hierarchisch geordnet

Maslow ging davon aus, dass es in der Lerngeschichte des Individuums fünf hierarchisch geordnete Motivgruppen gibt, denen er 1970 noch eine sechste Gruppe, die Selbst-Transzendenz, hinzufügte. Maslows Kernaussage besteht in der Annahme einer hierarchischen Beziehung der Motive. Immer wenn eine Bedürfnisklasse erfüllt sei, habe das nächsthöhere Bedürfnis die höchste Motivationswirkung. Diese „Pyramide und ihr hierarchischer Aufbau" wird seit den 1970er-Jahren in der Wissenschaft fundiert kritisiert. Eine Tatsache, die Praktiker in aller Welt schlichtweg ignorieren.

Wachstums-Motive
- Selbst-Transzendenz
- Selbstverwirklichung
- **Ich-Motive** Anerkennung, Status, Prestige, Achtung ...

Defizit-Motive
- **Soziale Bedürfnisse** Kontakt, Liebe, Zugehörigkeit ...
- **Sicherheitsbedürfnisse** Schutz, Vorsorge, Angstfreiheit ...
- **Physiologische Bedürfnisse** Hunger, Durst, Schlafen ...

Der hierarchische Aufbau stimmt nicht

Zuerst zur Kritik am hierarchischen Aufbau: Als praktischer Beleg dient das häufig zitierte Beispiel des Hungernden, der sich nicht um seine Selbstachtung schert, solange sein Bauch nicht gefüllt ist. Doch es gibt auch Gegenbelege. Da ist z.B. der Künstler, der seine ganze Energie in die Verfolgung geistiger oder kreativer Ziele steckt, aber – vollkommen der Hierarchie widersprechend – seinen Grundbedürfnissen („Essen") wenig Aufmerksamkeit schenkt. Man denke nur an Vincent van Gogh.

Noch radikaler kritisiert der amerikanische Wissenschaftler O'Shaugnessy: Er bezweifelt, dass es in westlichen Überflussgesellschaften überhaupt Defizitmotive gebe. Augenzwinkernd könnte man sagen, dass dort Frauen genügend Schuhe und Männer genügend Computer und Videogeräte besitzen – und trotzdem kaufen sie jeden Tag neue Schuhe, Computer, Videogeräte etc. Heute sei das Kauf-Hauptmotiv nicht der Mangel, sondern der Wunsch, etwas Besseres zu haben: Die neuen Schuhe passen noch besser zum gestern gekauften Abendkleid, der neue Festplattenrekorder kann noch mehr Filme speichern usw.

Gilt die Bedürfnispyramide für alle Menschen?

Auch die Entstehungsbedingungen der Pyramide lassen Zweifel, ob dieses Modell wirklich für alle Menschen und alle Situationen gilt: Maslow war Psychotherapeut. Grundlagen seines Modells waren weniger systematische empirische Forschungen, sondern vielmehr verdichtete er in dem Modell seine Erfahrungen mit eigenen Patienten.

Ein weiterer Kritikpunkt ist das Ziel der Pyramide, die „Selbstverwirklichung": Dies sei, so einige Kritiker, nur typisch für westliche Gesellschaften, die dem Individualismus einen hohen gesellschaftlichen Stellenwert einräumen.

Maslow selbst schien am Ziel der Pyramide Zweifel zu haben. Er veränderte es im Laufe seines Lebens: In späteren Arbeiten unterscheidet er drei Wachstumsmotive: kognitive Bedürfnisse (Wissen, Verstehen, Neues erfahren …), ästhetische Bedürfnisse (Symmetrie, Ordnung, Schönheit …) und die Selbstverwirklichung (eigenes Potenzial ausschöpfen, Sinn finden). Die höchste Form der Selbstverwirklichung ist für ihn die Kunst des Abstandnehmens von sich selbst, die Selbst-Transzendenz.

Die heutige Gehirnforschung kommt hier allerdings zu ganz anderen Ergebnissen: Menschen lassen sich durch neue und bedeutsame („relevante") Dinge motivieren. Die größten Motivatoren sind aber die sozialen, so sagt z.B. der Göttinger Professor Gerald Hüther, das menschliche Gehirn sei nicht so sehr ein Denk- als vielmehr ein Sozialorgan. Und der Protagonist der emotionalen Intelligenz Daniel Goleman ergänzt: *„Die zentrale Erkenntnis … (der Neurowissenschaft) … lautet: Das Bedürfnis zum Kontakt mit anderen ist gewissermaßen in uns eingebaut."*

Fehlende empirische Belege

Schon in den 1970er-Jahren wurden Maslows Aussagen empirisch untersucht. Ein Problem waren die ursprünglichen fünf Motivklassen. Sowohl die empirischen Untersuchungen als auch die praktische Erfahrung zeigen, dass es oft schwierig ist, einzelne Verhaltensweisen den Motivklassen klar zuzuordnen.

Die Kernaussage des hierarchischen Aufbaus ist in der Folgezeit häufig empirisch untersucht worden – mit vernichtendem Ergebnis: Die Klassifikation in fünf Motivklassen konnte z.B. weder von Oswald Neuberger noch von Campbell bestätigt werden. Nach Alderfer lassen sich höchstens drei Motivklassen klar unterscheiden: Existence (Grundbedürfnisse), Relatedness (soziale Bedürfnisse), Growth (Entfaltungsbedürfnisse). Alderfer spricht deshalb auch von einem ERG-Modell. Neuberger fasste schon 1974 seine süffisante Kritik zusammen: *„Man kann Maslows Ansatz als Lyrik abtun, als Versuch, mit schwammigen Begriffen und messianischem Bewusstsein Idealbilder von den Möglichkeiten des Menschen zu entwerfen …"*

Einfachheit als Erfolgsfaktor?

Warum verbreitete sich die Maslow-Pyramide so stark, obwohl sie in keinem der Ursprungswerke Maslows zu finden ist? Die Pyramide stammt vermutlich von einem seiner Schüler, der versuchte, das Denken von Maslow zusammenzufassen.

Zum einen haben sicher die Einfachheit des Modells und seine vordergründige Plausibilität zur Verbreitung beigetragen. Zum anderen wurde Maslows Ziel der „Selbstverwirklichung" von der Gegenkultur der 1960er- und 1970er-Jahre in den USA und später auch in Europa vereinnahmt, im Sinne eines „positiven Denkens" über die Entfaltungsmöglichkeiten des Menschen. Und so fand sie vermutlich auch über die Gegenkultur im Rahmen der Humanisierung des Arbeitslebens Eingang in das Denken der Wirtschaft.

So finden Sie Kundenbedürfnisse im relevanten Marktsegment

Für die Qualifizierung von Kundenproblemen und Bedürfnissen stehen Ihnen unterschiedliche Methoden zur Verfügung, die wir im Folgenden kurz skizzieren werden. Bevor Sie aber den Motiven und Bedürfnissen Ihrer potenziellen Zielgruppen nachgehen, versuchen Sie erst einmal, Ihren relevanten Markt zu segmentieren.

Dazu nehmen Sie wieder Ihre Skizze des relevanten Dreiecks zu Hilfe (siehe Abb. 4.2).

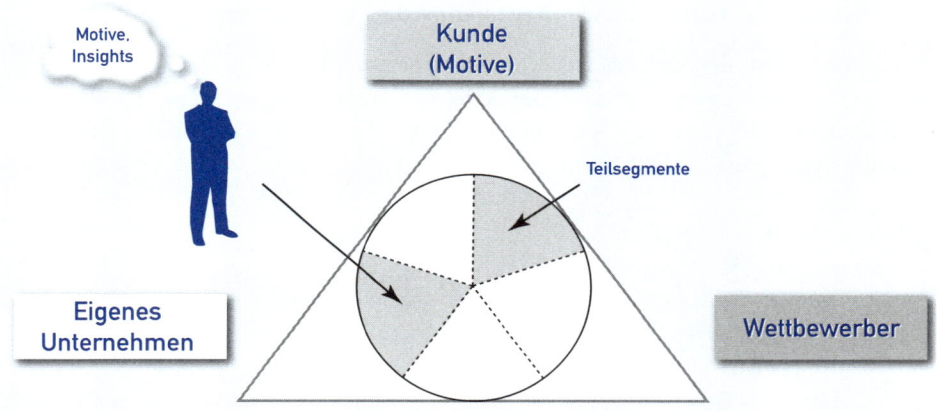

Abb. 4.3: Die Segmentierung des relevanten Marktes in Teilsegmente auf den Kunden ausrichten

Zeichnen Sie innerhalb des Dreiecks einen Kreis. Er symbolisiert Ihre Nachfrager. Fragen Sie sich nun, ob Sie diesen Kreis in einzelne Kreissegmente, sprich Teilsegemente zerlegen müssen.

Bitte bedenken Sie, dass die Segmentierung in der Praxis Geld, manchmal sehr viel Geld kostet. Denn jedes Segment, das Sie ausfindig machen und markieren, muss ja später, wenn Sie die Ampel auf „Go" schalten, unterschiedlich mit unterschiedlichen Werbemitteln oder über unterschiedliche Werbekanäle angesprochen werden. Ansonsten würde die Segmentierung ja keinen Sinn machen und wäre reiner Selbstzweck. Auf der anderen Seite verliert Werbung, die sich an eine zu große inhomogene Gruppe richtet, jede Kraft.

Bevor Sie also den „Kuchen" in Segmente zerschneiden, klären Sie sehr genau, wie viele Stückchen Sie benötigen, um Ihre diversen Zielgruppen adäquat zu erreichen. Fassen Sie zusammen, wen Sie mit der gleichen Argumentation ansprechen können und teilen Sie, wo unterschiedliche Ansprachen gefordert sind. So viel wie nötig, so wenig wie möglich!

Denken Sie immer daran – segmentieren kostet Geld. Also gehen Sie behutsam vor und schneiden Sie nur Segmente, die eine bestimmte, für Ihr Business rentable Größe haben. Suchen Sie Segmente heraus, bei denen die dahinterstehenden Menschen dieselben Motive oder Bedürfnisse haben. Und achten Sie bei der Unterteilung darauf, dass sich Ihre Segmente und die Menschen dahinter später auch wirklich ausfindig machen lassen. Segmentieren können Sie demografisch, psychografisch, nach Anlass, nach Nutzenangeboten, Einstellungen und Verwendungen.

Kundenorientierte Marktsegmentierung

Überprüfen Sie mit Blick auf Ihre Vorhaben, ob Sie Ihr Zielgruppensegment in weitere sinnvolle homogene Teilmärkte mit eigenen Bedürfnisprofilen aufteilen, die Sie dann mit entsprechenden Leistungsprofilen gezielt ansprechen können.

Bitte bedenken Sie, dass jede weitere, feinere Segmentierung zu einer Atomisierung Ihres relevanten Marktes führen kann und auch Geld für unterschiedliche Ansprachen und damit Werbemittel verschlingt. Hier müssen Sie ein gesundes Mittelmaß finden.

Segmentieren können Sie z.B.

- geografisch
- demografisch
- psychografisch
- nach Anlässen
- nach Situationen
- nach Nutzenangeboten
- nach dem Verwendungszweck des Produktes
- nach Einstellungen und Motiven
- nach Involvementsituationen

Ganz gleich, wie Sie segmentieren, beachten Sie dabei unbedingt, dass

- Ihre Cluster (Teilsegmente) gemeinsame Bedürfnisse erkennen lassen,
- die Cluster eine bestimmte Größe und Wertigkeit haben (wirtschaftlich rentabel sind),
- die Cluster in der Praxis auch wirklich auffindbar, d.h. selektierbar sind.

4.9 So erkennen Sie Motive und Bedürfnisse

Nun wollen wir die Frage klären, wie sich die Bedürfnisse und Motive der Menschen herausfinden lassen, die in Ihrem definierten Marktsegment anzutreffen sind. Je nach Größe und Umsatz des Unternehmens bieten sich hier diverse Wege an. Gerade große

Unternehmen stecken viel Geld in die Marktforschung, denn sie wissen, dass die Beschäftigung mit ihren Kunden und potenziellen Kunden, ihren Wünschen und Problemen die Grundlage für einen dauerhaften Markterfolg ist. Gerade die ungelösten Kundenprobleme sind ein interessanter Ansatzpunkt, um neue Marktleistungen aufzubauen, anzubieten und sich so von den Konkurrenten abzusetzen.

Marktforschung – der direkte Weg zum Kunden 4.9.1

Wenden wir uns nun der wichtigsten, aber auch aufwändigsten und teuersten aller Methoden zu: der Marktforschung. Mithilfe der Marktforschung verschaffen Sie sich eine hinreichende Kenntnis Ihrer Kunden in Form von zielgerichteten Daten, die sich sammeln und vor allem auch genau interpretieren lassen. Marktforschung gilt für viele große Unternehmen als Selbstverständlichkeit, da sie vermeintlich vor Fehlentscheidungen schützt.

Die Befragung ist auch heute noch die am weitesten verbreitete Methode der empirischen Sozialforschung. Durch die Befragung von ausgewählten Zielgruppen können Sie Daten und Informationen zu verbraucherrelevanten Fragen und Problemen sammeln und durch formalstatistische Auswertungen aggregieren. Diese Aggregation der individuellen Daten, Merkmale, Einstellungen, Meinungen, Wünsche und Probleme erleichtert Ihnen sowohl die an Kundenproblemen orientierte Produktentwicklung, als auch den sich daran anschließenden Marktauftritt beim Markteintritt Ihres Produktes.

Rein theoretisch lassen sich unter dem Oberbegriff „Befragung" verschiedene Befragungstypen unterscheiden. Die Befragung kann mündlich oder auch schriftlich vorgenommen werden.

Bei der mündlichen Befragung werden die Fragen (oder auch Statements) durch professionelle Interviewer gestellt, die letztlich die Antworten kommentarlos zu notieren haben.

Diese Befragungsart hat nach Friesewinkel mehrere Nachteile:
- Sie ist sehr teuer, weil Honorare und Spesen für den Interviewer anfallen.
- Der Einfluss des Interviewers kann je nach Auftreten und Temperament das Befragungsergebnis beeinflussen (Reaktanz).
- Der Erhebungszeitraum kann ziemlich lang sein, wenn nicht genügend Interviewer zur Verfügung stehen.

Die mündliche hat aber auch einige Vorteile gegenüber der schriftlichen Befragung:
- Der Streuverlust, also die Ablehnungsrate, ist weitaus geringer.
- Die Quoten- und/oder Zufallsverteilung kann besser eingehalten werden (falls das Adressmaterial stimmt).
- Sie kann von neutralen Befragungsinstituten durchgeführt werden, die an dem Ergebnis selbst uninteressiert sind.

Die gemeinsamen Praixserfahrungen von H. Friesewinkel und K. P. Fischer zeigten bei schriftlichen Befragungen oft den Nachteil der hohen Verweigerungsrate (Streuverlust). Die Befragung bringt auch eine gewisse Kopflastigkeit der Ergebnisse mit sich, weil nur die Konsumentengruppe antwortet, die an den gestellten Fragen, Statements oder Problemen interessiert ist oder die gerne an solchen Aktionen – aus welchen Gründen auch immer – teilnimmt. Sei es nur, weil sie an der Auslosung oder der Aussicht auf Incentives interessiert ist.

Bei der schriftlichen Befragung lässt sich zudem auch die Erhebungssituation nicht kontrollieren; denn wer den Fragebogen ausfüllt oder das Erhebungsprotokoll bearbeitet hat, ist ebenso wenig erfassbar wie das Problem, ob der Befragte die Fragen, respektive die Statements auch richtig verstanden und die Ordinalskalen begriffen hat. In einer schriftlichen Befragung müssen wir auch damit rechnen, dass die Fragen falsch beantwortet werden, weil der Befragte nicht weiß, was mit diesen geschieht (falsche Erwartungshaltung).

Schriftliche Befragungen stellen hohe Anforderungen an die Gestaltung des Fragebogens oder des Erhebungsprotokolls, da der Befragte zur Beantwortung motiviert werden soll und unmissverständliche Bearbeitungshinweise benötigt. In der Marketingpraxis kommt es jedoch häufig vor, dass aufgrund leidiger Ad-hoc-Probleme mit unstrukturierten Erhebungsbögen gearbeitet werden muss. Dies gilt für das mündliche nondirektive Interview wie auch für die schriftliche Befragung.

Wenn Sie wirklich erfahren wollen, welche Probleme Ihre Kunden haben und was sie treibt, dann müssen Sie an dieser Stelle qualitative Methoden einsetzen. Das sind eigenständige Methoden wie z.B. freie Assoziationen oder nondirektive Interviews, Gruppendiskussionen etc., die man verwendet, um sich in bislang wenig erforschten Wirklichkeitsbereichen einen ersten Einblick zu verschaffen. Denn nur diese eröffnen Ihnen die Möglichkeit, aus der Perspektive der Befragten heraus den für den Anwender bedeutsamen Kontext zu untersuchen.

Zur Vertiefung

Qualitative versus quantitative Methoden

Qualitative Methoden tragen in besonderem Maße den spezifischen Bedürfnissen und Problemen der Befragten Rechnung. Sie lassen einen breiten Spielraum für individuelle Antworten. Der Begriff „Tiefeninterview" impliziert die Möglichkeit, sehr persönliche und tiefe Bereiche der Persönlichkeit anzusprechen. Diese Methodik erhebt den Anspruch, Lebenswelten von innen heraus, aus Sicht der handelnden Menschen zu beschreiben. Sie ist in ihren Zugangsweisen offener und dadurch näher am Kundenproblem als die standardisierten und strukturierten quantitativen schriftlichen und/oder mündlichen Befragungen. Auch das bereits erwähnte „Weltraumspiel" (siehe Kap. 4.2) gilt als qualitative Methode.

Quantitative Verfahren hingegen ermöglichen uns keine tiefer gehende Ursachenanalyse. Sie bieten lediglich eingeschränkt Informationen über geeignete Interventionsmaßnahmen. Standardisierte Instrumente lassen die Befragten immer nur in vorgegebenen Kategorien Kreuzchen machen. Zu Wort kommen sie dabei nicht. Was erfahren wir also auf diese Weise? Zuerst einmal füllen wir mit solchen Fragen nur vorhandene Lücken des eigenen Denkschemas. Schließlich bestimmen wir bereits im Vorfeld, welche Themen und Fragen für uns relevant sind. Im Zuge einer derartigen Befragung erfahren wir dann, was wir persönlich für wichtig erachten. Darüber hinaus erfahren wir nichts. Was den Kunden wirklich bewegt, bleibt möglicherweise ungefragt und unbeantwortet. Kurz: Wir bekommen nur heraus, was wir vorher reinstecken! Denn jede Antwort ist nur so gut, wie die Frage, die gestellt wurde!

Sie können in einem ersten Schritt Ihre Zielgruppen schlicht danach fragen, was sie sich konkret wünschen. Derartige „nondirektive" Vorgehensweisen werden in der Markt- und Meinungsforschung eingesetzt, wo zahlreiche interessante Befunde erst mithilfe dieser Gesprächsform erhoben werden konnten.

Es versteht sich nicht nur am Rande, dass Tiefeninterviewer professionell (psychologisch, soziologisch) ausgebildet sein müssen.

Die Intention einer derartigen Strategie ist eine ganz andere als beispielsweise die eines hoch standardisierten Fragebogens. Nicht Sie geben eine Struktur vor, sondern die befragten Personen. Im Zentrum einer derartigen qualitativen Vorgehensweise steht also die Frage, was die befragte Person in einem bestimmten Themenbereich als relevant empfindet.

Kundenmotive und Bedürfnisse zu erkennen ist keine Frage des Geldes!

4.9.2

Trotz der Bedeutung, die dem Thema innewohnt, verweigern viele Führungspersonen und Mitarbeiter von Klein- und Mittelbetrieben nach wie vor die intensive Auseinandersetzung mit ihren Zielgruppen. Die Gründe dafür sind mannigfaltig. Chronischer Zeit- und Geldmangel und geringe Motivation für den Bereich Marketing / Werbung und vieles mehr. In der Praxis wurden daher einige Methoden entwickelt, um schnell (im wissenschaftlichen Sinn „quick and dirty") zumindest einige brauchbare Ergebnisse zu erzielen (vgl. auch Kastin, 1999).

Für den interessierten Leser haben wir am Ende des Buches im Anhang eine Vielzahl von finanziell und zeitlich kaum aufwändigen Methoden zusammengefasst. Mit deren Hilfe wird es Ihnen auf die eine oder andere Art und Weise gelingen, an die Bedürfnisse und Motive von Zielgruppen zu gelangen. Dort finden Sie wichtige Tipps und Tricks, herauszufinden, was Ihre Kunden wirklich bewegt. Eine Erkenntnis, die schlicht existenziell ist für jede Werbekampagne. Wer die Bedürfnisse und Motive seiner Zielgruppen nicht trifft, der kann gestalten, was er will, der kann anbieten, was er will, der wird keinen Erfolg haben.

> ⮡ **Nehmen Sie sich die Zeit, sich mit Ihren Kunden und deren Wünschen und Bedürfnissen zu beschäftigen. Nicht der flüchtige Aspekt ist an dieser Stelle gefragt, sondern die aufmerksame Auseinandersetzung. Bewusst, konkret, kreativ und mit viel gesundem Menschenverstand. Gerade Letzterer erweist Ihnen an dieser Stelle wieder einmal gute Dienste.**

Sie benötigen die genaue Kenntnis der Motive und Bedürfnisse als Grundlage für Ihr weiteres Vorgehen. Ein guter, aber nicht allzu bekannter Weg, um an tragfähige Daten über Ihre Zielgruppe zu kommen, sind die Hochschulen. Wenden Sie sich an den Marketing-, Werbepsychologie- oder Werbesoziologie-Professor einer Hochschule in Ihrer Nähe. Fragen Sie, ob sich Ihr konkretes Vorhaben als Fallbeispiel im Unterricht, für eine Seminararbeit oder eine Abschlussarbeit eignet. Viele Professoren unterstützen Sie gerne. So helfen Sie dem Professor, noch besser auszubilden und zu forschen. Und Sie profitieren schließlich selbst davon und erhalten gute Marktforschung zu einem günstigeren Preis.

4.9.3   Die Stärke der Bedürfnisintensität

Die Bedürfnisintensität beschreibt das wirkliche „Verlangen", das potenzielle Zielgruppen nach dem Produkt oder der Leistung eines Unternehmens verspüren. Auch hierbei ist wieder Ehrlichkeit gefragt. Lügen Sie sich auf keinen Fall in die eigene Tasche. Unterteilt man die Bedürfnisintensität nur in drei Stufen, von gering über mittel bis hoch, dann zeigt die Praxis, dass die meisten Unternehmen sich im unteren Bereich „gering" befinden.

Sie werden sich fragen, was diese Betrachtung an dieser Stelle soll. Für die weiteren Maßnahmen in ihrer folgenden Marketingkonzeption macht es Sinn, Bedürfnisintensität und Vermarktungsstärke des Unternehmens in einer Matrix gegenüberzustellen. Doch dazu mehr in Kapitel 5 „Marketingstrategie".

4.10   Die Analyse der Makro-Umwelt

Wir haben uns im Rahmen der Analysephase die internen Faktoren (Markt, Bedürfnisse der Kunden und potenziellen Kunden, Wettbewerber und eigenes Unternehmen) in Form eines Dreiecks aufgezeichnet (siehe Abb. 4.2, 4.3). Unser Ziel dabei war es, die notwendigen Daten zu analysieren, die unsere Marketingplanung positiv, aber auch negativ beeinflussen.

Lassen Sie uns nun den Bogen weiter spannen und den Radarschirm vergrößern. Im Folgenden wollen wir die relevanten, aktuellen Einflüsse der Makro-Umwelt beleuchten.

Der Begriff Makro-Umwelt umfasst externe Einflüsse, die für unser aktuelles Kommunikationsvorhaben sowohl Chancen als auch Risiken mit sich bringen. Zur Betrachtung dieser politischen, wirtschaftlichen, soziologischen und technologischen Zusammenhänge eignet sich eine PEST-Analyse, auf die wir später noch genauer eingehen.

Aktuellen Trends auf der Spur

Versuchen Sie hier in einer Art Brainstorming und am besten in einer heterogen besetzten Arbeitsgruppe (Mitarbeiter aus Controlling, Werbung, Vertrieb, Geschäftsleitung und Kunden) gezielt die aktuellen Trends aufzudecken, die Ihr Vorhaben tangieren könnten. Als Marketingverantwortlicher sollten Sie ein Gespür dafür entwickeln, diese Entwicklungen frühzeitig zu erkennen. Das ist notwendig, um eventuelle Chancen und Risiken für Ihre Unternehmung richtig einzuschätzen und schnell darauf reagieren zu können.

Eine praktische Ordnungsstruktur, diese Gesamtanalyse relativ schnell und umfassend durchzuführen, liefert uns der Marketing Management Prozess von Hans Dieter Maier, dem auch wir folgen.

Marketing Management Prozess

Ermitteln Sie die sich aus den Einflüssen der Makro-Umwelt für Ihr Vorhaben ergebenden Chancen und Risiken mithilfe einer Mindmap. Platzieren Sie Ihr Vorhaben in kurzen, prägnanten Worten in der Mitte Ihrer Mindmap.

Auf davon ausgehenden Verzweigungen verteilen Sie die acht Einfluss nehmenden Faktoren:

- Gesellschaft
- Kultur
- Staat
- Recht
- Politik
- Wirtschaft
- Technologie
- Ökologie

Betrachten und bewerten Sie nun Ihr Vorhaben im Spannungsfeld dieser Faktoren und halten alle positiven und negativen Einflüsse fest, die jeweils von diesen Faktoren ausgehen können. Probieren Sie es einfach aus. Das Ergebnis ist mitunter sehr aufschlussreich.

Wenn wir einmal davon ausgehen, Sie würden einen stationären Handel betreiben und in Zukunft planen, auch in den E-Commerce einzusteigen, könnte eine solche Mindmap folgendermaßen aussehen:

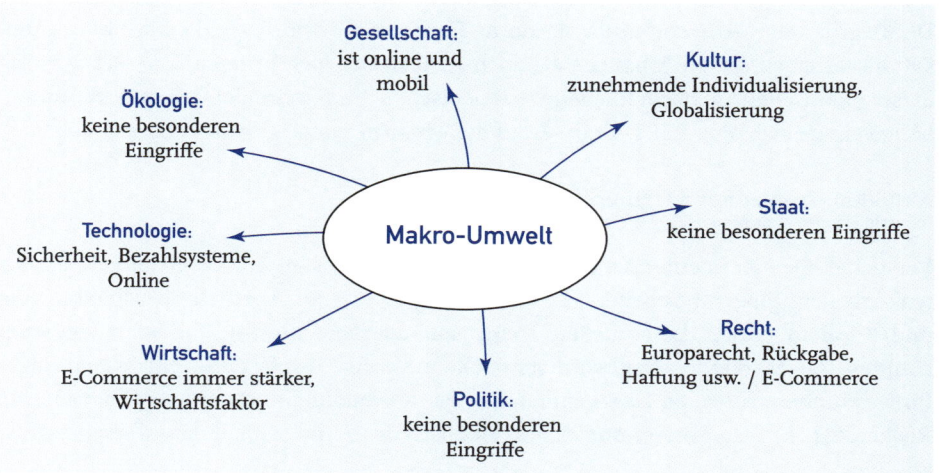

Abb. 4.4: *Mindmap zur Analyse der Makro-Umwelt in Bezug auf einen Einstieg in E-Commerce*

4.10.1   Gesellschaft

Einen wesentlichen Aspekt der Makro-Umwelt stellen gesellschaftliche Entwicklungen und Trends dar, die Ihr Vorhaben sowohl positiv (Chance) als auch negativ (Risiko) beeinflussen könnten. Denken Sie dabei an gesellschafts- und sozialpolitische Veränderungen im weitesten Sinne. Welche Strömungen und Trends prägen heute unsere Gesellschaft? Welchen Einfluss hat der demografische Faktor, wie wirken sich z.B. Altersstruktur und Einkommensverteilung in den europäischen Ländern in Zukunft aus? Wie steht es um die Leistungsbereitschaft und den Bildungszustand der Bevölkerung in Deutschland? Auch die geschlechtsspezifische Rollenverteilung in Familien und Partnerschaften wirken auf das Verhalten der Bevölkerung. Welchen Einfluss haben die zunehmende Globalisierung, Digitalisierung und Vernetzung?

Es versteht sich von selbst, dass Sie unter dem Begriff „Gesellschaft" eine ganze Reihe von Problemkreisen sammeln können und schnell den Wald vor lauter Bäumen nicht mehr sehen. Denken Sie deswegen an Ihre „Brille" – schärfen Sie nur solche Themenbereiche, aus denen sich für Ihr Vorhaben „Einführung eines Onlineshops" Chancen oder auch Gefahren ergeben.

Als Chance kämen in diesem Zusammenhang z.B. die zunehmende Digitalisierung und die Vernetzung der Menschen infrage. Die immensen Steigerungsraten des E-Commerce zeigen deutlich, dass das „Einkaufen im Internet" schon längst für die unterschiedlichsten Bevölkerungsgruppen zur Realität geworden ist.

Haben Sie aber auch gleichermaßen die Gefahren im Blick, mit denen Sie rechnen müssen. Um bei unserem Beispiel Onlineshop zu bleiben: Sie müssen damit rechnen, dass Sie, sobald Sie online sind, sowohl für Konsumenten als auch Ihre Wettbewerber transparent werden. Ein lokales „Verstecken" ist nicht mehr möglich. Preispolitik, Qualität, Angebot, Service und Reklamationsverhalten werden gläsern. Sie stehen gewissermaßen ab sofort am „Pranger" des Internets – und jeder kann ganz öffentlich seine Meinung über Sie abgeben.

Kultur   4.10.2

Unsere Erde wird immer flacher. Will heißen, Grenzen lösen sich auf, Kulturen vermischen sich, der Handel wird global. Damit bestimmen kulturelle Einflüsse wie z.B. Sprache, Traditionen, Rituale, religiöse Überzeugungen, Brauchtum sowie die soziale Ordnung den Konsum bestimmter Produkte und die Inanspruchnahme von Leistungen und können Ihr Vorhaben sehr stark tangieren. Denken Sie an Lebens- und Essgewohnheiten, Bildungsniveau oder auch ganz massiv glaubensbedingte Grundsätze. Die Hoffnung auf eine Anpassung, eine Angleichung der Kulturen im Sinne einer „globalen Marktunifizierung" hat sich nicht bewahrheitet.

In der Werbepsychologie musste man sich von der Idee eines „globalen Warenhauses" längst verabschieden. Die Einstellungen der Menschen, also ihre zeitlich relativen und stabilen Bereitschaften, auf bestimmte Objekte zu reagieren, sind zu unterschiedlich, zäh und langlebig. Gelernte, bereits abgespeicherte Geschmäcker und Gewohnheiten kann man nur sehr schwer verändern. Denken Sie nur an die vielen differenzierenden Designverständnisse, Sehgewohnheiten und Empfindlichkeiten unterschiedlicher Kulturen.

Selbst *Coca-Cola* ist nicht gleich *Coca-Cola* und die Zutaten für einen *Big Mac* unterscheiden sich ganz deutlich, ob er in Oberammergau oder Peking angeboten wird. Viele Werber setzen deswegen auf die Devise *„Denke global, handle lokal"* (Think global, act local). Wir gehen davon aus, dass im Zuge der Globalisierung das Thema Intercultural Communication einen immer größeren Stellenwert in Marketing und Werbung einnehmen wird.

Staat, Recht und Politik   4.10.3

Diese Bereiche lassen sich gut zusammenhängend betrachten, da sie in der Regel sehr stark ineinander übergehen. In vielen Branchen und bei vielen Vorhaben kann der Einfluss des Staates sehr groß sein. Zum einen als Großkunde der Industrie, zum anderen in seiner Position als Gesetzgeber. Der Staat ist in der Lage, durch Gesetze und Verordnungen in bestimmte Branchen massiv einzugreifen. Denken Sie beispielsweise an Subventionen bestimmter Techniken, Branchen, Preiskontrollen, Devisenbeschaffung, Importrestriktionen, Zertifizierungen sowie Produktionsstandards, Patente, Steuern und Abgaben.

Jedes Unternehmen ist in eine rechtliche Umwelt eingebettet und muss vorgegebene Regeln beachten und erfüllen. Prüfen Sie deshalb unbedingt die rechtlichen Leitplanken, von denen Ihr Vorhaben flankiert wird, wie Handels-, Wettbewerbs- und Steuerrecht, Produkthaftung, Werbeeinschränkungen und bestimmte Deklarierungsvorschriften. Auf dass Ihnen kein Gesetz einen Strich durch die Rechnung macht.

Auch die Politik tangiert massiv die Entwicklung in bestimmten Märkten und Branchen. Ein trauriges Beispiel, an dem sehr deutlich wird, wie eng Chancen und Risiken für Unternehmen zusammenliegen, ist das Hin und Her der Regierung bei der Laufzeitverlängerung von Kernkraftwerken. Hier zeigt sich eindrucksvoll, dass sich die Makrofaktoren für eine Branche praktisch über Nacht verändern können. Je nachdem, ob Sie nun für die alternativen und regenerativen Energien oder für die Kernkraftbranche arbeiten, ergeben sich von einem Moment zum anderen völlig unterschiedliche Ausgangspositionen.

Der Internet-Tipp

Links und Studien finden Sie auf den Seiten der Bundesregierung, der Bundes- und Landesministerien, meist unter dem Stichwort „Publikationen". Eine gute Startseite hierfür ist www.bund.de. Diese meistaufgerufene Seite des Bundes bietet Bürgerinnen und Bürgern, Unternehmen und Verwaltungen den zentralen Zugang zu den elektronischen Informationsangeboten und Leistungen der Verwaltung.

Die Startseite für Informationen auf europäischer Ebene ist http://europa.eu/index_de.htm. Eine Fülle von Informationen liefern auch die Statistikämter des Bundes und der Länder. So ist z.B. das aktuelle Statistische Jahrbuch unter www.destatis.de kostenlos erhältlich (Menüpunkt „Publikationen"). Die Verbände liefern meist sehr konkrete Daten für die Branche, die sie vertreten. Meist finden sich die aktuellen Studien auf den Seiten des Verbandes, meist unter den Menüpunkten „Publikationen", „Zahlen, Daten, Fakten", „Veröffentlichungen", u.Ä. Die Seiten der Verbände lassen sich gut über Verbandssuchmaschinen wie www.verbaende.de finden.

Links zum Thema Recht finden Sie über das Justizportal des Bundes und der Länder: www.justiz.de. Gesetze finden Sie unter www.gesetze-im-internet.de. Verbaucherinformationen bietet das Portal der Verbraucherzentralen www.verbraucherzentrale.de.

4.10.4   Wirtschaft

Selbstredend sehen sich Unternehmen von gesamtwirtschaftlichen Faktoren wie Arbeitsmarktlage, Arbeitslosigkeit sowie bestimmten Industriezyklen, aber auch von Zinsentwicklungen elementar beeinflusst. Die wirtschaftliche Situation sowie die Erwartungen der Bürger werden Ihr Vorhaben positiv oder negativ beeinflussen. Der Konsumklima-Index (Nürnberger Marktforschungsinstitut GfK) misst per Umfrage, wie optimistisch oder pessimistisch die Konsumenten in Bezug auf die Wirtschaft sind. Zeigen sich die befragten Konsumenten „optimistisch", geht man davon aus, dass sie in naher Zukunft auch mehr Leistungen in Anspruch nehmen und so die gesamte Wirtschaft stimulieren. Prüfen Sie also für Ihr Vorhaben den „Konsumklima-Indikator" und nutzen Sie ihn als Prognose über die Veränderung der monatlichen Konsumausgaben privater Haushalte.

Der Internet-Tipp

Eine Fülle von Informationen zur Wirtschaft finden Sie auf dem Portal der Deutschen Zentralbibliothek für Wirtschaftswissenschaften (www.zbw.de) sowie bei Organisationen wie der Weltbank (www.worldbank.org/reference), dem Ifo-Institut (www.cesifo-group.de) oder dem DIW-Institut (www.diw.de) etc. Ebenso ergiebig ist das Bundesministerium für Wirtschaft und Technologie (www.bmwi.de). Auch hier finden Sie die besten Informationen unter den Menüpunkten „Publikationen", „Veröffentlichungen", aber auch „Mediathek". Die Wirtschaftsverbände liefern meist sehr konkrete Daten für die Branche, die sie vertreten. Meist finden sich die aktuellen Studien auf den Seiten des Verbandes, in der Regel unter den Menüpunkten „Publikationen", „Zahlen, Daten, Fakten", „Veröffentlichungen" u.Ä. Die Seiten der Verbände lassen sich gut über Verbandssuchmaschinen wie www.verbandsforum.de finden.

Technologie 4.10.5

Technologische Substitutionen sind die Treiber jeder Innovation. Gehen Sie davon aus, dass alles, wirklich alles, was heute digitalisiert werden kann, auch digitalisiert werden wird. Auch wenn die vielen „Ewiggestrigen" dies stoisch verneinen, so zeigen aktuelle Entwicklungen doch sehr genau, wohin die Reise gehen wird.

Als 1995 das Buch *„Being Digital"* von Nicholas Negroponte – Professor am Massachusetts Institute of Technology –, einem der weltweit führenden Experten auf dem Gebiet der Kommunikationstechnik und Vordenker einer digitalen, vernetzten Informationsgesellschaft, erschien, war vielen Unternehmen, Marketingverantwortlichen und Werbern noch nicht bewusst, welche gravierenden Auswirkungen die von ihm angesprochene Veränderung der Digitalisierung für die Kommunikation von Unternehmen haben würde.

Negroponte verglich in seinen Kolumnen Bits mit Atomen und wies immer wieder darauf hin, dass man zwar in einer Informationsgesellschaft lebe, aber die notwendigen Informationen nach wie vor in Form von Atomen verteilt werden: Zeitungen, Zeitschriften und Bücher. Zu dieser Zeit war für Negroponte bereits klar, welche enormen Veränderungen mit der Digitalisierung auf die Unternehmen zukommen würden.

Diese fortschreitende Digitalisierung dringt heute mehr und mehr auch in die klassischen Bereiche der Kommunikation ein: Internet, Mobiltelefon, Digitalfernsehen und Digital Signage oder digitale Präsentationssysteme, wie z.B. das *iPad* von *Apple*, um hier nur einige Beispiele zu nennen. Sie erstreckt sich von der Aufzeichnung über die Bearbeitung und Speicherung bis hin zur Übertragung der Inhalte.

Die Potenziale neuer Kommunikations- und Informationstechnologien

Ein wesentlicher Vorteil digitaler Inhalte ist die Veränderung der Kostenstruktur. Die Kopierbarkeit und die Verbreitung der digitalen Inhalte (z.B. über das Internet) reduzieren die Kosten der Unternehmen enorm. Die Kosten für jede weitere digitale Kopie (Produktionsgrenzkosten) sind nach der Erstellung des Originals als gering anzusehen. Da die digitalen Inhalte (Ton, Texte, Bilder, Animationen und Filme) auf dem gleichen digitalen binären Code basieren, können sie einfach von den unterschiedlichsten auditiven, visuellen oder audiovisuellen Abspiel- und Endgeräten repräsentiert werden. Sobald die Information in digitaler Form vorliegt, können selbst größte Datenmengen mittels Computer, Internet, Satellit oder superschnellen Glasfasernetzen übertragen werden. Raum und Zeit zu überbrücken ist heute für die Kommunikation kein Problem mehr, die Distanz wird irrelevant. In diesem Zusammenhang wächst unweigerlich auch die Bedeutung der neuen digitalen Medien und Endgeräte. Ein besonderes Potenzial liegt hierbei in der Nutzung und dem Einsatz neuer Kommunikations- und Informationstechniken, die mit der zunehmenden Digitalisierung unserer Welt verbunden sind (vgl. Pepels, 2005).

Es verwundert uns nicht, dass auch für die Point of Sale Kommunikation die zunehmende Digitalisierung an Bedeutung gewinnt. Schätzungen zufolge gehen auch hier die Investitionen in klassische Werbemedien wie Print, Radio und TV kontinuierlich zurück. Das Interesse an Marketingkonzepten auf Basis der „Neuen Medien" hingegen steigt (vgl. GIM, 2008).

Wie innovativ können und wollen Sie sein?

Untersuchen Sie also Ihr technologisches Umfeld auf die für Sie entstehenden Chancen und Risiken. Stellen Sie sich dabei die ehrliche Frage, ob Sie mit Ihren derzeitigen Lösungstechnologien auch in Zukunft noch erfolgreich in den Märkten agieren und Ihre heutige bzw. zukünftige Marktposition verteidigen können. Mit Blick auf unser Beispiel, einen Onlineshop ins Leben zu rufen, wäre ein stationärer Einzelhändler hier sicher auf dem richtigen Weg. Er könnte in der zunehmenden Digitalisierung und den damit verbundenen Techniken von E-Commerce eine berechtigte Chance erkennen.

Sollte ein Einzelhändler jedoch aus bestimmten Gründen (die es sicherlich gibt) nicht in den E-Commerce einsteigen, dann muss er sich in Zukunft etwas einfallen lassen, warum seine Kunden gerade bei ihm und nicht in anderen Ladengeschäften oder im Internet einkaufen sollen. Hier werden dann Themen wie Einkaufserlebnis und Ladenatmosphäre eine Rolle spielen. Einzelhändler, die alles beim Alten belassen, also dem Kunden weder ein Einkaufserlebnis bieten noch ihre Waren im Internet anbieten, werden sicher ihren Laden schließen müssen.

Der Internet-Tipp
Auf www.ted.com (TED – Technology, Entertainment, Design), eine Seite der Sapling Foundation, finden Sie eine Fülle aktueller Vorträge bedeutender Personen zu aktuellen technologischen Themen. Technologische Entwicklungen werden hier oft in leicht nach-

vollziehbarer Weise von hervorragenden Dozenten präsentiert. Auch von dem oben genannten Nicholas Negroponte gibt es einen spannenden Vortrag.

Der Innovationsreport (www.innovations-report.de) versteht sich als Forum für Wissenschaft, Industrie und Wirtschaft. Seine Datenbank weist über 164.000 Artikel nach.
Weitere aufschlussreiche Einstiegsseiten sind beispielsweise das IZT – Institut für Zu-
kunftsstudien und Technologiebewertung (www.izt.de) und das Bundesbildungsministe-
rium mit Berichten zu „Neuen Technologien" (www.bmbf.de/de/1000.php). Interessant
sind auch eine Reihe von Blogs, die stets die neuesten Technologien darstellen, wie z.B.
http://craziestgadgets.com.

Ökologie 4.10.6

Nicht zuletzt durch die Kernkraftkatastrophe im japanischen Fukushima stehen immer
mehr Bürger dem Umwelt- und Klimaschutz sehr aufmerksam und aufgeschlossen gegenüber. Eine saubere Natur, gesunde Nahrungsmittel und Nachhaltigkeit nehmen immer größeren Stellenwert bei allen Altersgruppen ein. Firmen, die diese Entwicklungen
missachten und keine Nachhaltigkeit vorweisen können, werden es sehr schwer haben.

Fragen Sie sich also bei der Konzeption Ihrer Vorhaben, welchen „ökologischen Fuß-
abdruck" Sie in der Umwelt hinterlassen und wie sich Ihr unternehmenseigenes, gelebtes, ökologisches Bewusstsein auf das Kaufverhalten Ihrer Kunden auswirkt. Gerade hier
bieten sich für Ihr Vorhaben viele Chancen und Risiken. Konzipieren Sie Ihre Projekte
also mit Weitsicht und der gebotenen ökologischen Sensibilität.

Der Internet-Tipp

Informationen zu aktuellem Umweltgeschehen finden Sie auf der Seite des Bundesum-
weltministeriums (www.bmu.de). Unter dem Menüpunkt „Mediathek" finden sich Bro-
schüren, Veröffentlichungen etc. zu Umweltthemen. Ebenso ergiebig ist das Umwelt-
bundesamt (www.umweltbundesamt.de). Aufschlussreiche Studien und Publikationen
erhalten Sie auch von den spezialisierten Organisationen wie z.B. dem Öko-Institut
(www.oeko.de), dem Bund für Natur- und Umweltschutz Deutschland (www.bund.net),
Greenpeace (www.greenpeace.de) usw. Auch ein Blick in die ökoSuchmaschine (www.
oekosuchmaschine.de) kann sich lohnen.

Die SWOT-Analyse 4.11

An dieser Stelle möchten wir kurz innehalten und uns noch einmal vor Augen führen,
warum wir uns im Rahmen der Situationsanalyse mit so vielfältigen Einzelaspekten beschäftigen. Unser Ziel ist es nach wie vor, für ein bestimmtes Vorhaben eine psychologisch wirkungsvolle Marketingstrategie und ein entsprechendes Marketingkonzept zu

erarbeiten und zu realisieren. In der Praxis schreitet man immer sehr schnell zur Umsetzung und diskutiert schon weit im Vorfeld, wie die Werbung auszusehen hat. Sicher macht es allen Beteiligten mehr Spaß, über kreative Ansätze, Gimmicks und anspruchsvoll layoutete Flyer zu sprechen, als über die eher mühsame Vorarbeit im Rahmen der Feldvorbereitung.

Wir wollen aber noch einmal mit Nachdruck darauf verweisen, dass Fehler bei der Analyse später im Kreativkonzept kaum mehr „auszubügeln" sind. Oftmals hat man dann tolle Kampagnen, die Kreativwettbewerbe gewinnen, leider ohne Erfolg oder einen echten Return on Investment für das Unternehmen. Deshalb sollten Sie sich die Mühe machen, noch vor dem ersten kreativen Strich, noch vor der ersten Headline, sehr detailliert die Ausgangssituation der Mikro- und Makro-Umwelt zu analysieren.

SWOT-Analyse – die Basis jeder Marketingentscheidung

Zur Erinnerung: Wir stehen immer noch an der „roten Ampel" und betrachten das „Hier und Jetzt"! Sehr genau wissen wir mittlerweile, wie sich die Ist-Situation in den diversen Aspekten des Unternehmens darstellt. Bevor wir nun unsere „Ampel" auf Orange schalten und damit zur Strategie übergehen, empfiehlt es sich, alle Einzelanalysen in einer sog. SWOT-Analyse zusammenzufassen.

Die Bezeichnung SWOT setzt sich aus den Anfangsbuchstaben der englischen Wörter
S trengths,
W eaknesses,
O pportunities und
T hreats
zusammen und bedeutet also Stärken-Schwächen-Chancen-Gefahren-Analyse.

Im Rahmen der Untersuchung der Mikro-Umwelt (mit den Aspekten relevanter Markt, eigenes Unternehmen versus Wettbewerber und Motive der Kunden) haben wir das Instrument Stärken- und Schwächenanalyse eingeführt. Mit der Umfeldanalyse der Makro-Umwelt haben wir den Radius unseres Radarschirms dann erweitert, um mit Blick auf unser Vorhaben eventuelle Chancen und Risiken schon im Vorfeld zu erkennen und auf mögliche Entwicklungen vorbereitet zu sein.

Somit verfügen wir nun über alle notwendigen Input-Daten und können diese in eine SWOT-Analyse einfließen lassen. Sie liefert ein ideales Werkzeug, mit dem Sie sehr einfach nicht nur die internen Faktoren wie Stärken und Schwächen aus der Mikro-Umwelt betrachten, sondern diese auch mit den externen Faktoren der Makro-Umwelt (Chancen und Risiken) in Beziehung setzen können, um dann in einem nächsten Schritt Maßnahmen und strategische Optionen daraus ableiten zu können. Damit stellt die SWOT-Analyse die Basis für jede Marketingentscheidung und die Entwicklung einer Marketingstrategie dar.

Eine SWOT-Analyse durchzuführen ist recht einfach. Werfen Sie dazu einen Blick auf die folgende Matrix.

O Chancen		T Gefahren	
– O 1		– T 1	
– O 2		– T 2	
– O 3		– T 3	

S Stärken	Chancen + Stärken	Gefahren + Stärken
– S 1	**Ausbauen**	**Absichern**
– S 2	Maßnahme =	Maßnahme =
– S 3		
W Schwächen	Chancen + Schwächen	Gefahren + Schwächen
– W 1	**Aufbauen**	**Meiden**
– W 2	Maßnahme =	Maßnahme =
– W 3		

Abb. 4.5: SWOT-Analyse und Optionengenerator

Wo Stärken und Schwächen auf Chancen und Risiken treffen

Die SWOT-Matrix stellt die im Rahmen der Analyse der Makro-Uumwelt (PEST-Analyse) und der Betrachtung des Unternehmensumfeldes (Mikro-Umwelt) gefundenen Aspekte einander so gegenüber, dass sich daraus übersichtlich Strategien ableiten lassen. Tragen Sie in die oberen zwei Felder die drei bis vier maßgebenden Chancen und Gefahren ein, die Sie als Ergebnis Ihrer Umfeldanalyse ermittelt haben. In die beiden Felder links kommen als Ergebnis Ihrer Analyse des unmittelbaren Unternehmensumfeldes Ihre drei bis vier gravierendsten Stärken und Schwächen.

In den vier innen liegenden Feldern, die Chris Stern von der Florida Gulf Coast University als „Optionengenerator" (SWOT-Decision Matrix) bezeichnet, können Sie nun daraus Ihre Strategien ableiten, indem Sie die jeweiligen Aspekte der äußeren Felder miteinander kombinieren. Überlegen Sie dazu einfach in verschiedenen Szenarien, welche Entwicklungen sich ergeben können, wenn bestimmte positive oder negative Umwelteinflüsse auf bestimmte Stärken oder Schwächen treffen. So dürfte schnell klar werden, welche Bereiche Sie sinnvoll „ausbauen" sollten und wo eher angeraten ist, Vorsicht walten zu lassen. Machen Sie sich schon an dieser Stelle Notizen, welche Entwicklungen Sie unterstützen und welche Gefahrenpunkte Sie im Auge behalten sollten, und vertiefen Sie das in einem nächsten Schritt.

Es gibt viel zu tun! Jetzt wissen Sie, was

Spielen Sie jetzt einfach alle Kombinationsmöglichkeiten Ihrer SWOT-Matrix durch und Sie bekommen ein Gefühl dafür, was Sie jetzt angehen müssen, wenn Sie Ihr geplantes Vorhaben erfolgreich realisieren wollen. Die Felder im „Optionengenerator" Ihrer SWOT geben Ihnen dabei die grundsätzlichen Denkrichtungen und Zielvorgaben vor. Das Feld links oben nennen wir „Ausbauen", das Feld rechts oben „Absichern", das Feld links unten „Aufbauen" und das Feld für den Worst Case rechts unten steht für „Meiden". Wenn Sie nun die jeweiligen Maßnahmen für diese vier Handlungsfelder stichpunktartig fixieren, haben Sie schon eine interessante und relevante Liste für Ihre nächsten Schritte abgeleitet und können fundiert eine Aussage über Ihre nächsten Schritte (strategische Optionen) treffen. Die Stoßrichtungen besprechen wir in Kapitel 5 und 6.

Unternehmens- und Marketingstrategie

Eine langfristige Orientierung als Grundlage für Marketing und Kommunikation

5

Wer entscheiden muss, welche Kampagnen entwickelt werden sollen und wie sie auszusehen haben, der braucht ein Ziel. Denn ohne Ziel treibt jede Maßnahme orientierungslos umher, dem Zufall ausgeliefert.

Darum wollen wir uns in diesem Kapitel mit Ihren Zielen und Strategien befassen. Sie dienen der langfristigen Orientierung und sind die Grundlage für jegliche Projekte und Maßnahmen.

Um zielführende Strategien zu entwickeln, benötigen wir die Erkenntnisse aus Kapitel 4. Im Rahmen der Situationsanalyse haben wir hier einen sehr genauen Ist-Zustand für das geplante Vorhaben ermittelt. Mithilfe der SWOT-Analyse haben wir zusätzlich die zukünftigen Erfolgspotenziale für das Projekt auf den Punkt gebracht.

Diese Ergebnisse nutzen wir nun für die strategische Planung. Wir werden Ihnen in diesem Kapitel zeigen, wie Sie aus den bereits gewonnenen Fakten für sich die grundlegenden „Strategien" wie beispielsweise Marktdurchdringung, Marktentwicklung, Produktentwicklung oder Diversifikation ableiten.

5 Strategien gibt es viele! Auf die richtige kommt es an.

Um den Begriff „Strategie" eindeutig zuordnen zu können, müssen wir zunächst einmal definieren, um was es hier eigentlich geht. Reden wir von der Unternehmensstrategie, den funktionalen Strategien wie z.B. der Marketing-, der HR- oder Finanzstrategie oder befinden wir uns im Bereich Promotion und sprechen von der Kommunikationsstrategie? Klingt verwirrend. Im Grunde ist es aber ganz einfach.

An der Spitze steht Ihr Leitbild: Vision und Selbstverständnis Ihrer Unternehmung. Das ist der helle Leitstern, dem Sie folgen. Diese übergeordneten Werte, Visionen und Vorstellungen überführen Sie in eine Unternehmensstrategie. Darin definieren Sie die strategischen Leitlinien und Ziele. Sie bestimmen die langfristige Ausrichtung der Organisation.

In größeren Unternehmen muss die Unternehmensstrategie auch für die einzelnen Bereiche oder Abteilungen heruntergebrochen werden. Man spricht dann von den so genannten funktionalen Strategien der einzelnen Bereiche wie Marketing, Finanzen, Controlling, HR, Produktion, Forschung und Entwicklung, Beschaffung usw. Wir legen unser Hauptaugenmerk im Folgenden selbstredend auf die Marketingstrategie.

Lassen Sie uns also einen Blick darauf werfen, was kommen soll und kommen kann und worauf Sie Ihre strategischen Prioritäten legen wollen.

Unternehmensstrategie

Lassen Sie uns zuerst einen kurzen Blick auf die Unternehmensstrategie werfen. Die Unternehmensstrategie spiegelt einen langfristigen Ansatz wider, wie Unternehmensziele erreicht werden sollen. Der Hintergrund: Die langfristige Sicherstellung des wirtschaftlichen Erfolgs. Eine Unternehmensstrategie kann z.B. die Marktführerschaft in einem bestimmten Sektor sein.

Stellen Sie sich einfach vor: Sie befinden sich heute mit bestimmten Produkten und Leistungen in bestimmten Märkten. Dabei nehmen Sie aus Sicht der Kunden gegenüber Ihren Wettbewerbern eine spezifische „strategische Position" ein. Diese Position kann z.B. eine Preis-Leistungs-Position sein. In diesem Fall bedeutet dies, Sie bieten aus Sicht der Kunden eine bestimmte Leistung zu einem bestimmten Preis an. Mit Blick auf Ihren Wettbewerber stuft der Kunde dann subjektiv Ihre Leistung vielleicht als „besser" ein. Mit Blick auf den Preis geht er davon aus, dass Sie Ihre Leistung vermutlich zum „gleichen Preis" anbieten. Damit würde Sie der Kunde wie folgt positionieren: „bessere Leistung zum gleichen Preis".

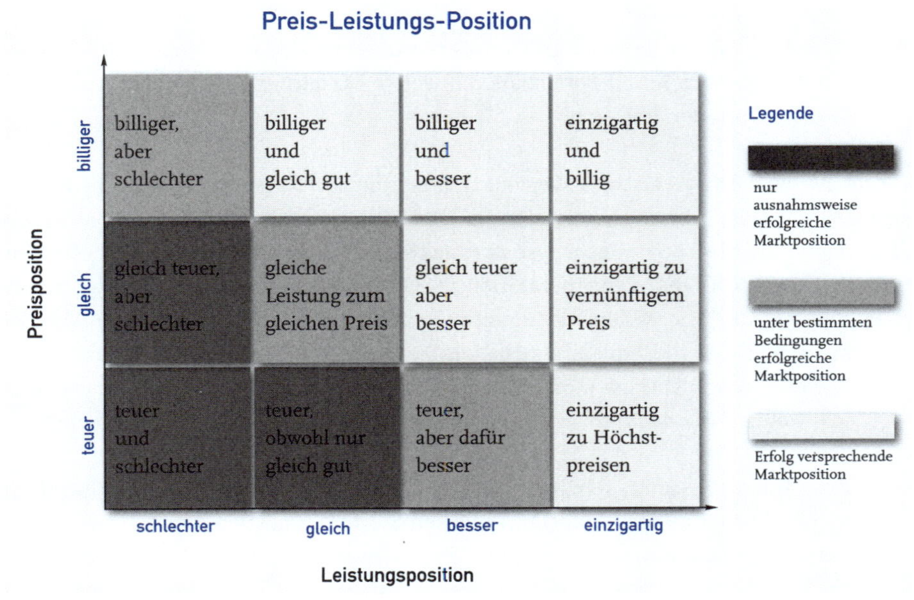

Abb. 5.1: Preis-Leistungs-Matrix (nach St. Gallen Management Institut)

Natürlich ist dies nur eine von vielen möglichen strategischen Positionen. In dieser Position erwirtschaften Sie im positiven Fall aktuell Ihre wirtschaftlichen Erfolge.

Denken wir langfristig, müssen wir uns aber die Frage stellen: Was passiert in ein paar Monaten, in ein paar Jahren? Wird unser wirtschaftlicher Erfolg immer noch auf dieser

Preis-Leistungs-Position beruhen können? Oder unterliegen wir vielmehr der Gefahr, uns vom aktuellen Erfolg blenden zu lassen? Die Wahrheit ist:

 Sie müssen Ihre aktuelle Marktposition fortwährend ausbauen und verteidigen.

Was heute noch funktioniert, kann morgen schon die Pleite herbeiführen. Ruhen Sie sich nicht auf Ihren Lorbeeren aus. Es ist absolut notwendig, permanent in die Sicherung der zukünftigen Marktposition zu investieren. Im Klartext bedeutet das: Sie stehen vor der Herausforderung, Ihre vorhandenen Fähigkeiten, Kompetenzen und Erfolgspotenziale nicht nur mit heutigen, sondern auch mit künftigen Kundenproblemen in Einklang zu bringen.

5.1.1 Wohin wollen Sie? Wohin können Sie?

Greifen Sie dazu auf die bereits durchgeführten Kundenproblem- und Motivanalysen zurück. Mit deren Hilfe prüfen Sie, ob Sie tatsächlich in der Lage sind, solche Erfolgspotenziale in potenzielle „Geschäftschancen" umzuwandeln.

Die strategische „Nugget"-Frage, die sich Ihnen stellt, lautet also wie folgt:
- Mit welchen Leistungen und in welchen Märkten gelingt es mir, auch in Zukunft erfolgreich zu sein?
- In welche Märkte kann ich mich unter Beachtung meiner momentanen Fähigkeiten, Kompetenzen und Potenziale mit welcher Leistung überhaupt verschieben?
- Welche Optionen habe ich?

Dieses „Verschieben" – also der Weg aus den heutigen Märkten in erfolgreiche zukünftige Märkte – stellt nichts anderes dar als Ihre Unternehmensstrategie. Dazu und nur dazu haben Sie die Situationsanalyse der Makro- und Mikro-Umwelt durchgeführt und mithilfe des SWOT-Optionengenerators Ihre „Optionen" für die Zukunft ausgeleuchtet:
- Voll auf Kurs: Sie stellen fest, dass Ihr Unternehmen mit den geplanten Vorhaben auf Kurs ist. In diesem Fall bearbeiten Sie Ihre Marktsegmente wie gehabt und behalten Ihre bisherige Unternehmensstrategie bei. Sie modifizieren diese nur insoweit, als Sie dadurch Ihre heutige Position sichern und weiter ausbauen können.
- Kurs ändern: Es kann sein, dass Sie mit ihrer aktuellen, heutigen Marktposition nicht mehr zufrieden sind. Dann müssen Sie so schnell wie möglich eine so genannte Umpositionierung einleiten. Der Schwerpunkt Ihrer Aktivitäten sollte dabei weiter auf Ihren bisherigen Leistungsangeboten liegen (soweit diese noch erfolgreich sind). Es ist jedoch an der Zeit, in neue Bereiche zu investieren, in denen Sie in Zukunft durch kundenorientierte Leistungen neue Zielgruppen generieren.
- Klar zur Wende: Im schlimmsten Fall stellen Sie fest, dass sich die Einstellungen und Motive Ihrer Zielgruppen geändert haben. Ihre Leistungen sind damit für die Zielgruppe uninteressant geworden mit der Folge, dass Ihre heutige Marktposi-

tion keine Marktchancen mehr bietet. In diesem Fall müssen Sie sich aus Sicht der Kunden so schnell wie möglich neu positionieren und neue Leistungen anbieten.

Sechs strategische Optionen für die Zukunft Ihres Unternehmens

Fassen wir also kurz zusammen: Mithilfe der strategischen Optionen der SWOT-Analyse konnten Sie Ihre Ist-Situation analysieren und Ihren Handlungsspielraum ausleuchten. Planen Sie nun die strategische Richtung.

Das SGMI Management Institut St. Gallen listet Praktikern grundlegende mögliche strategische Optionen auf:

1. Expansion: Sie wollen mit Ihrer Unternehmung und Ihrer Leistung massiv wachsen und Marktanteile gewinnen.
2. Konzentration: Sie stellen fest, dass Sie sich „verzettelt" haben und möchten Ihre Kräfte wieder auf das Wesentliche konzentrieren. Dazu reduzieren Sie z.B. Ihr Sortiment, Ihre Leistungen und werden nur auf bestimmten Märkten für bestimmte Kundengruppen tätig. Oder Sie reduzieren Ihre Vertriebskanäle, konzentrieren sich auf bestimmte Technologien. Insgesamt beschränken Sie sich auf das Notwendigste und Effektivste.
3. Spezialisierung: Sie versuchen sich aus Sicht der Kunden klar und deutlich von der Konkurrenz abzuheben, indem Sie eine spezielle und einzigartige Leistung, Produkte oder Services anbieten. Unternehmen, die hochspezialisiert sind, können auch höhere Preise für ihre Leistungen verlangen.
4. Halten: Im Idealfall sind Sie auf Kurs und mit Ihrer heutigen Position zufrieden und versuchen, diese auf Dauer zu sichern.
5. Kooperation: Sie stellen fest, dass Ihnen langfristig die „Schlagkraft" auf den Märkten fehlt, um entsprechend aufzutreten, und suchen deswegen die Kooperation mit anderen Unternehmen.
6. Rückzug: Ein Worst-Case-Szenario angenommen, können Sie keine dauerhaft rentable Marktposition mehr aufbauen und ziehen sich geplant Schritt für Schritt aus dem bestehenden Geschäft zurück.

Nun kennen Sie die wesentlichen strategischen Optionen für Ihre grundsätzliche Unternehmensstrategie. Wenn Sie sich für einen dieser Wege entscheiden, dann denken Sie bitte in großen Dimensionen. Sie modellieren schließlich damit das Zukunftsbild Ihrer Unternehmung. Sie geben damit eine langfristige Richtung vor. Doch vergessen Sie dabei nicht: Bei Ihrer zukünftigen strategischen „Marktpositionierung" handelt es sich um eine Soll-Positionierung. Sie müssen diese Position erst erreichen und dafür erst einmal die notwendigen Maßnahmen treffen.

Und um genau die kümmern wir uns jetzt. Denn bislang haben Ihre Überlegungen zur Marktposition Ihr Unternehmen nicht verlassen. Sie wurden lediglich intern kommuniziert.

Jetzt ist der Zeitpunkt gekommen, Ihre Unternehmensstrategie in die Marketingstrategie zu überführen. Schließlich sollen alle von der anvisierten Marktposition erfahren – Ihre Stakeholder, Kunden und potenziellen Kunden. *„Wir wollen die Größten sein!"* Das ist doch einmal eine klare Ansage.

5.2 Marketingstrategie

Die dauerhafte und erfolgreiche Gestaltung einer Marke oder eines Unternehmens kann nicht auf wahllosen, kurzfristigen, mehr oder weniger zufälligen Aktionen beruhen. Sie bedarf langfristig angelegter, sorgfältiger Planung – eben einer Strategie. Die Marketingstrategie benennt dieses langfristig ausgerichtete, planvolle Vorgehen in Bezug auf die Steuerung der Nachfrage nach Ihrer Leistung. Sie besteht aus grundsätzlichen Überlegungen und Entscheidungen zum Marketingziel, zu den Marketingzielgruppen und der kommunikativen, subjektiven Positionierung Ihrer Leistung in den Köpfen der Zielgruppen. Mit der Marketingstrategie bestimmen Sie die langfristige, auf den Markt fokussierte Ausrichtung Ihres Unternehmens.

5.2.1 Das Marketingziel

Das Marketingziel leiten Sie stringent aus der oben beschriebenen zukünftigen „Soll-Position" Ihres Unternehmens ab. Damit Sie später überprüfen können, ob Sie mit bestimmten Maßnahmen Ihre Ziele auch wirklich erreicht haben, müssen Sie diese vorher operationalisieren. Dazu halten Sie folgende Punkte schriftlich fest:

- Zielinhalt (Wie sieht Ihr Ziel ganz konkret aus?)
- Zielumfang (Wie viel wollen Sie erreichen? Beispielsweise einen bestimmten Marktanteil von x Prozent oder ein bestimmtes Umsatzwachstum von y Prozent)
- Zeithorizont (In welchem Zeitraum wollen Sie das genannte Ziel erreichen?)
- Zielgruppen (Welche Zielgruppen mit welchen konkreten Merkmalen wollen Sie ansprechen?)
- Evaluation (Wie wollen Sie später den Erfolg messen?)

Eine grundlegende Frage sollten Sie bei der Zielformulierung mit Blick auf Ihre Fähigkeiten, Kompetenzen und Potenziale unbedingt beachten: Ist das Ziel sowohl realistisch als auch erreichbar und für die Mitarbeiter im Unternehmen auch motivierend sowie erstrebenswert?

5.2.2 Die Marketingzielgruppen

Im Rahmen der Marketingstrategie legen Sie fest, in Bezug auf welche Marketingzielgruppen Sie das soeben beschriebene Marketingziel erreichen wollen. Greifen Sie auf Ihre Situationsanalyse zurück. Dort haben Sie bereits den relevanten Markt segmentiert

– d.h. eine Kategorisierung des meist stark heterogenen Marktes in homogene Kunden-segmente vorgenommen. Diese Segmente sind nichts anderes als „homogene Cluster" von potenziellen Kunden mit ähnlichen Motiven und Wünschen.

Nehmen Sie also diese Segmente in den Fokus und überlegen Sie sich, mit welchen Clustern (Teilzielgruppen) Sie das soeben festgezurrte Marketingziel am ehesten errei-chen. Meist stellt sich die Situation dergestalt dar, dass Sie aus wirtschaftlichen Gesichts-punkten nicht alle Cluster gleichzeitig und mit gleicher Intensität kommunikativ anspre-chen können. Unterziehen Sie besonders ausgewählte Zielgruppen einem Feintuning und geben Sie ihnen ein Gesicht. Nur so wird es Ihnen gelingen, für die von Ihnen defi-nierten Zielgruppen individuelle Marketing- und Kommunikationskonzepte zu entwi-ckeln, die Sie dann in einem nächsten Schritt im Marketingmix operativ umsetzen.

Die kommunikative Positionierung   5.2.3

Wir haben schon mehrmals darauf hingewiesen, wie wichtig es für Sie als Anbieter ist, sich in übersättigten Märkten mit austauschbaren Produkten gegenüber den Wettbewer-bern abzusetzen. Letztlich geht es immer um die alles entscheidende Frage: Warum soll ein Kunde Ihr Produkt (Ware, Dienstleistung, Idee) kaufen und nicht das Produkt der Wettbewerber?

Wenn Sie darauf keine plausible und glaubhafte Antwort geben können, dann geben Sie Ihren potenziellen Kunden keinen Grund, warum sie sich gerade für Ihr Angebot entscheiden sollen. Das Fatale daran: Wenn die Kunden keinen Unterschied in den An-geboten erkennen, haben Sie als Anbieter nur noch eine Chance, Sie müssen der Billigs-te, also der Kostenführer in Ihrer Branche sein.

Die Positionierung Ihres Angebotes in den Köpfen der Zielgruppe (top of mind) gilt als der Dreh- und Angelpunkt in Marketing und Kommunikation. Diese Positionierung (engl. Positioning) leitet sich stringent aus Ihrer gerade erarbeiteten Position in den Märkten ab. Sie spiegelt die von den Konsumenten subjektiv wahrgenommenen Eigen-schaften Ihres Produktes wider.

Sie sind nur so gut, wie Ihr Kunde Sie wahrnimmt

Es kommt absolut nicht darauf an, ob Ihr Produkt „objektiv" das Beste ist. Entscheidend ist allein, was Ihr Kunde davon hält. Meint er, Sie wären der Beste, dann sind Sie es auch ganz schnell. Hält er Sie für rückständig, versuchen Sie lieber ganz schnell, ihn vom Gegenteil zu überzeugen. Der Kunde liebt und kauft, was seine Nutzenerwartung am besten befriedigt. Auf dieser Grundlage treffen Konsumenten ihre Kaufentscheidungen.

Damit ist die Position Ihres Produktes immer ein Resultat einer subjektiven Konsu-mentenwahrnehmung. Sie merken sehr deutlich, worauf das hinausläuft:

Wollen Sie Ihre Marktposition verändern, dann müssen Sie sich in der Wahrneh-mung Ihrer Kunden verändern.

Lassen Sie die Kunden bei Ihren Bemühungen außer Acht, werden Sie scheitern!

Die Platzierung in der „subjektiven Welt" der Konsumenten basiert auf dem Zusammenspiel einer Vielzahl von unterschiedlichen Faktoren wie z.B. Preis, Leistung, Qualität, Image, Innovation, Zeit, Flexibilität usw. Die Zusammensetzung dieser Faktoren müssen Sie als Anbieter festlegen, um damit Ihr Angebot letztlich zum „Transportmittel" des Nutzens für die Konsumenten zu machen.

Ihre kommunikative Positionierung ist immer dann am stärksten, wenn Ihr Angebot im Bewusstsein der Kunden eine Alleinstellung einnimmt.

Man spricht hier auch von dem so genannten einzigartigen Verkaufsvorteil (USP – Unique Selling Proposition). Solche einzigartigen Positionen können z.B. sein:

- beste Dienstleistungen
- bester Service
- höchste Qualität
- niedrigster Preis
- höchster Wert
- bestes Preis-Leistungs-Verhältnis
- fortschrittlichste Technik
- Persönlichkeitsmarkierer
- „WOW-Effekt"

etc.

5.2.4 Der Nutzen und die Nutzenliste

Immer wieder betonen wir in unserem Buch, wie wesentlich die Kundenorientierung im Marketing ist. Der Nutzen des Kunden, auch jetzt rückt er wieder in den Fokus. Denn Ihr Angebot kann nur dann erfolgreich sein, wenn es aus Sicht der Konsumenten einen Nutzen bietet. Es muss etwas ausstrahlen, was das Produkt einzigartig macht. Wir unterscheiden einen Grundnutzen und einen differenzierenden Nutzen. In einer Welt, in der sich die Produkte immer ähnlicher werden, bieten heute fast alle Produkte einer Produktkategorie denselben Grundnutzen. Wer sich im Supermarkt eine Zahnbürste kauft, der darf bei jeder Zahnbürste – gleich welcher Marke – denselben Grundnutzen erwarten: Die Zahnbürste reinigt Ihre Zähne. Punkt!

Mit solch einer Botschaft lässt sich keine Werbung machen, das wäre zu banal. Auch die Bereiche der so genannten objektiven Zusatznutzen sind heute mehr und mehr ausgereizt. Kaum einem Anbieter gelingt darüber heute noch auf Dauer die Differenzierung. Im Falle einer Zahnbürste, die beispielsweise zusätzlich auf der Rückseite des Bürstenkopfes eine Massage-Reinigungsfläche für die Zunge zu bieten hat, kann man davon ausgehen, dass der Wettbewerb diesen objektiv differenzierenden Nutzen innerhalb kürzester Zeit kopiert. Je öfter das geschieht, wird dies dann in der Erwartungshaltung der Kunden zum Grundnutzen.

Nach welchen Kriterien werden aber dann eine bestimmte Zahnbürste, ein Wein, ein Handy, ein Fernseher, ein Auto oder ein Dienstleister ausgewählt?

Das Habenwollen oder der Umweg zur Belohnung

Es wird schnell klar:

▶ **Der Konkurrenzkampf der Angebote läuft in vielen Fällen auf der psychologischen, emotionalen Ebene.**

Freuen können sich die Marken, denen es bereits gelungen ist, einen positiven Platz im Gedächtnis des Konsumenten zu besetzen. Als bewährte, vorgeprägte Marke führen sie ein sicheres Dasein und werden in vielen Fällen ohne bewusstes Nachdenken in einer Art Automatismus gekauft. Wer von uns überlegt schon während eines Einkaufs im Supermarkt, welchen Kaffee, welches Shampoo, welches Bier oder welche Weinsorte er kauft. Die meisten dieser Einkäufe sind reine Routine. Sie erinnern sich, das Gehirn geht sparsam mit seinen Ressourcen um. Routine macht das Leben und das Einkaufen einfacher. Wer hat schon Zeit, über jedes Stück Butter nachzudenken.

Die Mehrwert-Produzenten!

Geht es um das ominöse „Habenwollen", so liegen Lifestyle-Produkte, denen es gelungen ist, sich mit einer bestimmten „Aura" zu umgeben, weit vorne. Sie verdrängen ganz klar so genannte No-Name-Produkte. Entscheidend wirkt dabei der Rahmen oder Frame, in den das Produkt eingebettet ist. Er bestimmt, wie es beim Konsumenten ankommt, aber auch, wie sich der Kunde mit dem Produkt fühlt. Der Frame der Marke *Starbucks* z.B. ist dafür verantwortlich, dass aus einem gewöhnlichen Kaffee ein Produkt, ja ein Erlebnis wird. Wer einen *Starbucks „Caramel Macchiato grande to go"* in der Hand spazieren trägt, der gibt ein Bekenntnis ab. Er gehört dazu. Ein Kaffee bei *Starbucks* ist eben weit mehr als eine Tasse Kaffee. Ob zum Mitnehmen oder zum Vor-Ort-Genießen. Es ist das Erlebnis, das Gefühl, die Zugehörigkeit zu einer schicken Gemeinschaft. Kurz es ist dieser Mehrwert, der den Kunden bereitwillig mehr bezahlen lässt.

Oder nehmen Sie die Produkte der Marke *Apple* – ein *iPhone* oder ein *iPad*. Was löst hier das „Habenwollen" aus? Was ist der differenzierende Nutzen, die Belohnung gegenüber anderen Produkten dieser Kategorie? Das *Apple*-Produkt besitzt die Wirkung eines Trait-Produktes, es ist ein Persönlichkeitsmarkierer. Der Besitzer des *iPhones* oder des *iPads* drückt damit aus, welcher Gruppe Mensch er sich zugehörig fühlt. Er ist kreativ, er ist en vogue, er liebt das Design und will dies auch anderen Menschen mitteilen. Und: Er kann es sich leisten, das Beste zu wählen. Genau darin liegt der differenzierende Nutzen. Es geht nicht darum, ins Internet zu gehen, zu telefonieren oder unterwegs Musik zu hören. Das gelingt mit anderen Produkten ebenso leicht und dazu viel billiger. Es geht um den „WOW-Effekt", die Aura, mit der das *Apple*-Produkt den Besitzer aus subjektiver Sicht belohnt. Warum waren wohl die *iPod*-Kopfhörer weiß? Ein Statement – von Weitem sichtbar. Warum befindet sich das *Apple*-Logo auf den Notebooks quasi „verkehrt herum"? Es ist allein angebracht, um dem Gegenüber leuchtend zu signalisieren: „Das ist ein *MacBook* und ich gehöre dazu."

Diese Beispiele zeigen, wie extrem wichtig der Aufbau einer Marke ist. Nur durch die Strahlkraft der Marke wird es Ihnen gelingen, sich vom Wettbewerb zu differenzieren.

 Fangen Sie an, Ihre Kunden zu belohnen!

Belohnung ist weit mehr als ein Bedürfnis

Der Begriff Belohnung verweist auf mehr als ein bloßes Bedürfnis. Er liegt tiefer. Bedürfnisse können vom Kunden in einer Befragung exploriert werden, sie sind explizit, also bewusst. Belohnungen hingegen werden meist unbewusst wahrgenommen, sie sind implizit. Der Blickwinkel „Bedürfnisse" umfasst somit unsere Problemstellung nicht weit genug und konzentriert sich nur auf die expliziten Wünsche des Kunden.

Nur den Wünschen zu folgen, die ein Kunde äußern kann, führt zu austauschbaren Produkten, die jeder entwickeln kann. Bohren Sie weiter, bearbeiten Sie explizit geäußerte Wünsche und versuchen Sie, in die Welt der impliziten Belohnungen vorzudringen. Hier treffen Sie auf wahre Innovation. Sie erkennen Bedürfnisse, noch bevor der Kunde sie äußern kann. Sie wecken Wünsche, Begehrlichkeit, „Habenwollen". Der direkte Weg zu Innovation, Belohnung und – Marktführerschaft.

5.2.6   Das Positionierungs-Statement

Versuchen Sie, im Rahmen Ihrer Marketingstrategie diesen differenzierenden Nutzen wirklich zu ergründen oder zu entwickeln. Noch einmal: *„Warum soll der Konsument Ihr Produkt kaufen und nicht das der Konkurrenz?"* Geben Sie zu diesem Gedanken ein klares Statement ab, zu dem sich Ihr Kunde bekennen kann. Wir nennen es das Positionierungs-Statement.

Ein solches Positioning-Statement sollte folgende Punkte beinhalten (füllen Sie den Lückentext einfach für Ihr Angebot aus):
- Unsere Marke, Produkt, Leistung ...
- ist für unsere Zielgruppe(n) (detaillierte Beschreibung) ...
- wünschenswert (Grundnutzen), weil man damit ...   .
- Mit Blick auf die Wettbewerber (direkte und indirekte) ...
- ist die Marke, das Produkt besser, denn nur diese Marke hat, macht, kann, tut (differenzierender objektiver und/oder psychologischer Nutzen) ...
- und das beweisen wir mit, durch (Reason to believe) ...   .

Betrachten Sie das Positionierungs-Statement als internes Arbeitspapier, das interne und externe Beteiligte darüber in Kenntnis setzt, wohin die Reise geht. Nutzen Sie es wie eine verbindliche Niederschrift Ihrer Soll-Positionierung, die Sie anstreben. Es legt dar, welche Positionierung in der operativen Umsetzung realisiert und über alle Kanäle kommuniziert werden muss. Die Positionierung spiegelt sich damit z.B. im Produkt, im Preis und der Kommunikation wider. Sie ist damit auch Ausgangspunkt zur Gestaltung der Bilder, Headlines, Videos, Events, Werbeslogans etc. So erreichen Sie effiziente Kommunikation aus einem Guss. Sie sind „on strategy" und erhöhen damit Ihre Schlagkraft. Motiv und Inhalt

Grundsätzliche Kommunikations- strategien

6 Vor der Botschaft steht der Empfänger. Gute Kommunikation beginnt beim Gegenüber.

Dieses Kapitel ist ein kurzes. Es will Ihnen nur noch einmal in aller Deutlichkeit die Kommunikationsstrategien aufzeigen, die Ihnen im Grunde zur Verfügung stehen. Steht man vor der Konzeption von Marketingmaßnahmen, so ergeben sich unendlich viele Fragen. Was wollen wir damit bezwecken, zum Ausdruck bringen? Welchen Rücklauf erwarten wir, wie soll sich das Verhalten der Konsumenten verändern? Um wie viel Prozent sich unser Abverkauf erhöhen? Wann ist die Maßnahme ein Erfolg?

Kaum jemand beschäftigt sich konkret und bewusst mit der Frage: „In welcher Involvement-Situation treffe ich meine Zielgruppe an?" Für die Autoren dieses Buches ist das die erste, weil grundlegende Frage. Warum, das haben wir bereits ausführlich dargelegt. Für Sie deshalb nur noch einmal der Hinweis, wie sich aus dieser Frage – in absolut logischer Konsequenz – die Kommunikationsstrategie ergibt.

Beginnen Sie als Anbieter (Sender) jeder Kommunikation mit der Frage: Wie interessiert, wie zugewandt ist mein Gegenüber an meiner Botschaft? Beschäftigt sich der Empfänger womöglich schon selbst aktiv mit der gleichen Information, ist er generell hoch interessiert oder weniger bis total abgelenkt und mit einem anderen Thema beschäftigt? Schon beim Lesen wird klar, welch große Unterschiede in der Wahrnehmung dies mit sich bringt. Nach diesem Kapitel werden Sie auf jeden Fall wissen, wie Sie zu kommunizieren haben! (siehe nachfolgende Abbildung)

Eine Theorie, die sich übrigens auf alle Ebenen der Kommunikation übertragen lässt. Es wird Ihnen auch im Privatleben wenig Positives entgegenschallen, wenn Sie Personen mit Informationen über Ihre Kindheit, Ihre beruflichen Ambitionen und Ihre diversen Arztbesuche in letzter Zeit „zutexten", die nicht an Ihnen interessiert sind. Da kommt eine lässige, kurze und nutzenbetonte Botschaft womöglich besser an. Kommunikation ist ganz einfach, wenn man nur die richtige Strategie verfolgt! Sie werden sehen.

In Abhängigkeit vom Involvement der zu Umwerbenden lassen sich vier grundlegende Marketingstrategien verfolgen:

Abb. 6.1: Vier grundlegende Marketingstrategien (nach Lachmann, 2004)

> Zielgruppe: High-Involvierte, die aktiv suchen.
> Motto: *Sie wünschen, wir spielen!*

Die erste, weil richtungsweisende Überlegung, wenn Sie eine Kommunikationsstrategie konzipieren, muss immer lauten: „In welcher Involvement-Situation befindet sich die Zielgruppe mit höchster Wahrscheinlichkeit, wenn sie Ihrer Werbemaßnahme begegnet?"

Wie wir bereits im Kapitel 2 „Das Involvement" dargestellt haben, unterscheiden wir mit Lachmann das High-Involvement, also die grundsätzliche Zugeneigtheit zu einem bestimmten Thema, die persönlich oder situativ motiviert sein kann von der „aktuellen" Zuwendung (Engagement) zu diesem Thema. Wird sich die Zielgruppe mit Ihnen bewusst (kognitiv) auseinandersetzen? Das heißt, haben die Empfänger ihr High-Involvement womöglich gerade auf „On" geschaltet? Wenn ja, dann sind sie in diesem Moment so high-involviert, dass sie förmlich nach Information suchen und selbst die Initiative ergreifen – im Sinne einer Sog-Bewegung (Pull).

Für diese Situation drängt sich nach Lachmann die Kommunikationsstrategie I „Channelising" geradezu auf. Als Anbieter brauchen Sie jetzt nur noch dafür Sorge zu tragen, dass der „Suchende" auch wirklich zu Ihrem Angebot findet. Denken Sie dabei nur an die vielen Suchanfragen bei *Google* – Ihnen muss es jetzt gelingen, den aktuell

Suchenden z.B. über die richtigen *AdWords* auf Ihre Homepage oder in Ihren Online-shop zu führen.

Damit steht für Sie als Anbieter das Thema Channelising im Vordergrund. Kanalisieren Sie den Suchenden auf direktem Weg zu Ihrem Angebot. Ziel dieser Strategie ist ganz klar der Verkauf. Was dies für Ihre Medienauswahl und Gestaltung bedeutet, behandeln wir im Kapitel 8.

6.2 Selektion

> Zielgruppe: High-Involvierte, die noch nicht ausfindig gemacht wurden.
> Motto: *Wir holen die Kunden ab, wo sie stehen.*

Geht der high-involvierte Konsument nicht auf Sie zu, sondern befindet sich irgendwo „da draußen", gilt es, ihn über Selektionsmaßnahmen ausfindig zu machen. Wo stecken die an Ihrem Thema hoch Interessierten? Wo trifft sich der Kreis der Involvierten? Keine leichte Aufgabe, die mitunter der Suche nach der Stecknadel im Heuhaufen gleicht.

Menschen beschäftigen sich bewusst mit den Dingen, die sie interessieren. Wenn Sie also wollen, dass sich potenzielle Konsumenten aus vorhandenem Interesse mit Ihrer Botschaft intensiv auseinandersetzen, haben Sie überproportionale Chancen, wenn Sie sich dorthin begeben, wo solche Menschen mit überdurchschnittlichem Interesse konzentriert anzutreffen sind.

Treffpunkte der High-Involvierten

Eine solche Konzentration von High-Involvierten bietet eventuell der Verkaufsort (Point of Sale). Heute treffen ca. 70 Prozent der Konsumenten ihre Kaufentscheidung für viele Produkte unmittelbar am Point of Sale. Nur hier sehen sie vor Ort – greifbar und fühlbar – welche Produkte zu welchem Preis und in welcher Qualität gerade angeboten werden. Ein Anbieter kann also davon ausgehen, dass am Point of Sale vor einem Regal einer bestimmten Warengruppe Konsumenten mit einem überdurchschnittlichen Interesse an den beworbenen Produkten anzutreffen sind. Man nennt dies auch örtliche Konzentration. Einen ähnlichen Effekt erleben wir bei der so genannten zeitlichen Konzentration. Damit ist zum Beispiel die Platzierung eines Angebotes für Winterreifen pünktlich zum ersten Frost gemeint. Die Wahrscheinlichkeit, dass sich Konsumenten in solchen Situationen mit einer Werbebotschaft bewusst auseinandersetzen, liegt hier sehr hoch.

Aus dem gleichen Grund macht es auch mehr Sinn, beispielsweise eine Printanzeige für japanische Sushimesser in einem Spezial Interest Magazin wie *Der Hobby-Koch* zu schalten, als in einer Publikumszeitschrift. Dasselbe gilt für die Werbung mittels Display Ads, also Banner, die Sie am besten auf den Websites platzieren, die sich Ihrem

Thema widmen und auf denen Sie daher mit Interessierten rechnen können (z.B. *Google AdSense*).

Ideale Kommunikationspartner sind auch Personen, die durch die Abgabe einer Permission bestimmten Unternehmen ihre Erlaubnis gegeben haben, ihnen digitale Newsletter an ihr E-Mail-Postfach zu senden. Hier dürfen Sie von einem grundsätzlichen persönlichen oder situativen High-Involvement gegenüber bestimmten Themenbereichen ausgehen. Durch die örtliche und zeitliche Konzentration Ihrer werblichen Maßnahmen muss es Ihnen gelingen, die Streuverluste zu minimieren. Ziel dieser Strategie ist ebenfalls der Verkauf.

Aktivierung 6.3

Zielgruppe: Low-Involvierte, mit einem Hauch von Interesse.
Motto: *An unseren Produkten kommt keiner vorbei!*

Meistens haben wir es mit einer Zielgruppe zu tun, die kaum Interesse zeigt für unsere Angebote. In diesem Fall wenden Sie sich an Low-Involvierte. In solch einer Konstellation verfolgt Kommunikation die Strategie, die Konsumenten aus ihrem Desinteresse zu reißen, sie zu aktivieren, zu erstaunen und aus der Lethargie der Ignoranz aufzuwecken. Hier greift also Strategie Nummer 3, die da heißt: Aktivierung im Low-Involvement. Unser Ziel lautet, aus low-involvierten Konsumenten High-Involvierte zu machen. Beim Einsatz der Aktivierungsstrategie sollten Sie aber die Gruppe der Low-Involvierten noch einmal differenzieren.

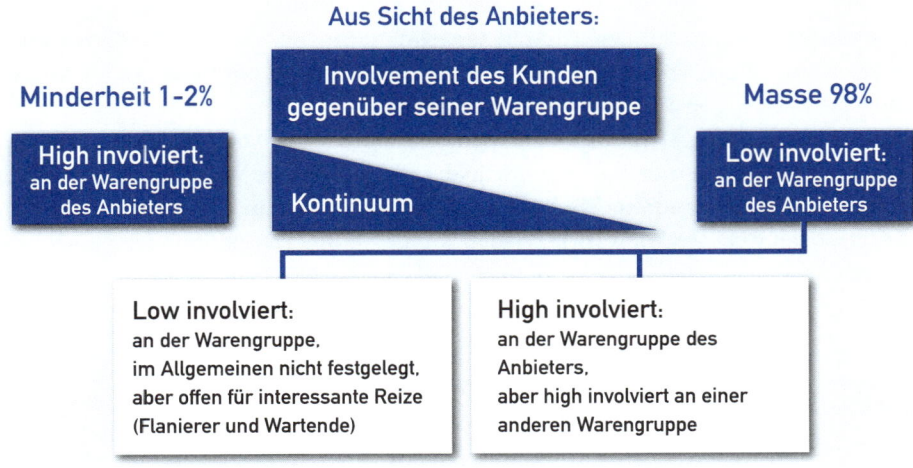

Abb. 6.2: Differenzierung von Low-Involvierten (nach Lachmann, 2004)

Die größte Chance zu aktivieren finden Sie bei den Konsumenten, die zwar im Moment wenig Interesse an Ihrem Angebot zeigen, aber zumindest offen sind für neue Reize. Beispiele dafür wären z. B. die wartenden Konsumenten vor einer Kasse am Point of Sale oder die typischen Flanierer im Einkaufszentrum, die schlendernd durch die Stores wandern und sich gerne überraschen und auch überzeugen lassen. Auch der Surfer im Internet, der einfach mal sehen will, was bestimmte Websites so zu bieten haben, steht bei dieser Strategie im Fokus. Je reizstärker Sie in diesen Situationen auftreten, desto eher erzeugen Sie bei der Zielperson Reaktanz. Denken Sie nur an die vielen Pop-up-Banner im Internet, die Sie erst wieder wegklicken müssen, um das, was Sie wirklich interessiert, auch lesen zu können.

Als extrem schwierig, wenn nicht sogar unmöglich, gilt allerdings die Aktivierung von low-involvierten Personen, die gerade in einem anderen Thema high-involviert sind. Aufgrund ihres Tunnelblicks nehmen sie nichts anderes wahr. Ihre Botschaft wird ungehört und ungesehen ignoriert.

Alle anderen in diesem Segment sprechen wir mit unserer Aktivierungsstrategie an. Das Ziel: ganz klar Verkauf.

6.4 Branding

> Zielgruppe: Low-Involvierte ganz allgemein.
> Motto: *Irgendwann kriegen wir sie doch!*

Sie können die Situation des Low-Involvements ebenfalls dazu nutzen, Zielpersonen vorzuprägen oder zu konditionieren. Da Menschen in einer Low-Involvement-Situation ihre Botschaft meist beiläufig, flüchtig oder sogar nur unbewusst wahrnehmen, reagieren sie sehr unkritisch. Wenn es Ihnen als Anbieter gelingt, Ihre Botschaft bei diesen Personen mit der notwendigen Frequenz immer wieder ungefiltert zu platzieren, dann werden diese Ihre Marken oder Produkt-Botschaften „lernen".

Die Branding-Strategie verfolgt nicht das Ziel „sofortiger Verkauf". Sie strebt vielmehr die Prägung, das Lernen an, will vermitteln, dass *Miele* die erste Wahl bei Waschmaschinen ist und *Absolut* der coolste Wodka im Nachtleben (siehe Kap 1.2.2). Später, also zeitversetzt, sollen sich die derart vorbereiteten Kunden erinnern und in den entsprechenden Situationen die gewünschte Wahl treffen: *Absolut Miele!*

Das Kommunikationskonzept

Erfolgreiche Kommunikation gelingt nicht mit der Schrotflinte

Einfach einmal „in den Werbewald hineinzuschießen", um zu sehen, was da von den Bäumen fällt, erweist sich definitiv nicht als zielführend. Im wild wachsenden Dschungel digitaler Kommunikationsmöglichkeiten will Kommunikation präzise geplant sein. Zu leicht trifft die Ladung sonst ins Leere.

In den vorherigen Kapiteln haben wir bereits intensive Vorarbeit geleistet. Von den Grundprinzipien der Wahrnehmung bis hin zur Festlegung einer Kommunikationsstrategie unter diversen Involvement-Situationen. Das theoretische Fundament ist weitestgehend gelegt. Nun wird es Zeit, konkret und vor allem kreativ zu werden.

Wir wenden uns daher im folgenden Kapitel der Kommunikation zu. Sie erfahren, mit welchen Methoden und basierend auf welchen Grundlagen Ihnen ein wirklich gutes Kommunikationskonzept gelingt – vom ersten Briefing über die kreative Leitidee bis hin zur finalen Erfolgskontrolle und deren Dokumentation.

Nach all der trockenen Theorie stellt die Entwicklung eines Kommunikationskonzeptes eine fabelhafte, weil extrem spannende Herausforderung dar. Mit ihm können Sie nicht nur Ihre strategische und strukturierte Denkweise unter Beweis stellen, sondern auch die gesamte Klaviatur kreativer Techniken zum Einsatz bringen. Das Kommunikationskonzept ist der konkrete Fahrplan für Ihre Visionen, Ideen und für Ihre Unternehmens- und Marketingziele.

Hier schlägt das Herz der Werbung. Ein gutes Konzept beweist, ob Sie verstanden haben, um was es geht, ob Sie genau wissen, was die Zielgruppe bewegt und wohin das Unternehmen will. Es zeigt, ob Sie genügend Abstand zum aktuellen Thema besitzen, um das große Ganze – also die Ziele des Unternehmens – im Auge zu behalten und tief genug drinstecken, um das Wesentliche – das pointierte Nutzenversprechen für die Zielgruppe – umsetzen zu können. Mit einem schlagkräftigen Konzept beginnt der Kontakt, die Kommunikation mit den Menschen, um die es geht. Das Kommunikationskonzept führt Sie in acht Schritten direkt zum Ziel.

7.1 Kommunikationsziele festlegen

Zu Beginn eines Kommunikationskonzeptes muss geklärt werden, welches Kommunikationsziel Sie verfolgen. Legen Sie dar, welchen Weg Sie grundsätzlich einschlagen wollen. Danach richten sich die Gestaltung der Werbebotschaft sowie die Auswahl der Kanäle und Werbemittel, die die Informationen transportieren sollen. Wie lautet das übergeordnete Werbeziel: Branding oder Verkaufen?

Natürlich lassen sich Werbeziele – unabhängig von der groben Stoßrichtung – sehr detailliert darstellen. Weitere Ziele können beispielsweise sein: neue Kunden finden, bestehende Kunden binden oder ehemalige Kunden reaktivieren. Die Ziele können sich auf den reinen Austausch von Informationen beschränken, wie z.B. die Vermittlung von Produktinformationen oder der Aufbau eines Firmenimages oder die Generierung von Markenbekanntheit.

Ziele können sich aber auch auf das Produkt selbst beziehen. Wir können über die Maßnahmen die Qualitätsanmutung verbessern, Marktanteile erhöhen, Abgrenzung zu Substitutionsprodukten schaffen, Differenzierungen zur Konkurrenz erzeugen und vieles mehr. Genauso gut mag das Kommunikationsziel sich auf den Absatz beziehen. Als Ziele kämen damit die Eröffnung neuer Vertriebskanäle, die Profilierung im Handel, die Verbesserung der Regalpositionierung infrage, um nur einige Punkte zu nennen.

Diese Aufzählung von Zielen erhebt keinesfalls Anspruch auf Vollzähligkeit. Sie möge nur die Vielzahl und die Individualität der Werbe- und Kommunikationsziele darlegen. Welches Ziel Sie mit Ihrer Kommunikation letztendlich verfolgen, bleibt Ihnen überlassen. Wichtig ist nur eines:

Operationalisieren Sie Ihr Ziel, wie wir dies bereits beim Marketingziel schon skizziert haben, denn wer sein Ziel nicht kennt, der kann es auch nie erreichen.

7.2 Budget festlegen

Ein wichtiger, weil determinierende Part des Kommunikationskonzeptes besteht in den Überlegungen zum Budget. Viele Unternehmen entscheiden die Höhe des Budgets rein aus einem Bauchgefühl heraus. Keine empfehlenswerte Vorgehensweise. Besser Sie gehen methodisch vor.

Bevor Sie Geld in die Hand nehmen, denken Sie darüber nach, was Sie erreichen wollen. Je besser Sie Ihre Werbeziele definieren, werten und den Nutzen für das Unternehmen einschätzen können, umso leichter fällt es Ihnen, ein solides Budget dafür zu finden.

Für gewöhnlich legen Unternehmen einen bestimmten Prozentsatz des Umsatzes für Werbeausgaben fest. Die Höhe des prozentualen Anteils schwankt. Drei bis fünf Prozent des Umsatzes sollten es mindestens sein. Nach oben gibt es im Grunde je nach Ziel wenig Grenzen. Generell wäre es von Vorteil, wenn Sie Werbekosten nicht als notwendiges Übel betrachten würden, sondern als wesentliche Investition in die Zukunft und den Erfolg des Unternehmens.

Wer sich nicht nach Prozenten richten möchte, der plane einfach seinen Bedarf sorgfältig und vernünftig und orientiere sein Budget an seinen Zielen. So wird es Jahre geben, in denen sich Werbeausgaben drosseln lassen und andere, wo dringend beispielsweise in Image und Bekanntheitsgrad investiert werden muss.

Dabei gehen wir von einer eher antizyklischen Bewegung des Werbebudgets aus. Das heißt, in Krisenjahren kann es sich durchaus lohnen, das Budget für Werbung und Marketingmaßnahmen zu erhöhen, als wie so oft üblich zu kürzen. Antizyklisch handeln kann bedeuten, nach der Krise deutlich besser dazustehen als der Wettbewerb, der einfach einmal die Marketingsegel gestrichen hat.

Einen interessanten Ansatz bietet auch die Nutzenberechnung. Kalkulieren Sie, wie viel Ihnen Ihre Werbemaßnahmen nutzen werden, z.B. wie viel ein neu gewonnener Kunde in Zahlen „wert" ist. Diese Methode bewährt sich gerade bei Online-Maßnahmen, die sich exakt nachvollziehen lassen.

Wie auch immer Sie bei der Festlegung eines Budgets vorgehen, es sollte immer auf Wirksamkeit beruhen. Für Werbung, die wirkt und ihre Ziele erreicht, ist kein Budget zu schade. Für unsinnige, weil wirkungslose Werbemaßnahmen hingegen ist jeder Cent zu viel ausgegeben.

Dieses Buch dient nicht zuletzt als Leitfaden für wirksame Werbung. Es hilft Ihnen, Ihr Geld sinnvoll einzusetzen, in gezielte Botschaften, die ihren Empfänger erreichen. Dieses Buch zu kaufen, war somit auf alle Fälle schon einmal eine lohnenswerte Investition!

Zielgruppen beschreiben   7.3

Auf der Basis einer sinnvollen Marktsegmentierung haben wir bereits die Marketingzielgruppen definiert (siehe Kap. 4.6). In vielen Fällen entsprechen diese den Kommunikationszielgruppen und sind mit ihnen identisch.

Legen Sie dabei besonderes Augenmerk auf möglichst genaue soziodemografische Merkmale wie Alter, Familienstand, verfügbares Haushaltseinkommen oder geografische Aufteilung nach Nielsengebieten.

Ebenso exakt sollten die psychografischen Merkmale Ihrer Zielgruppe analysiert werden, als da wären Konsumverhalten, Statusbewusstsein, Offenheit, ästhetisches Empfinden usw. Finden Sie heraus, welche Magazine Ihre Zielgruppe liest, welchen Sport sie betreibt, von welchen Werten und Einstellungen sie getrieben ist.

Vergessen Sie für einen Moment die Eigenschaften Ihres Angebotes und was es alles zu leisten vermag. Beantworten Sie schlicht eine Frage: Was will Ihre Zielgruppe? – Sie wissen schon: Der Fisch. Der Wurm. Der Angler.

Zur Vertiefung

Experiment: Schlüpfen Sie in die Schuhe Ihres Kunden!

Ein kleiner unkonventioneller Tipp am Rande. Bevor Sie weitere Maßnahmen planen, Marktforschungsergebnisse studieren, Statistiken prüfen und sich auf rationale Fakten beziehen. Jetzt, wo Sie bereits so viel wissen über Ihre Zielgruppe. Nehmen Sie sich zehn Minuten für ein kleines Experiment: In den Schuhen Ihres Kunden!

Versuchen Sie, sich einmal völlig in einen potenziellen Kunden hineinzuversetzen. Werden Sie eins mit ihm und stülpen Sie sich für ein paar Momente sein Leben über. Sagen Sie sich: *„Jetzt bin ich Max Mustermann."* Versetzen Sie sich beispielsweise tief in den Familienvater der oberen Mittelschicht hinein, seine Lebenssituation mit den Kindern und der berufstätigen Ehefrau, dem Job, der teuren Eigentumswohnung, die er gerade abbezahlen muss, und den Sportarten, die er betreibt. Gehen Sie ins Detail.

Lassen Sie alles genau vor Ihrem geistigen Auge entstehen. Denken Sie seine Gedanken, fühlen Sie seine Gefühle, spüren Sie ihn mit allen Sinnen. Und wenn Sie sich ihm ganz nah fühlen – egal ob Mann oder Frau, alt oder jung, lässig oder spießig –, dann betrachten Sie Ihr Angebot aus seiner Perspektive. Hören Sie sich Ihre geplante Botschaft mit seinen Ohren an. Und? Gefällt Ihnen das, was Sie da sehen? Können Sie damit etwas anfangen? Macht es Sie neugierig? Löst es gar Begeisterung in Ihnen aus? Wollen Sie als Max Mustermann Ihr Angebot wirklich haben? Oder wie hätten Sie es gern?

Sie können dieses Spiel auch gern mit Kollegen spielen. Nur, nehmen Sie sich diese Zeit. Es wird Ihr Kommunikationskonzept dramatisch verbessern, es stimuliert den „klaren Menschenverstand" und es verhindert Betriebsblindheit! Probieren Sie es aus.

7.4 Die Involvementsituation der Zielgruppe

Ein schlüssiges Kommunikationskonzept beschäftigt sich logischerweise auch mit der Frage – wie bereits ausführlich und mehrmals beschrieben –, auf welches Involvement die Kommunikationsmaßnahme treffen wird.

Der Aspekt des persönlichen Involvements wurde bislang sowohl von Unternehmen als auch von Agenturen gern vernachlässigt. Die meisten Werbetreibenden gehen davon aus, dass entweder all die Informationen, die sie auf die Welt loslassen, mit großem Interesse aufgenommen werden oder diese so aktivierend verpackt sind, dass keiner daran vorbeikommt. Das Ziel lautet meistens: Wie schaffe ich es, volle Aufmerksamkeit zu erregen? Scheinbar eine reine Frage der Kreativität. Es gilt nur die richtige, zündende Idee zu finden, um dies zu erreichen. Jeder Creative Director wird Stein und Bein darauf schwören, dass seine Konzepte und sein Team das locker hinbekommen. Eine noch nie dagewesene Idee samt elektrisierender (gerne auch mal erotisierender) Gestaltung, verfasst in Wahnsinns-Headlines und geniale Copy-Texte – diese Mixtur soll unmittelbar zum Erfolg führen. Sie sorgt dafür, dass „Habenwollen" sofort in „Habenmüssen" umschlägt. Oft versprochen, selten erreicht.

Warum konzentrieren wir uns also nicht lieber auf das Wesentliche: auf den Kunden. Anstatt immer nur mit der Brechstange der Kreativität seine Aufmerksamkeit zu erzwingen, liefern wir ihm das, was er nehmen kann – in der jeweiligen Situation. In kleinen gut verdaulichen Häppchen kostet er solange unsere Botschaften, bis er Appetit auf den großen Brocken bekommt. Wir füttern ihn gewissermaßen in der Low-Involvement-Situationen mit kleinen Informations-Krümelchen an, nähren sein Interesse und sein Vertrauen in die Kraft unserer Marke oder unseres Angebots. Hat er dann Hunger bekommen und fragt nach mehr (High-Involvement), bekommt er – um im Bild zu bleiben – den ganzen fetten Wurm serviert. Viele spannende Details, die schnurstracks zum „Habenwollen" führen. Er schluckt und hängt am Haken! So fängt man Fische und nicht, indem man sie mit knallbunter Werbung und Leuchtreklame erschlägt. Wir wollten es nur noch einmal erwähnen!

Kreativität und innovative Ideen sind trotzdem gefragt und verfehlen ihre Wirkung umso seltener, je mehr wir auf die Zielgruppe eingehen. Setzen Sie die Kundenbrille auf. Stellen Sie Ihre Kunden in den Mittelpunkt des Konzeptes und aller Maßnahmen. Es geht um nichts anderes. Werbung will Menschen erreichen. Werbung will Menschen bewegen – über Kommunikation.

Werbebotschaft und Positioning Statement 7.5

An dieser Stelle greifen Sie nun auf das in Kapitel 5 entwickelte Positioning-Statement zurück. In diesem Arbeitspapier finden Sie kurz und prägnant zusammengefasst, warum Ihr zu vermarktendes Angebot gekauft werden soll und nicht das Produkt der Konkurrenz. Hier haben Sie den differenzierenden, objektiven und psychologischen Nutzen festgeschrieben.

Natürlich können Sie diese eher trockene Beschreibung nicht 1:1 in Ihr Kommunikatonskonzept übernehmen, aber es ist die „Richtschnur" für jeden Kreativen.

Mit der Orientierung am Positioning-Statement stellen Sie sicher, dass Ihre Kommunikation über alle Medien und Instrumente aus einem Guss ist.

Zudem sollten Sie es nicht einer externen Werbeagentur überlassen, den differenzierenden Nutzen für Sie zu kreieren oder einfach einen beliebigen Vorteil Ihres Produktes zum Hero zu machen. Sie bestimmen, wo Ihr Unternehmen in ein paar Jahren stehen möchte. Also geben auch Sie die Marschroute an. Das von Ihnen festgelegte Nutzenversprechen wird nun im Weiteren in bildlicher, textlicher, gestalterischer Art und Weise über adäquate Kanäle vermittelt werden.

Die Kunst liegt nun darin, den differenzierenden Nutzen so kreativ wie möglich zu verpacken und so zu kommunizieren, dass Sie damit Ihre Zielgruppe erreichen.

7.6	Die kreative Leitidee

Blink! Bestimmt kennen Sie den oft in Büchern beschriebenen, sagenumwobenen Moment, in dem die zündende Idee plötzlich ihre Kraft entfaltet, einen aus dem Schlaf reißt oder im Lokal auf eine Serviette gepinselt werden will. Wie läuft das eigentlich mit guten Ideen? Lange muss man nach ihnen suchen, dann stehen sie plötzlich vor einem. Wie ein Geschenk des Himmels oder gar das Ergebnis geheimnisvoller Kreativität. Ist das so? Wohl kaum. Kreativität ist weit mehr als die Muse, die einen gelegentlich mal küsst.

Kreativität ist die Fähigkeit eines Menschen, Denkergebnisse beliebiger Art hervorzubringen, die im Wesentlichen neu sind und demjenigen, der sie hervorgebracht hat, vorher unbekannt waren. Eine kreative Tätigkeit muss gleichzeitig absichtlich und zielgerichtet sein, so z.B. Drevdahl (1956). Ähnlich definieren es auch viele Kreativitätsforscher. Kreatives hat immer einen Neuigkeitsaspekt und immer einen Nützlichkeits- oder Zielaspekt. Kreative Ergebnisse sind immer für etwas gemacht und nicht nur für den Kreativen da. Vereinfacht: Werbung soll Werbebotschaften auf eine kreative Weise an Zielgruppen bringen, damit diese im Sinne eines vorgegebenen Zieles reagieren. Schauen wir uns das jetzt genauer an.

Neu allein ist noch lange nicht kreativ

Kreativität allein führt nicht automatisch zum Erfolg. Ein gewisser Harry McMahan untersuchte vor Jahren die mit dem *Clio*-Preis für Kreativität ausgezeichneten Agenturen. Er wollte wissen, ob die ausgezeichneten Spots auch zu Umsatzrekorden geführt hatten. Doch es war erschreckend anders: So hatten Agenturen mit vier *Clios* inzwischen den Kunden verloren, ein anderer war pleite, ein weiterer *Clio*-Gewinner hatte aufgehört im Fernsehen zu werben und ein anderer die Hälfte seines Etats an eine andere Agentur verloren (Ogilvy 1984, S. 25).

Ähnlich vernichtende Kreativitätskritik findet sich immer wieder in den vergangenen Jahrzehnten: So unterstellen z.B. Kroeber-Riel und Esch: *„Die Kreativen sind häufig nicht* *in der Lage, die voraussichtlichen Wirkungen der von ihnen entworfenen Werbung auch nur einigermaßen abzuschätzen"* (2000, S. 129 ff.). Doch es gibt auch immer wieder Meldungen über kreative Werbung und damit zusammenhängende, ganz erstaunliche Erfolge. Wie passt das zusammen?

Kreativität braucht ein Ziel

Will Kreativität etwas bewirken, muss sie neben einem Neuigkeitsaspekt immer auch einen Nützlichkeits- bzw. einen Zielaspekt verfolgen. Viele kreative Ideen der Vergangenheit waren in Bezug auf ihre Werbewirksamkeit Flops, weil man sich lediglich auf den Neuigkeitsaspekt konzentriert und den Zielaspekt vernachlässigt hatte. Genau darauf verweisen auch viele Praktiker und Forscher: Goldenberg, Levav, Mazursky und Solomin (2009) bestehen immer wieder darauf, dass die durch ihre Kreativitätstechniken hervorgebrachten Ideen auf Passung mit der Werbebotschaft überprüft werden müssen.

Lachmann betont, dass Kreativität ohne Framing die Empfänger zu stark von der Botschaft ablenken könne, anstatt sie zu ihr hinzuführen (2004, S. 143). Unter Framing versteht er die Passung von Bildern, Headlines etc. zur Botschaft. So dürften Bilder nicht nur Dekoration sein. Bedenken Sie: Kreative Gestaltung darf nicht ablenken, sie muss vielmehr zielgenau zur Werbebotschaft hinführen.

Deshalb müssen Sie die Wirksamkeit Ihrer Gestaltungsideen vor der konkreten Umsetzung unbedingt überprüfen: Unterscheiden Sie dabei zwei Fragen:

- Wie gut übermittelt die Gestaltungsidee die zentrale Botschaft?
- Wie schnell wird die Botschaft übermittelt?

Die besten Gestaltungsideen sind immer jene, welche die zentrale Werbebotschaft möglichst schnell und klar übermitteln. Idealerweise lassen Sie die umgesetzten kreativen Ideen später auch noch testen.

Kreativität ist Arbeit

Wie kommt es nun zu kreativer, zielführender Kreativität? Natürlich gibt es solche Momente, in denen des Rätsels Lösung sich auf wundersame Art spontan offenbart. Nur darauf warten kann niemand, dem schon einmal ein Abgabetermin im Nacken saß. Kreative Ideen sind daher seltener das Ergebnis von Einfallsreichtum und sprudelnder Ideenvielfalt, als vielmehr harte Arbeit. Zehn Prozent Genie und 90 Prozent Schweiß – so lautet die Rezeptur innovativer Werbemaßnahmen. Nur strukturierte Vorgehensweisen und zielgerichtete Denkvorgänge führen zum Erfolg.

Grundsätzlich kann man sagen, dass Kreativität vor allem dort blüht, wo Wissen und Können eine solide Paarung bilden. Die berühmteste aller Ideenfindungstechniken – das Brainstorming – verrät, wo der kognitive Hammer hängt. Ohne Brain kein Storm! Wohl auch mit ein Grund, warum das Brainstorming gern als echte Flop-Methode bewertet wird, wie z.B. Bild der Wissenschaft berichtete (www.bild-der-wissenschaft.de/bdw/bdw-live/archiv/show.php3?id=5994&nodeid=2&p=preis1). Einige Studien brachten ein überraschendes Ergebnis: Im Vergleich zu Gruppenbrainstorming zeigten sich bei den Einzelkämpfern nicht nur mehr, sondern auch bessere Eingebungen. Der deutsche Sozialpsychologie Stroebe glaubt allerdings, dass solche Befunde nicht viel bewirken werden. Brainstorming in der Gruppe mache einfach mehr Spaß als alleine und fast immer hätten die Teilnehmer den Eindruck, dass sie in Gruppen produktiver seien als alleine.

Also ringen Sie alleine um gute Ideen oder suchen Sie sich zum Spaß ein kreatives Team, das den Namen auch verdient. Vor allem, bleiben Sie offen: Ruhig mal einen pfiffigen, frischen Quereinsteiger aus der Produktentwicklung ins Boot holen, als sich mit einem abgeklärten und gelangweilten „Haben-wir-doch-alles-schon-gemacht-Kreativen" aus der Werbeabteilung herumzuquälen. Hier einige Tipps zum Kreativwerden:

So werden Sie kreativ

Liste: Kribbeln im Kopf

Mario Pricken liefert in seinem Buch *„Kribbeln im Kopf"* (2001) eine bunte Vielfalt an Kreativitätstechniken, die alle zu einem bestimmten Ziel führen: gute Ideen. Wie die Bezeichnung schon andeutet, handelt es sich um nachvollziehbare Methoden. Jeder ist damit in der Lage, zumindest in Ansätzen solide Leit- und Kampagnenideen zu entwickeln. Auch wenn Sie auf Unternehmensseite sitzen und für diese Aufgabe eine Agentur beschäftigen. Es kann nie schaden, einmal selbst kreativ zu werden und darüber nachzudenken, auf welche Weise die Werbebotschaft verpackt werden könnte.

Cracking the Ad-Code-Techniken

Einer der faszinierendsten Kreativitätsansätze erschien 2009: Cracking the Ad Code. Mitarbeiter von Werbeagenturen und Forscher der Hebrew-Universität, Jerusalem, wollten die Denkstrukturen herausfinden, die zu preisgekrönter Werbung führen. Ein Ergebnis ihrer Arbeit waren acht Kreativitätstechniken, von denen drei hier kurz vorgestellt werden.

- Methode „Extreme Konsequenzen": Im Rahmen dieser Methode suchen Sie extreme, manchmal auch negative Situationen, die durch Benutzung des Produkts entstehen. So könnte man z.B. bei einem Insektenspray darüber nachdenken, welche extreme Konsequenzen dessen Verwendung haben könnte: Spiderman könnte Opfer des Sprays werden. Oder Insektenfresser würden hungrig und arbeitslos werden. Aus solchen Gedanken werden nun Motive entwickelt. Im ersten Fall würde man nur die Füße des toten Filmhelden zeigen – und daneben das Spray. Im zweiten Fall könnte man eine Venusfliegenfalle zeigen mit einem Schild *„Suche dringend Arbeit!"* – und daneben das Spray. Jede Idee sollte jetzt daraufhin überprüft werden, wie gut sie die zentrale Werbebotschaft vermittelt. Die beste(n) Idee(n) sollte(n) umgesetzt werden.

- **Extreme Anstrengungen:** Weitere kreative Höhenflüge verspricht diese Methode. Dazu stellen Sie sich folgende Frage: Welche extreme Anstrengung des Unternehmens könnte Kunden zufrieden stellen? Welche absurden Anstrengungen könnten Kunden unternehmen, um das Angebot zu bekommen? Welche Extra-Anstrengungen in spezifischen Situationen könnten Kunden unternehmen, um den Produktbesitz zu verteidigen? Nach Beantwortung solcher Fragen wird das Medium gesucht, mit dessen Hilfe die Botschaft am besten übermittelt werden kann. John West, Fischverkäufer, hat sich für witzige Filmchen entschieden. In diesen zeigt das Unternehmen hoch motivierte Mitarbeiter, die unter „extremen Anstrengungen" lachsfressenden Tieren, z.B. Bären, den besten Lachs direkt vor dem Maul wegschnappen.

- **Methode Metaphorik:** Auch diese probate Methode führt Sie auf direktem Weg zu noch mehr Kreativideen. Dazu benutzen Sie Symbole oder Denkstrukturen, die in den Köpfen der Umworbenen stecken. Dies geschah z.B. in einer Anzeige, in der man ein Gehirn sah, das aus *Lego*-Steinen gebaut worden war. Um dies zu verstehen, sollte der Empfänger der Botschaft natürlich *Legosteine* kennen. Und er sollte schon einmal ein Gehirn gesehen haben und es als Symbol für Wissen und Intelligenz erkennen.

Wie sieht die Technik aus, um zu solchen Ideen zu kommen? Zuerst unterteilen Sie die Werbebotschaft in Produkt (z.B. Tee) und Nutzen (z.B. entspannen). Dann suchen Sie möglichst viele Möglichkeiten, um das Produkt darzustellen (Teebeutel, Tee in Tasse, Teezeremonie usw.). Das Gleiche vollziehen Sie für den Nutzen (schlafender Mensch, Kopfkissen, Entspannungsmassage usw.). Nun verbinden Sie systematisch jede Möglichkeit von Ihrer Produktliste mit Ihrer Nutzenliste. Diese Verbindungen sind dann Ausgangspunkt für kreative Ideen. So könnte z.B. aus der Kombination von Teebeutel und Kopfkissen entstehen: ein Teebeutel als Kopfkissen, ein Kopfkissen als Teebeutel, ein kleines Kopfkissen verbunden durch eine Schnur mit dem Teebeutel, und vieles mehr. Lassen Sie Ihrer Kreativität freien Lauf!

Frei denken. Strukturiert vorgehen.

Wissen, Können und Übung auf dieser kreativen und innovativen Ebene machen Sie unabhängig. Und es lässt Sie besser beurteilen, was die gelieferten Ideen Ihrer Partner taugen. Wobei Kreativität nicht allein vom Lesen eines Buches kommt. Sie muss die Gelegenheit bekommen, in Ihnen zu wachsen. Probieren Sie in der Praxis aus, welche Methoden Ihnen zur Ideenfindung am besten liegen. Gehen Sie spielerisch dabei vor. Kreativität braucht Wohlbefinden und eine gute Atmosphäre. Wer sich nicht wohl fühlt, der ist nicht frei, kann seine Gedanken nicht fliegen lassen. Der macht aus dem Kreativprozess einen Verwaltungsprozess von schon Dagewesenem. Anstelle von Innovation sprudelt dann nur alter Wein aus neuen Schläuchen.

Kreativität braucht auch Wissen. Setzen Sie sich intensiv mit dem Produkt, der Zielgruppe, der Botschaft und allen notwendigen Informationen auseinander. Je tiefer Sie dieses relevante Wissen verinnerlicht haben, umso leichter gelingt es Ihnen, geniale Ideen zu entwickeln. Wissen ist notwendig – nicht zuletzt, um komplett infrage gestellt zu werden. Sammeln Sie so viel Wissen wie nur möglich, um dann alles wieder zu vergessen – für den Moment der Schöpfung einer kreativen Idee.

Nichts darf hemmen, alles darf sein

Ein kreativer Denkprozess zeichnet sich dadurch aus, dass er zunächst einmal an Nichts festhält. Der mentale Trichter muss weit geöffnet sein und einfangen, was sich ihm auftut. Alles kann zum Rohstofflieferanten guter Ideen werden. Das zu frühe Festhalten an einem Gedanken hingegen bedeutet den sicheren Tod der Kreativität.

„Unser Kopf ist rund, damit das Denken die Richtung ändern kann." Dieser bekannte Spruch weist den Weg. Ändern Sie immer wieder die Richtung Ihrer Gedanken. Verlieren Sie aber niemals die eine entscheidende Perspektive aus den Augen: die des Kunden! Ihm muss Ihre Leitidee gefallen. Noch wichtiger: Er muss sie verstehen, dekodieren können. Was allzu kreativ gedacht ist, verhallt trotz aller Neuartigkeit nicht selten im Orkus der Nichtbeachtung. Denn wer nicht kapiert, was mit einer inspirierten Andersartigkeit gemeint ist, der kann auch nicht adäquat reagieren. *Come in and find out!*

7.7 | Auswahl geeigneter Werbekanäle

Beschäftigt man sich heute mit Werbung und Medien, dann könnte sich leicht der Eindruck aufdrängen, es gäbe nur noch einen relevanten Weg für Werbetreibende: Das Internet. Online-Medien als der heilige Gral der Werbebotschaft? Zumindest wird das Werbeheil dort zurzeit stark vermutet, dort wo sich jeden Tag Millionen von Konsumenten dieser Welt tummeln. Dort, wo ich mittlerweile beinahe jeden persönlich erreichen kann, wo der Mensch in seinen Neigungen, Bedürfnissen und Wünschen immer transparenter wird. Ja, genau dort wollen alle werben.

Unstrittig baut das Internet seinen Einfluss auf Medien und Wirtschaft sowie das private Leben immer weiter aus. Nichts geht mehr ohne. Doch sich allein auf das Internet zu beschränken wäre auch fatal. Es ist wie so oft die ganzheitliche Sicht der Dinge, die den Erfolg bringt.

Betrachten wir die Studie zum Thema *„Glaubwürdigkeit von Werbekanälen"* (IMAS International, 2007), so erkennen wir schon die feinen Unterschiede zwischen den Medien. Der Aspekt „Glaubwürdigkeit" zeigt einen Stellhebel von vielen, der über die kluge Auswahl des richtigen Mediums bedient werden kann.

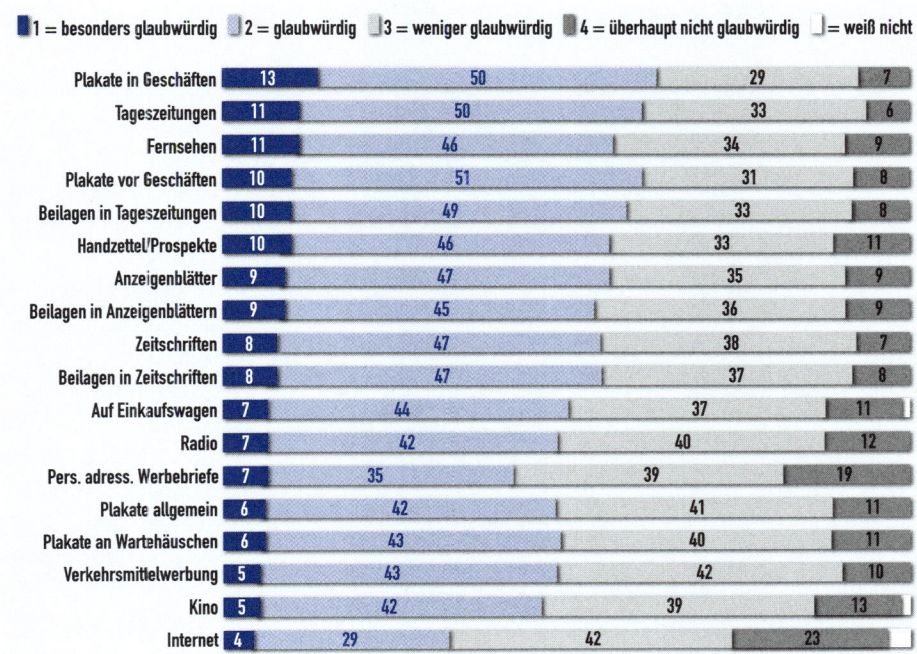

■ 1 = besonders glaubwürdig ▨ 2 = glaubwürdig ▫ 3 = weniger glaubwürdig ■ 4 = überhaupt nicht glaubwürdig ▫ = weiß nicht

	1	2	3	4
Plakate in Geschäften	13	50	29	7
Tageszeitungen	11	50	33	6
Fernsehen	11	46	34	9
Plakate vor Geschäften	10	51	31	8
Beilagen in Tageszeitungen	10	49	33	8
Handzettel/Prospekte	10	46	33	11
Anzeigenblätter	9	47	35	9
Beilagen in Anzeigenblättern	9	45	36	9
Zeitschriften	8	47	38	7
Beilagen in Zeitschriften	8	47	37	8
Auf Einkaufswagen	7	44	37	11
Radio	7	42	40	12
Pers. adress. Werbebriefe	7	35	39	19
Plakate allgemein	6	42	41	11
Plakate an Wartehäuschen	6	43	40	11
Verkehrsmittelwerbung	5	43	42	10
Kino	5	42	39	13
Internet	4	29	42	23

Abb. 7.1: Glaubwürdigkeit von Werbekanälen (IMAS International, 2007)

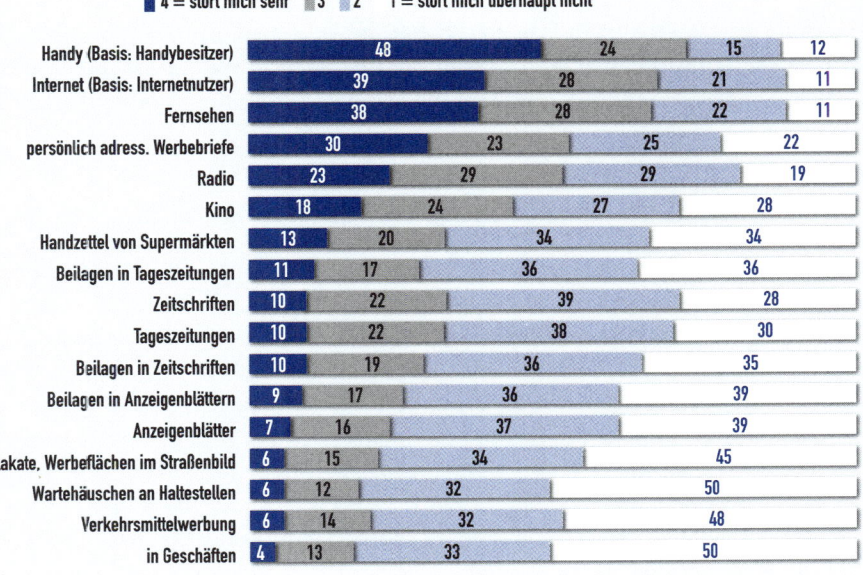

■ 4 = stört mich sehr ▨ 3 ▫ 2 1 = stört mich überhaupt nicht

	4	3	2	1
Handy (Basis: Handybesitzer)	48	24	15	12
Internet (Basis: Internetnutzer)	39	28	21	11
Fernsehen	38	28	22	11
persönlich adress. Werbebriefe	30	23	25	22
Radio	23	29	29	19
Kino	18	24	27	28
Handzettel von Supermärkten	13	20	34	34
Beilagen in Tageszeitungen	11	17	36	36
Zeitschriften	10	22	39	28
Tageszeitungen	10	22	38	30
Beilagen in Zeitschriften	10	19	36	35
Beilagen in Anzeigenblättern	9	17	36	39
Anzeigenblätter	7	16	37	39
Plakate, Werbeflächen im Straßenbild	6	15	34	45
Wartehäuschen an Haltestellen	6	12	32	50
Verkehrsmittelwerbung	6	14	32	48
in Geschäften	4	13	33	50

Abb. 7.2: „Störfaktor" Werbung (IMAS International, 2008)

7.7.1 Crossmediales Marketing in Zeiten von Medienkonvergenz

In Zeiten eines sich ständig verändernden Mediennutzungsverhaltens und der zunehmenden Konvergenz von Medien der Zielgruppen wird der Einsatz unterschiedlichster Kommunikationskanäle zwingend erforderlich – angefangen bei den klassischen Medien wie TV oder Radio bis hin zu den neuen Medien mit all ihren Blogs, sozialen Netzwerken, Video-Communities, Landingpages und Websites. Alle Berührungspunkte (Customer Touchpoints) mit dem Kunden liefern eine Möglichkeit, Informationen zu vermitteln und Einfluss zu nehmen auf das Konsumentenverhalten. Die jeweilige Gewichtung bzw. die Ausrichtung des Mediums hängt von diversen Faktoren wie beispielsweise dem Kampagnenziel, dem Alter der Zielgruppe, dem Budget und vielem mehr ab.

Dabei behält Offline-Werbung nach wie vor ihren Stellenwert. Gerade im Bereich Branding – wo wir viel auf unkritische, periphere Wahrnehmung setzen können – wird in Zukunft Werbung im öffentlichen Raum (Out of Home) immer wichtiger. Wer häufig Präsenz zeigt, der wird auch beizeiten den Wiedererkennungseffekt auslösen. Unternehmen müssen im ganz normalen Leben auftauchen – auf Plakaten und Citylights, in TV und Radio, in Magazinen und Zeitschriften. Die enge Verknüpfung zur Realität abseits der virtuellen Welt stellt letztendlich auch den Bezug zur sinnlichen Wirklichkeit der Kunden dar. Einer Realität, in der man Produkte anfassen und ihre Qualität persönlich in Augenschein nehmen kann. Auch wenn diese Art der Offline-Werbung vielleicht nicht immer sofort zum Verkauf führt, so dient sie doch als vorzüglicher Wegbereiter. Name und Logo des Unternehmens verankern sich im Gedächtnis, kurze prägnante Botschaften ebenso.

Es werden die Unternehmen ihre Botschaften am besten an den Mann bringen und das Verhalten der Konsumenten beeinflussen, die am besten auf der Klaviatur crossmedialen Marketings spielen – online wie offline. Die optimale Verbindung aus beidem bringt den Erfolg.

7.7.2 Social Media im crossmedialen Marketing-Mix

Der aktuell viel besprochene und nicht unumstrittene Nutzen der Social Media im Marketing-Mix lässt sich im Rahmen dieses Buches nicht abschließend diskutieren. Dennoch wollen wir es uns nicht nehmen lassen, zumindest einen kleinen Exkurs einzubringen. Sprechen wir von Social Media, so meinen wir nicht irgendeinen weiteren Werbekanal wie beispielsweise eine Zeitschrift oder ein Magazin. Social Media ist weit mehr als ein Kanal für Botschaften: Social Media steht für eine Lebenseinstellung, ein Bekenntnis zu modernem Lifestyle, Freundschaften und Beziehungen im Internet – grenzüberschreitend, digital, schnell.

In den Social Media steht nicht mehr der Einzelne im Fokus, sondern die Interaktionen. Die Betonung liegt somit eindeutig auf „Social". Social Media Marketing will sich die Gemeinschaft zu Nutze machen, ihre Netzwerke und die Kommunikation untereinander. Ob ein Marketingansatz in *Facebook*, *Twitter* und Co. sich für Sie bezahlt macht, hängt von verschiedenen Faktoren ab. Die meisten Unternehmen agieren heute in diesem Zusammenhang aus einem Bauchgefühl heraus. Wie zu den frühen Zeiten des Internets gilt die Devise: „*In ist, wer drin ist.*" Gehandelt wird spontan, nachgedacht nur selten. Viele lahme, uninspirierte Firmenseiten in *Facebook*, auf denen sich nichts regt und die ein freu(n)dloses Dasein fristen, sind die Folge. In *Facebook* „ist" man nicht einfach, dort „lebt" man. Social Media Kommunikation lebt von der raschen Interaktion, vom schnellen Gedankenaustausch. Lösen Sie sich von dem zähen Kommunikationstempo, wie es Offline-Medien vorgeben. Nur die spontane Interaktion lockt die Community hervor.

Schnelle Kommunikation erzeugt Interesse

Es ist wie auf dem Schulhof. Wer Sie dort anspricht, der erwartet sofort eine Reaktion und nicht erst nach ein paar Minuten oder Stunden. Durch rasches Interagieren entsteht Interesse, nur dadurch kommt ein Dialog zustande. Daraus ergeben sich für Sie klare Fragestellungen, bevor Sie Ihr Engagement auf *Facebook* – stellvertretend für Social Media – starten: Die erste Frage muss sein: Befindet sich Ihre Zielgruppe überhaupt auf *Facebook*? Haben Sie etwas zu erzählen, was die Zielgruppe interessieren könnte? Es ist nicht entscheidend, ob Sie an der Zielgruppe interessiert sind – davon gehen wir aus – sondern, warum sich die Zielgruppe für Sie in einem Medium wie Facebook interessieren sollte.

Der Baustein zum Erfolg

Um in den Social Media wirkungsvoll agieren zu können, benötigen Sie Social-Media-Bausteine: einen Pool an Informationen, Videos, Verlinkungen, Veranstaltungen, Bildern, aus denen Sie beliebig und vor allem in rascher Abfolge schöpfen können. Ein Posting pro Tag bewirkt nichts. Hier macht es die Menge, die die Fans dazu bewegt, auf Ihre Seite zu gehen. Viele Botschaften, viele Postings, im schnellen Wechsel – immer verknüpft mit der Aussage: Hier tut sich was. Schau vorbei, sonst verpasst du was! Diese Bausteine müssen allesamt geprüft und auf die Linie des Unternehmens abgestimmt sein, sodass selbst der Praktikant damit arbeiten kann. Bauen Sie aus diesen Bausteinen eine Story. Erzählen Sie Ihren neuen Freunden und Fans, wer Sie sind, was Sie machen und wie Sie wahrgenommen werden möchten. Dabei sollten Sie sehr authentisch vorgehen. Platte Werbesprüche und langweilige, vorgeschobene Inhalte werden schnell entlarvt und abgestraft.

Sehr schnell werden Sie merken, ob die Social Media-Kampagne fruchtet. Wie viele Menschen folgen Ihren Botschaften, wie viele Fans besitzt Ihre Seite? Wie oft besuchen die Leute Ihre Seite auf *Facebook*? Als guter Indikator für das Interesse, das Ihre Seite erzeugt, erweist sich auch die Tatsache, wie lange Besucher Ihre Seite verfolgen. Schauen sie nur einmal kurz vorbei oder bleiben sie treue Verfolger des Geschehens? Wie viele folgen Ihren Links bzw. gehen davon auf Ihre Unternehmenswebsite? Hat sich der Bekanntheitsgrad Ihres Unternehmens erhöht? Falls Sie keine anderen Aktionen nebenher laufen haben, dann ist dieser Effekt auf Ihre Social-Media-Kampagne zurückzuführen. Welche Auswirkungen hat die Kampagne auf die Mundpropaganda (Word of Mouth).

Spricht die Community über Ihr Unternehmen, gibt es „Buzz" im Internet? Finden persönliche Empfehlungen statt von einer Person zur anderen?

Sollte dieser virale Effekt entstehen, dann sind Sie auf dem Königsweg des Online-Marketings. Wenn Privatpersonen im ungezwungenen Kontext mit ihren Freunden sich positiv über Ihr Angebot oder Ihr Unternehmen austauschen, dann haben Sie alles richtig gemacht. Sie sollten, wenn Sie sich zu einer Online-Kampagne entschließen, immer das Ohr am Internet behalten. Lauschen Sie den Stimmen im World Wide Web in Foren, Blogs, in *Facebook* – überall dort, wo sich Ihre Zielgruppe aufhält. Sie wissen dadurch, was gut ankommt, aber auch, wo Kritik geäußert wird. Ihre Kunden sind Ihre besten Produktmanager. Über Social Media können Sie die Tür zum Kunden öffnen und Sie erhalten hervorragende Möglichkeiten, den Involvement-Grad bestimmter Zielgruppen zu Ihren Produkten hin zu erhöhen. Aus gar keinem Interesse kann über diesen Weg sehr schnell hohes Interesse werden. Treten Sie ein und vor allem – beachten Sie die Spielregeln!

7.8 | Call to Action – das Verhalten der Empfänger

Werbung und Kommunikation müssen sich Ziele setzen, um etwas erreichen zu können. Ein zentrales Ziel der Kommunikation ist die Verhaltensänderung des Empfängers. Schließlich können die wirtschaftlichen Ziele des Unternehmens nur erreicht werden, wenn die Zielgruppe gewünschtes Verhalten an den Tag legt. Mit guter Kommunikation leisten wir den entscheidenden Beitrag, um genau dieses Verhalten zu erreichen.

Gute Kommunikation verspricht dem Empfänger einen klaren Nutzen. Sie gibt ihm einen guten Grund dafür, sein Verhalten zu ändern. Gute Werbung gibt auch klare Hinweise, auf das, was zu tun ist. Geben Sie Ihrem Kunden ruhig eine deutliche Handlungsbotschaft mit auf den Weg. Diese kann subtil mitschwingen oder in einem Call to Action reißerisch formuliert sein. Wozu lange um den heißen Brei herumreden: *„Ruf jetzt an!"* Machen Sie es Ihrem Kunden leicht, zu reagieren und überlegen Sie sich sehr genau, wie die Reaktion des Werbeempfängers ablaufen soll. Wie viele Schritte trennen ihn von dem Punkt, an dem Sie ihn haben wollen? Besser, es sind nicht zu viele. Sie wissen, das mit dem Involvement ist so eine Sache. Und wer nicht sonderlich interessiert ist, der wandert auch nicht um fünf Ecken herum.

Jeder Klick – eine Reaktion!

Am besten der Ort der gewünschten Reaktion liegt genau eine Internetadresse entfernt. Im Rahmen einer crossmedialen Kampagne kann es viele unterschiedliche Werbekanäle geben. Jedes Medium erfüllt auf seine spezifische Art eine bestimmte klar definierte Aufgabe. Doch am Ende aller Tage, wenn genug Image aufgebaut worden ist, die Marke hell strahlt, das Interesse geweckt wurde und das Kundeninvolvement seinen Höhepunkt erreicht hat, dann müssen Sie den Kunden abholen. Und zwar genau dort, wo er gerade steht. Will meinen: Alle die verschiedenen Kanäle einer Kampagne scharen sich heutzutage zumeist um ein Leitmedium – im Sinne eines konvergenten Marketings. Im Internet laufen alle Fäden zusammen. Hier liegt das Boot vor Anker, in das wir den Kunden setzen wollen.

Landingpage oder Website – im Rahmen einer Kampagne, oder allgemein ausgedrückt werblicher Kommunikation haben wir eine Erwartungshaltung beim Kunden geschaffen. Über alle Kommunikationsstufen hinweg hat sich bei ihm eine Erwartungshaltung entwickelt bezüglich des Angebots, der Glaubwürdigkeit und Authentizität, des Nutzens usw. Auf dieser finalen Stufe müssen sich all seine Erwartungen erfüllen – und zwar in Sekundenschnelle. Ist er einmal auf Ihrer Landingpage oder Ihrer Website, müssen Sie alle Register ziehen, um den Kunden genau dahin zu bringen, wo Sie ihn haben wollen: z.B. beim Kauf im Online-Shop. Der wichtigste Vorzug, die wichtigste Information, die alles entscheidende Aufforderung sollte sofort erkennbar sein für den Besucher. Ist sie das nicht, ist er weg. Einfach so. Und alle Mühe war womöglich umsonst.

Kreativwerkstatt

8 Werden Sie kreativ! Die praktische Seite des Involvements.

Das gesamte Buch stützt sich im Grunde genommen auf einen zentralen Aspekt: Die Involvement-Situation, in der sich die Zielgruppen befinden. Es geht dabei immer um die unterschiedliche Bereitschaft, sich mit Informationen auseinanderzusetzen. Völlig klar, dass dieser Denkansatz auch Folgen für die Gestaltung von Werbemitteln mit sich bringt.

Bei Low-Involvierten genügen wenige Informationen, z.B. ein Plakat mit einem dominierenden, aussagekräftigen Bild und einer kurzen Headline. Oder ein Display Ad (Banner) auf einer Internetseite, der nur drei, vier Wörter enthält. Es sind kurze Informationen, die quasi im Vorübergehen oder mit einem kurzen Blick aufgenommen werden können.

Der High-Involvierte sucht dagegen mehr an Information als der Low-Involvierte. In dieser Situation dürfen Sie also deutlich mehr relevante Informationen anbieten, sei es als Text, Link oder ausführliche Grafik und Tabellen. Das könnte z.B. eine Anzeige sein, die detaillierte Informationen zu einem Angebot enthält, oder auch eine Landingpage im Internet.

Ein gutes Beispiel für Werbung unter High-Involvement bietet uns die so genannte vergleichende Werbung. Bei bewusster Zuwendung zu einer vergleichenden Werbung erhält diese mehr Aufmerksamkeit, man setzt sich mit ihr intensiver auseinander, was dann oft zu besseren Erinnerungswerten führt.

High-Involvierte setzen sich z. B. auch gern mit vergleichender Werbung auseinander oder mit zweiseitiger Argumentation. Pros und Kontras können High-Involvierte durch hohe Glaubwürdigkeit zur Entscheidung bringen, den Low-Involvierten hingegen nur abschrecken.

Im folgenden Kapitel sprechen wir – ausgehend von den vier Kommunikations-strategien nach Lachmann (siehe Kap. 6) – Empfehlungen aus; sowohl für die Aus-wahl geeigneter Medien, als auch für die sich anschließende Gestaltung. Wir werden erörtern, welche Medien sich generell für welche Involvement-Situation anbieten und vor allem, in welcher Hinsicht sie genutzt werden sollten.

Ein gutes Beispiel dafür wird das Internet sein. Als aktuelles Medium Nr. 1 findet es sich selbstverständlich in allen vier Strategien wieder. Dennoch stellen die subjektiven Kundenansprüche unterschiedliche Ansprüche an ein und dasselbe Medium.

Im Weiteren stellen wir Ihnen generelle Gestaltungstipps unter wahrnehmungspsy-chologischen Aspekten vor, bevor wir dann am Ende des Buches zu Gestaltungsregeln im High-Involvement und im Low-Involvement kommen.

Im Rahmen dieses Buches können wir leider nicht alle Werbemittel innerhalb der je-weiligen zugrunde liegenden Strategie ausarbeiten. Dabei wäre es jede einzelne Kom-munikationsmaßnahme durchaus wert, so individuell und genau betrachtet zu wer-den. Doch wollen wir versuchen, Ihnen generelle Leitlinien an die Hand zu geben. Es handelt sich dabei um Regeln, die Allgemeingültigkeit besitzen und somit nicht jeder individuellen Situation hundertprozentig gerecht werden können.

Stehen Sie vor der Konzeption einer Werbemaßnahme, empfehlen wir Ihnen deshalb die Hinzuziehung eines der wichtigsten Werkzeuge in Marketing und Kommunikati-on: Schalten Sie Ihren gesunden Menschenverstand ein. Betrachten Sie die Dinge aus einer gewissen Entfernung und schlüpfen Sie in die Haut Ihrer Zielgruppe. Aus die-ser Perspektive werden Sie sehr schnell merken, was zu tun ist. Lassen Sie uns also beginnen: Werden wir kreativ!

8.1   Verkaufen oder Branden – das ist hier die Frage!

Eine grundlegende Frage, die Sie im Vorfeld klären müssen, stellt sich mit dem Werbeziel: Verkaufen oder Branden? Umsatzziel oder Imageziel – so lautet die Marschrich-
tung. Natürlich führt das Image letztlich auch zu mehr Umsatz, nur eben zeitversetzt.
Und es gibt eine Vielzahl von Werbezielen in feinen Nuancen (z.B. Awareness, Erwä-
gung, Testen, Kauf, Kaufnachbetreuung, erneuter Kauf usw.) – wir wollen hier allerdings
nur die zwei wichtigsten Grobziele beleuchten.

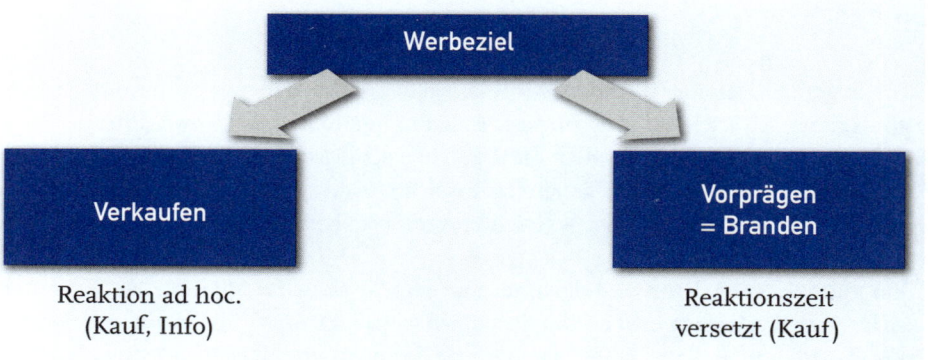

Abb. 8.1: Zielausrichtung: Verkaufen oder Branden

Verkaufen im High-Involvement

Auch hier zeigt sich als entscheidende Einflussgröße das Involvement des Kunden. Wird
er hoch involviert sein, so ist der Weg zum Verkaufen bereits vorgegeben. Unsere Werbemaßnahme muss ihn im Grunde nur dort abholen, wo er bereits steht: am PC bei seiner
Google-Suchanfrage, im Onlineshop, vor dem Verkaufsregal oder Tresen im Geschäft.
Der Kunde verlangt ganz aktuell nach Information, Vertrauen, Glaubwürdigkeit und will
– richtig kaufen! Bitte den geneigten Kunden jetzt bloß nicht vertreiben mit schlechter,
unübersichtlicher Information, schlechter Navigation oder emotional aufgeladener Kli-
scheewerbung. Harte Fakten bringen in dieser Situation harte Währung.

Outet sich der Kunde nicht selbst als Interessierter, beginnt für Sie die sprichwörtliche
Suche nach der Stecknadel im Heuhaufen. In diesem Fall versuchen Sie Ihre Zielgruppe
einzugrenzen, zu selektieren. Überlegen Sie sich, wo es zu zeitlichen und örtlichen Konzentrationen von an einem Thema interessierten Personen kommen kann.

Branden im Low-Involvement

Wer hingegen einem uninteressierten Low-Involvierten per Werbung konkret etwas verkaufen möchte, der versucht auf einem toten Pferd zu reiten. Nun gut, vielleicht nicht tot,
aber doch ziemlich lahm. Der Empfänger bekommt nämlich viel zu wenig mit, um von

der werblichen Information aktiviert, gereizt oder gar zum Kauf angeregt zu werden. Was er hingegen bemerkt und wozu er geradezu einlädt, ist der Imagefaktor. Im Low-Involvement zeigt sich unser Empfänger offen, unkritisch und das Beste: Er hinterfragt nicht, was wir ihm erzählen. Hauptsache, es ist kontrastreich genug, dass er es zumindest unbewusst wahrnimmt. Konsistent genug, dass er es in seine Schemata und Scripts einordnen kann und klar genug, dass er darüber nicht lange nachdenken muss (Lachmann, 2004). Jetzt fehlen nur noch häufige Frequenz und üppige Reichweite und unser Imagefaktor nimmt kräftig zu. Die Marke gewinnt an Bekanntheitsgrad. *In der häufigen Wiederholung prägen wir den Kunden vor.*

Wer es nicht lassen kann und Low-Involvierten unbedingt etwas verkaufen möchte, der mache sich auf eine echte Herausforderung gefasst. In diesem Fall bewegen wir uns in dem Feld des Kontinuums zwischen „fast gar nicht interessiert" und „leicht interessiert". Wir rechnen zumindest damit, dass die Tür der Aufmerksamkeit einen Spalt geöffnet ist. Jetzt heißt es schreien, lauter schreien, am lautesten schreien. Wer lange genug um Aufmerksamkeit „brüllt", der erwischt auch wenig Interessierte und weckt womöglich ihre Neugierde.

Die Aufgabe lautet somit: Wie motivieren wir uninteressierte Menschen, die wenig mit unserer Botschaft am Hut haben, zu hoher Aufmerksamkeit mit anschließender Verhaltensänderung – sprich Kaufverhalten? Klingt schwierig und ist es auch. Trotzdem erfreut es sich auf Unternehmens- wie auf Agenturseite, in Werbung und Marketing größter Beliebtheit. Sicherlich ein Grund für den herrschenden Information Overload, den wir bereits ganz am Anfang des Buches erwähnten. Nichtsdestotrotz oder gerade deshalb werden wir uns auch diesem Feld der „schreienden" Aktivierung detailliert widmen.

Spielregeln für die Auswahl geeigneter Medien 8.2

Lassen Sie uns jetzt die Medien aus der Perspektive des Involvements betrachten. Welche Medien greifen in welchen Involvement-Situationen und welche der von uns angesprochenen Strategien macht hier jeweils Sinn? Vorab sei bemerkt, dass die nun folgenden Aufzählungen von Medien und Instrumenten absolut keinen Anspruch auf Vollständigkeit erheben. Wir wollen Sie dadurch mehr inspirieren als erschöpfend informieren. Sie sollen erkennen, nach welchen Überlegungen die Auswahl eines geeigneten Mediums erfolgt.

Überlegen Sie selbst, welche Prioritäten Sie in der Kommunikation mit einem Medium setzen müssen, um es in seiner Strahlkraft für die jeweilige Zielgruppe zu optimieren. Denn auch bei der Auswahl der optimalen Kommunikationskanäle gibt uns die Involvement-Theorie den entscheidenden Hinweis.

Ein Mensch, der sich auf der Suche nach für ihn wichtigen Informationen befindet (Strategie 1: Channelising, siehe Kap. 6.1), wird heute vor allem eine Anlaufstelle wählen:

das Internet. In diesem Medium kann er so schnell wie nirgendwo anders flächendeckend, mit enormer Transparenz nach den gewünschten Informationen suchen. Somit präsentiert sich das Internet und darin das Suchfeld von *Google* als Top-Medium für Ihre hoch involvierte Zielgruppe. Wer aktiv sucht, der will im Internet finden.

Anders ein „flanierender" Passant. Diese Zielgruppe sucht nicht, verlangt nicht, fragt nicht und vor allem, sie passt auch nicht besonders gut auf. Im besten Fall bekommt sie am Rande etwas mit. Was, das liegt an Ihnen. Um low-involvierte Menschen zu erreichen, bedarf es solcher Kanäle, die vor allem zwei Faktoren bedienen: Reichweite und Frequenz. Nach wie vor die Domäne der klassischen Werbung in TV, Radio und Außenwerbung. Doch auch im Internet lässt sich beides gut bewerkstelligen, allerdings unter bestimmten Kriterien, auf die wir im Folgenden näher eingehen werden.

Entscheidend auf die Auswahl der Medien wirkt sich auch unsere dritte Strategie (Aktivierung) aus: das Anschreien. Der Versuch, wenig zugeneigte Personen in hoch interessierte zu verwandeln. Dazu benötigen wir Medien mit echten Transformer-Qualitäten. Jetzt zählt alles, was Aufmerksamkeit erzeugt – Below-the-Line wie Above-the-Line, online wie offline. Außergewöhnliche Guerilla-Aktionen, Flashmobs, Events, Promotion und Digital-Screens am POS, Riesen-Werbeplakate, auffällige Radiospots, Sound-Logos. Jedes Medium kann hier das Richtige sein – vorausgesetzt, Sie setzen wieder auf Reichweite, Frequenz und speziell Kontrast. Kontrast zum Wettbewerb, Kontrast zum Umfeld, in dem sich der Kunde bewegt, Kontrast und Prägnanz. Auffallen um jeden Preis – so lautet das Motto. Auffallen, fabelhafter erster Eindruck und damit den Kunden ins Boot holen. So lautet der Auftrag.

Der Fahrplan für die nun folgenden praktischen Gestaltungstipps wird sich ebenfalls, der Logik folgend, an den unterschiedlichen Stationen unserer Involvement-Strategien orientieren: Chanellising und Selektion im High-Involvement, Aktivierung und Vorprägen unter Low-Involvement.

Nutzen Sie das Involvement als eindeutigen Wegweiser für Ihre Werbemaßnahmen in der Praxis. Ausgangspunkt ist stets die Frage: Mit welchem Involvement muss ich rechnen?

Die Orientierung an dieser Frage stellt automatisch den Kunden in den Mittelpunkt, seine Situation und seine Bedürfnisse in dieser Situation. Daraus erwächst im nächsten Schritt die Frage nach dem Nutzen: Was bringt mein Angebot hier dem Kunden ganz konkret?

Was jetzt kommt an Kreativität, Gestaltungstheorien, Textstrukturen, Wahrnehmungsregeln usw. folgt allein diesem Zweck: Der Kunde muss die Botschaft schlucken (Aufmerksamkeit), verdauen (Dekodieren) und in gewünschter Weise darauf reagieren (Verhaltensänderung). Servieren Sie sie ihm Ihre Botschaft in der richtigen Größe, in der richtigen Geschmacksrichtung, verwöhnen Sie Ihren Kunden nach Strich und Faden. Und vor allem folgen Sie nicht länger der üblichen *„Friss Vogel oder stirb"*-Variante. In unserem Metier bedeutet diese Redensart nur eines: Frisst der Vogel die Botschaft nicht, stirbt das Unternehmen. Nicht der Vogel!

High-Involvement		Low-Involvement	
Strategie 1: Channelising Kunde ist hoch- interessiert und geht auf Suche Pull	Strategie 2: Selektion Kunde ist interessiert Push	Strategie 3: Aktivierung Kunde ist nicht interessiert Push	Strategie 4: Branding Kunde ist nicht interessiert Push
Kunden abholen	Interessierte Kunden finden	Über starken Kont- rast zum „normalen" Umfeld Reize setzen	Über hohe Frequenz und große Reichweite vorprägen
Beratungsgespräch Google AdWords Onlineshop Touch Screen am Regal	Fachzeitschriften Direktmailing Point of Sale Digital Signage Newsletter Google Ads	Point of Sale Radio Events Guerilla Marketing	TV-Werbung Radio, Kino Außenwerbung Anzeigen Facebook Point of Sale Kinowerbung

Abb. 8.2: Kommunikationsstrategien und Medien nach Involvement-Situationen

Geeignete Medien für das Channelising unter High-Involvement (Strategie 1) {#8.2.1}

8.2.1

> Die Spielregel für die Auswahl geeigneter Medien zur Kommunikation mit hoch Involvierten lautet hier: Vom Kunden gefunden werden!

Für das rare Exemplar des aktiv suchenden Kunden muss Ihr Angebot auf schnellstem Weg auffindbar sein. Egal ob am POS oder im Internet. Die wichtigste Aufgabe lautet: Jetzt dort auftauchen, wo der Kunde sucht!

Zum Glück beschränken sich heute die Medien, die ein wissbegieriger Kunde nutzt, um gezielt an Informationen zu kommen. Entweder geht er in das Internet oder in den Handel an den Point of Sale, um sich beraten zu lassen oder sofort zu kaufen. Alles andere ist an dieser Stelle zu vernachlässigen.

Internet

Das Internet bietet suchenden Nutzern eine schier unendliche Flut an Informationen. Bewältigen kann einer hoch involvierter Interessent diese Menge an Informationen lediglich mithilfe von Suchmaschinen. Sie verhelfen ihm zu Markttransparenz und dabei, eine Kaufentscheidung zu treffen. In Deutschland beherrschen drei Suchmaschinen den Markt der Internetrecherche: *Google, Yahoo* und *MSN/Live*. Der Anteil von *Google* lag 2009 bei über 90 Prozent und verfügt dadurch für unsere Ziele über die höchste Relevanz. Wenn Sie heute nicht von *Google* gefunden werden, exisiteren Sie und Ihr Unternehmen praktisch nicht.

Wollen wir unseren interessierten Kunden mit Online-Kommunikationsmaßnahmen erreichen, so konzentrieren wir uns also auf *Google*. Über *Google* wird der Suchende blitzschnell zu Ihnen finden. Vorausgesetzt, Sie haben Ihre Hausaufgaben erledigt. Obwohl das Angebot an Information so riesig ist, will der User sich nicht zu lange mit der Suche beschäftigen. Alleine in den USA finden etwa fünf Milliarden Mal pro Monat User nicht die gewünschten Informationen im Netz und wenden sich ab. Es gilt z. B. die Regel: Was nicht auf der ersten Seite der Suchergebnisse auftaucht, geht unter in den unendlichen Tiefen des Internetozeans.

Bei akribischer Suche findet vielleicht die Seite zwei noch Hardcore-Interessenten. Wer aber erst auf Seite drei auftaucht und hofft, groß herauszukommen, der hofft vergebens. Gäbe es da nicht die Zauberworte des *Google*-Rankings, die da heißen Suchmaschinenoptimierung (SEO – Search Engine Optimization) und Suchmaschinenmarketing (SEM – Search Engine Marketing).

Google-Adwords: Reichweite, Relevanz und ROI

Hier geht es um die richtigen Keywords. Gemeint sind Suchbegriffe, also Schlagwörter oder Wortgruppen, die der Suchende (high Involvierte) wahrscheinlich verwenden wird, um fündig zu werden. Grundsätzlich unterscheidet man organische Suchergebnisse, die aufgrund ihrer Wichtigkeit, Vernetztheit und Beständigkeit vom *Google*-Algorithmus erkannt werden und demokratisch nach oben wandern.

Gute Platzierungen können Sie sich aber auch in einer Art Auktion bei *Google* kaufen. Damit schiebt Sie *Google* gewissermaßen „anorganisch" nach oben. *Google AdWords* ist hier das Angebot des Suchmaschinenbetreibers, das mittlerweile auch von anderen Suchmaschinen adaptiert wurde. *Google AdWords* sind kurze und prägnante Text-Annoncen, die bei Eingabe eines Suchwortes in das *Google*Suchfeld in Echtzeit (ca. 0.3 Sekunden) in einer Spalte rechts neben oder aber auch ganz oben bei den Suchergebnissen erscheinen.

Google macht diese anorganischen *AdWords*-Textanzeigen durch die Headline „Anzeige" kenntlich, damit der User die anorganischen (kommerziellen) von den organischen (nichtkommerziellen) Suchergebnissen unterscheiden kann. Für *Google AdWords* spricht, dass Sie als Anbieter damit ca. 90 Prozent der europäischen Internetnutzer erreichen können, das sind etwa 300 Millionen Erwachsene. Des Weiteren zeigt *Google* einem Suchenden nur die Anzeigenergebnisse an, die auch mit dem Suchthema in Zusammenhang stehen. Und mit dem Pay-per-Click Modell von *Google* bezahlen Sie als Anbieter nur für interessierte Leads.

Wenn nun Ihre Suchergebnisse und Anzeigen sinnvoll mit Ihren Angeboten verknüpft sind, ist der User im Idealfall immer nur einen Mausklick von Ihrem Shop, Ihrer Website oder Landingpage entfernt. Ihr Channelising war erfolgreich.

Google-Ranking: Was zählt sind die ersten Plätze!

Was unsere high-involvierte Zielgruppe interessiert, sind also die ersten Ränge von *Google*. Wer hier seine Informationen geschickt platziert, der steht ganz oben auf der Liste der Kaufentscheidungen. Wir erinnern uns: Der Kunde sucht aktiv Informationen, er will Wissen. Wer es zuerst anbietet, der hat schon fast gewonnen. Im Internet gilt also noch lange nicht die Devise: In ist wer drin ist! In ist nur, wer auch oben steht! Für Ihre Kommunikation und den Dialog im Sektor High-Involvement bedeutet dies konkret: Sorgen Sie dafür, dass Ihr Informationsangebot im Internet dort steht, wo es auch vom Kunden gefunden wird: ganz oben!

Suchmaschinenoptimierung

Auf die Thematik der Suchmaschinenoptimierung können wir an dieser Stelle nicht umfassend eingehen. Dazu gibt es umfassende Literatur und jede Menge Spezialisten. Zudem würde allein dieses Thema den Rahmen unseres Buches sprengen. Trotzdem wollen wir auf die Notwendigkeit dazu hinweisen. Die Suchmaschinenoptimierung (SEO) arbeitet mit den Suchalgorithmen der Suchmaschinen und der Technik der Webcrawler. Gemeint ist damit der Einsatz von SEO-Tools, die das Suchmaschinenranking von Webseiten verbessern.

Usability

Wir wollen Sie in diesem Zusammenhang auch für einen Aspekt sensibilisieren, der unserer Meinung nach zwingend mit der SEO zusammengehört. Was hilft Ihnen ein *Google*-Ranking auf Platz 1 samt Heerscharen von high-involvierten Besuchern, wenn diese sich bereits nach dem ersten Klick auf Ihrer Website (Shop, Blog, Portal usw.) gleich wieder davonmachen. Gar nichts.

Sprechen wir also hier von Suchmaschinenoptimierung oder von Suchmaschinenmarketing, so machen alle Bemühungen nur dann Sinn, wenn Ihre Website auch hält, was sie verspricht. Schlagwort: Usability!

Der Begriff Usability lässt sich am besten mit Gebrauchstauglichkeit übersetzen. Was so viel heißt wie: Kommt ein gewöhnlicher User gut mit Ihrer Website zurecht oder nicht? Wir erinnern noch einmal: Der high-involvierte „Otto Normalverbraucher" stößt bei der aktiven Suche nach Informationen auf Ihre Website. Jetzt muss er sofort finden, was er sucht. Er muss sich auskennen und mit möglichst wenigen Klicks zu dem gewünschten Wissen gelangen. Strukturiertheit, rationale Klarheit und Glaubwürdigkeit punkten jetzt auf Ihrer Seite.

- **Strukturierter Seitenaufbau:** Gerade für die schnelle Suche im Internet gilt: Struktur ist die halbe Miete. Die meisten Webseiten heute sind auf eine hierarchische Struktur abgestellt und auf Informationen, die sich in der Tiefe immer weiter verzweigen. Was Sie in den Mittelpunkt Ihrer Webseite stellen, bleibt Ihnen überlassen. Es kann sich um ein Unternehmen, ein Produkt oder auch gezielt eine bestimmte Promotion-Aktion – im Sinn einer Landingpage – handeln.
- **Klarheit:** Bedenken Sie: Sie wollen mit dieser Webseite Menschen ansprechen, die auf ein bestimmtes Thema, zu einem bestimmten Zeitpunkt, aus einem persönlichen Erleben heraus hoch involviert reagieren. Geben Sie ihnen genau die Infor-

mationen auf Ihrer Webseite, die diese Personen jetzt wollen. Führen Sie sie in Ihrer Navigation konsequent an den Punkt, wo Sie sie haben wollen: Zum Kauf oder zur Kontaktaufnahme. Jede überflüssige Information kann zum finalen Stolperstein Ihrer Kommunikation werden. Hoch involvierte Kunden sind extrem wertvoll, da sie der Kaufentscheidung unter Umständen schon sehr nahe stehen. Es lohnt sich darüber nachzudenken, ob Sie diese Kunden mit einer „One-size-fits-all-Lösung" à la „Unsere Webseite" konfrontieren wollen oder ob Ihnen diese wertvollen Kunden nicht doch eine maßgeschneiderte, zielgruppenspezifische Lösung Wert sind.

Wie immer Sie sich auch entscheiden, die Struktur Ihrer Seite muss auf die Bedürfnisse des Users zugeschnitten sein. Er muss ihr schnellstmöglich intuitiv folgen und den Inhalt mit Leichtigkeit ausmachen können. Hinsichtlich der Tiefe der Information gilt nur eine Regel. Anzuraten ist alles, was den Besucher interessiert, was ihm nützt, ihm zumutbar ist und ihn in seiner Suche genau dort hinführt, wo Sie ihn haben wollen: Zu Ihrem Angebot und der klaren Botschaft „Kauf!" Ballaststoffe gehören ins Müsli, aber nicht auf eine Webseite. Verzichten Sie bei der Ansprache von High-Involvierten auf unnötige technische Spielereien, Soundeffekte und Flashanimationen mit lästigen Ladezeiten. Wer mit dem zugeneigten Kunden spricht, der redet nicht lange um den heißen Brei herum. Kommen Sie zum Punkt – online wie offline!

Glaubwürdigkeit

Viele Besuche auf einer Webseite werden abgebrochen, weil die Inhalte nicht glaubwürdig erscheinen, kein Vertrauen erwecken, nicht authentisch wirken. In der virtuellen Welt bekommen Sie keine Gelegenheit, auf ein Zögern oder ein kurzes Zweifeln Ihres Kunden persönlich zu reagieren. Ein Klick und weg ist er. Darin begründet sich die Forderung nach Glaubwürdigkeit. Es geht also nicht um die Frage, ob Sie tatsächlich halten können, was Sie dem interessierten Besucher auf Ihrer Internetseite versprechen. Es geht allein um die Frage, ob er es Ihnen glaubt.

Zehn Punkte für mehr Glaubwürdigkeit im Web

- Achten Sie auf eine fehlerfreie und korrekte Darstellung Ihrer Seite.
- Halten Sie Ihre Webseite aktuell und auf dem neuesten Stand.
- Vermeiden Sie so genannte „dead links", die ins Nichts führen.
- Beweisen Sie, dass ein(e) real existierende(s) Unternehmen/Person hinter dem Auftritt steht.
- Machen Sie es dem User so leicht wie möglich und so bequem wie möglich zu reagieren.
- Beantworten Sie E-Mail-Anfragen umgehend und vermeiden Sie „No reply". Wer eine E-Mail aussendet, der sollte sich freuen, wenn er Antwort vom Kunden bekommt!

- Verwenden Sie positive Appelle und Ausdrücke, aber übertreiben Sie es nicht. Der Superlativ ist der Tod der Glaubwürdigkeit.
- Lassen Sie keine Fragen offen und stellen Sie sich auch kritischen Kommentaren.
- Achten Sie auf ein professionelles, zielgruppenadäquates Design.
- Strukturieren Sie Ihre Webseite nutzen- und nutzerorientiert.

Blogs

Blogs sind heutzutage weit mehr als nur die Internet-Auswüchse mitteilungsfreudiger Zeitgenossen. Gerade mittelständische und kleine Unternehmen profitieren von solch aktiven Werbemaßnahmen im Internet. Blogs stellen einen hervorragenden Weg dar, um mit interessierten, high-involvierten Kunden in direkten Kontakt zu treten.

In ihrem Buch „Social Media Marketing. Strategien für Twitter, Facebook und Co" beschreibt Tamara Weinberg (2010) Blogs als wahre Einflussnehmer im Internet. *„Blogs bringen Nachrichten schneller als traditionelle Medien, und zwar deshalb, weil Blogger nicht denselben redaktionellen Overhead haben wie Printmedien."*

Die Chancen, die im Aufbau eines aktiven Blogs liegen, präsentieren sich vielschichtig und von unschätzbarem Wert für eine Marke. Mit informativem Content und der richtigen Kundenansprache kann es Ihnen gelingen, starke Online-Bande mit Ihrer Zielgruppe zu knüpfen: Kommunikative Kontaktpunkte, die nicht nur der Kundeninformation dienen, sondern auch das Kundenerleben beeinflussen. Jeder Klick auf Ihren Blog bedeutet einen interessierten Kunden, der Ihnen folgt, der Teil einer womöglich beständig wachsenden Community sein will. Wer laufend neue Inhalte bringt, der sticht heraus aus der gesichtslosen Masse an Informationen im Internet.

Außerdem erreichen Sie das, was große Unternehmen mit teuren und aufwändigen SEO und SEM-Maßnahmen bewerkstelligen, durch die Teilnahme an Social-Media-Foren bzw. mithilfe eines eigenen Blogs. Ein gut geführter, informativer, lebendiger und interessant aufbereiteter Blog macht Ihr Unternehmen oder Ihr Angebot bekannter. Ihr *Google*-Ranking kann sich dadurch in sehr kurzer Zeit dramatisch nach oben verlagern. Ihre Informationen stehen weit oben auf der Suchseite und damit in der Gunst High-Involvierter.

Die Stimme des Internets

Wenn Sie High-Involvierten, hoch interessierten Menschen im Internet schreiben, dann kommt es vor allem auf Glaubwürdigkeit und Authentizität an. Communitys wie Social Media wollen keine platten Werbesprüche. Die „Nase" des Internets ist fein und sensibel: Selbst ein leichter Hauch von Unglaubwürdigkeit wird sofort abgestraft – mit gnadenloser Kritik und öffentlichem Verriss.

Konzentrieren Sie sich daher auf Ihre Glaubwürdigkeit. Vermitteln Sie authentische Botschaften und bedenken Sie immer, dass Ihre Zielgruppe kritisch und neugierig ist. Diese Leute suchen gezielt nach Informationen. Sie haben vielleicht schon einiges an Daten gesammelt. Enttäuschen Sie sie nicht.

Laut Weinberg (2010) bieten die erfolgreichsten Blogs *„eine große Transparenz zwischen Leser und Autor"*. Gute Blogs wollen nicht nur im Sinne einer werblichen Einbahnstraße kommunizieren. Sie vermitteln das Gefühl der Nähe, sind informeller und menschlicher. Sie geben die Gelegenheit zum Austausch, zum Fragen, nehmen den Kunden ernst in seinen Bedürfnissen.

Betrachten Sie Blogging als ein hervorragendes Mittel, um Unmengen an Internetsurfern abzufangen, die sich für Ihre Leistungen interessieren könnten. High-Involvierte, die Ihr Angebot im Blog dankbar aufnehmen. Es ist der Einstieg zu einer echten, dialogischen Kundenbeziehung. Falls Sie also noch kein Blogger in Ihrer Branche sind, dann sollten Sie es unbedingt werden, bevor Ihnen andere zuvorkommen.

Digitale Signage für das Channelising am Point of Sale

Das Stichwort lautet: Digital Signage. Dahinter stecken eine ausgefeilte Präsentationstechnik, Netzwerkanbindung, Content-Management und vieles mehr. Dort, wo früher Plakate und Aufsteller alles sagen mussten, präsentieren heute bewegte, digitale Bilder ein neues Bild vom Produkt. Alles dazu angetan, Ihren Kunden so effizient, kostengünstig und variabel wie nur möglich zu informieren oder zu begeistern. Touchscreens geben an dieser Stelle wertvolle Verkaufsunterstützung. Je näher der Konsument dem Produkt kommt, psychisch wie physisch, umso genauere Angaben möchte er dazu haben. Geben Sie Ihrem Kunden, was er fordert, zu jedem Zeitpunkt. Touchscreens in unmittelbarer Nähe zur Verkaufsfläche geben die Möglichkeit, sich tatkräftig selbst zu informieren. Verzichten Sie jetzt auf stimmungsvollen und emotional wirksamen Werbefirlefanz. Liefern Sie einfach die Information, die Ihr Kunde möchte.

8.2.2   Geeignete Medien und Instrumente für das Selektieren von high–involvierten Personen (Strategie 2)

> Die Spielregel für die Auswahl geeigneter Medien durch den Anbieter lautet hier: Potenzielle high-involvierte Kunden zu finden.

Diese Strategie ist gewissermaßen die Kehrseite der High-Involvement-Medaille. Auf der einen Seite sucht der interessierte Kunde von sich aus die Information, jetzt geht es darum, wie Sie die interessierten Konsumenten finden. Es geht also um nichts anderes als Selektion.

Wir haben schon davon gesprochen, dass es Ihnen gelingen muss, Situationen von zeitlicher oder örtlicher Konzentration von High-Involvierten ausfindig zu machen. Finden Sie also heraus, wo sich Zielgruppen, die an Ihrem Angebot interessiert sind, konzentrieren und wo sie auftauchen. Dies können bestimmte physische Orte oder auch virtuelle, bestimmte Websites im Internet sein. Informieren Sie sich auch darüber, welche Medien und Informationsquellen Ihre anvisierte Zielgruppe benutzt.

Fachzeitschriften

Wer Menschen in einem nach fachlichen Kriterien abgegrenzten Interessengebiet ansprechen und erreichen möchte, für den stellen Fachzeitschriften eine interessante Medienalternative dar. Sie richten sich ausschließlich an Interessierte und somit unsere momentan in der Betrachtung stehende hoch involvierte Menschengruppe. Die Werbung in Fachzeitschriften bietet Ihnen verschiedene Möglichkeiten. So können Sie Ihre Botschaften beispielsweise als Anzeige, als Advertorials – als eine redaktionell aufbereitete Anzeige – oder als Beilagen bzw. als Einhefter an den Mann bringen.

Gerade Advertorials bieten im Rahmen des High-Involvements einen guten Ansatzpunkt. Sie geben genügend Raum für ausführliche und punktgenaue Informationen. Auch zeigen sich die Leser wesentlich aufnahmebereiter, wenn die Informationen im gewohnten redaktionellen Stil angeboten werden. Achten Sie hierbei aber unbedingt auch wieder auf die Glaubwürdigkeit. Vermeintlich irreführende Angaben in Kombination mit dem kleinen Vermerk „Anzeige" am Rande können schnell einen schlechten Beigeschmack beim Leser hinterlassen. Aus überzeugender Werbung wird dann schnell Schleichwerbung und ein Gefühl des Für-dumm-Verkaufens.

Sie dürfen im High-Involvement einfach nie vergessen, dass Sie es mit einem ebenso kritischen wie mündigen Kunden zu tun haben – nicht selten durch Jahrzehnte an Werbeerfahrung geschult und ausgerüstet mit der völligen Transparenz der Märkte. Nehmen Sie Ihre Kunden ernst, wertschätzen Sie sie. Egal ob in Print oder online.

Vielleicht ein guter Zeitpunkt, einmal einen kategorischen Imperativ im High-Involvement einzuführen:

„Erzählen Sie einem Werbekunden niemals etwas, was Sie in seiner Situation nicht würden hören wollen."

Verschonen Sie einfach jeden mit unnötigem Werbe-Blabla. Unsere Welt wird eine bessere werden und die Tage des Information Overloads sind womöglich gezählt. Die Devise für Kunden in High-Involvement-Situationen lautet ganz einfach: „Information on demand!"

Direct Mailings

Direct Mailings blicken auf eine lange Historie zurück. Dabei wollen wir nicht Bezug nehmen auf die geschichtlichen Ursprünge des Mailings. Was uns interessiert, ist die jüngere Geschichte. Betrachtet man diese, zeigt sich sehr schnell, dass Direct Mailings in den Hochzeiten des Direktmarketings nicht nur in gnadenlos hohen Auflagen, sondern auch gnadenlos falsch eingesetzt wurden. Die Ursache für den mittlerweile schlechten Ruf eines ausgezeichneten Werbekanals.

Was in millionenfacher Auflage versucht wurde, war, Low-Involvierte über Mailings in einem maximal dreistufigen Schauer so zu berieseln, auf dass danach zumindest ein paar Interessierte zu verzeichnen waren. Die Responseerwartungen wurden dabei so niedrig angesetzt, dass selbst der Promille-Bereich schon Anlass zu knallenden Korken gab. Reaktanz zeigten bei dieser Art des Einsatzes meist nur die Altpapier-Container, wo so manches Mailing sein ungelesenes Ende fand.

Dabei lohnt der Einsatz von Mailings. Wir meinen sogar, er ist zeitgemäß wie nie. Vor allem dann, wenn Sie unserer Logik der unterschiedlichen Involvement-Situationen folgen. Sinngemäß konstatierte Prof. Siegfried Vögele zu Beginn der Mailing-Aera: Direct Mailings seien Ersatzgespräche. Schriftlich geführte Verkaufsgespräche – basierend auf einer soliden Selektion. Selektion und Information! Da haben wir es: Die High-Involvement-Strategie.

Voraussetzung für erfolgreiche Direct Mailings in dieser Sparte der Kundenansprache ist eine gelungene Selektion von High-Involvierten. Sei es über Landingpages, Anzeigen mit Verweis aufs Internet, Werbespots, Aktionen am POS und vieles mehr – auf jeden Fall verfügen Sie über einen sorgfältig ausgewählten und klar abgegrenzten Adress-Pool von Menschen, die sich bereits als interessiert an Ihren Angeboten geoutet haben. Herzlichen Glückwunsch, denn jetzt haben Sie mit einem Mailing einen wirklich zielführenden und effizienten Werbekanal.

Sie beginnen persönlich, in der direkten Ansprache und informativ den Dialog mit Ihrem geneigten Kunden. Der direkte Weg zum Verkauf! Allerdings nur, wenn Sie jetzt keine Fehler machen. Der Erfolg eines Mailing hängt im Wesentlichen von der richtigen Ansprache Ihrer Zielgruppe ab. Erzählen Sie Ihren Kunden im Mailing auf keinen Fall, was Sie alles können und wie toll Ihr Unternehmen ist. Berichten Sie Ihren Kunden ausschließlich das, was sie hören und wissen wollen. Formulieren Sie aktiv und direkt, positiv und verständlich, in kurzen Sätzen und mit viel Dynamik. So kommen Ihre interessanten Informationen am besten an. Gut aufbereitet, pointiert dargebracht, gut leserlich und gekrönt von einer eindeutigen Handlungsanweisung. Da kann nicht mehr viel schiefgehen.

Point of Sale

Geht es um die Ansprache von High-Involvierten, stellt der Point of Sale einen idealen Ort der Ansprache dar. Der Platz, an dem das Produkt unmittelbar zum Kauf angeboten wird, muss daher möglichst effizient gestaltet sein. High-Involvierte suchen jetzt finale Informationen, wollen wissen, wollen kaufen. Wer hier Fehler begeht und High-Involvierte von der Angel lässt, dem ist nicht mehr zu helfen.

Selbst wenn es einem Anbieter gelingt, den Empfänger durch Fernsehwerbung zum Kauf eines bestimmten Produktes zu animieren, so ist die Umsetzung in die Tat oft noch ein weiter Weg (ausgenommen TV-Home-Shopping). Dass jemand in der TV-Werbepause seinen Appetit auf die beworbene Schokolade stillt und hierzu zum Kauf nochmals das Haus verlässt, ist eher unrealistisch. Am Point of Sale dagegen liegt zwischen Aktivierung und Kauf keine Zeitspanne, die einen spontanen Kaufentschluss wieder relativieren könnte.

Damit ist klar: Der Point of Sale ist wegen der örtlichen Konzentration von High-Involvierten und der Möglichkeiten der Sofortreaktion ein wichtiger „Kommunikations-Ort", um Produkte und Marken so zu inszenieren, dass Konsumenten zu vermehrten Käufen angeregt werden.

Bedenken Sie: Der High-Involvierte sucht gezielt Information und er versammelt sich zu diesem Zweck um seine relevante Warengruppe. Wieder gilt: Selektion und Information. Im Fokus am POS stehen deshalb Ausschilderung und Verpackung. Die schnelle Wegweisung hin zum Produkt gibt den High-Involvierten die Möglichkeit, ohne großen Aufwand zu finden, was sie so aktiv suchen. Nutzen Sie Deckenhänger, Regalstopper und Hinweisschilder, um Ihr Produkt leicht auffindbar zu machen. Wer lange suchen muss, der findet womöglich doch noch eine Alternative und geht verloren auf dem langen Weg zu Ihrem Angebot.

Digitale Signage für High-Involvierte am POS

Es spricht vieles dafür, in POS-Marketing zu investieren. Die Einsatzmöglichkeiten von Touchscreens im Rahmen der Channelising Strategie haben wir bereits besprochen. Digitale Screens können am Point of Sale auch als bewegtes Plakat mit vielen weiteren Vorteilen eingesetzt werden. Denn ein weiterer zentraler Vorzug des Mediums Digitale Signage am Point of Sale ist die einfache Variabilität des „Contents". Durch die internetbasierte Steuerung der Inhalte kann der Content der Screenwerbung von nahezu jedem Ort der Welt innerhalb kürzester Zeit verändert und bearbeitet werden. Dies ermöglicht eine zielgruppenspezifische Ansprache, wie sie derzeit kaum ein anderes Medium am Point of Sale bietet (ausgenommen Radiodurchsagen). Die Möglichkeit, spezifische Werbebotschaften an unterschiedliche „Shoppertypen" zu unterschiedlichen Tageszeiten, Wochentagen und Wetterbedingungen zu senden, ist ein entscheidendes Charakteristikum von Digital-Signage-Netzwerken (vgl. GIM, 2008).

Hinzu kommt: Bei allen anderen Instrumenten der Point of Sale-Kommunikation, insbesondere bei Printmedien (Aufsteller, Plakate, Deckenabhänger etc.), die manuell getauscht werden müssen, sind die werbenden Unternehmen in aller Regel von der Zuverlässigkeit des Personals vor Ort abhängig. Eine direkte Kontrolle ist ihnen dabei meist nicht möglich. Wir können Ihnen nur raten: Nutzen Sie mithilfe moderner Technologien wertvolle Kontaktmöglichkeiten zu Ihren Kunden. Gerade die digitale Kundenansprache bietet hierzu vielfältige Einsatzbereiche. Willkommen in der Welt des digitalen POS. Heißen auch Sie Ihre hoch involvierten Kunden anständig willkommen!

Newsletter im Internet

Newsletter sind für Unternehmen ein wunderbares Mittel, um High-Involvierte zu begeistern und mit Ihnen in den Austausch zu treten. Die gesetzlichen Bestimmungen haben das Medium sogar noch geschärft. Wer heute einen Newsletter versenden will, der braucht die Erlaubnis – die Permission – des Kunden. Der Empfänger outet sich somit als high-involviert an einem bestimmten Thema.

Der Newsletter präsentiert sich als probates Mittel zur Kundenbindung – vor allem jener wertvollen Klientel, die sich bereits involviert zeigt. Das verdeutlicht seinen Wert noch stärker – vor allem wenn Sie die niedrigen Kosten gegenüberstellen, die Permission Marketing in dieser Form mit sich bringt.

Jeder weitere Newsletter-Kontakt wird somit zum Anstoß für gewünschtes Kaufverhalten. Es gilt allerdings, einige Regeln zu beachten. Ein Newsletter bedarf einer gewissen Regelmäßigkeit. Einmalaktionen bringen hier gar nichts. Die Meldungen im News-letter sollten – wie der Name schon sagt – einen echten Neuigkeitswert aufweisen und interessant aufbereitet sein. Was hier wieder stark zum Tragen kommt, ist eine gute Strukturiertheit. Der Empfänger kann sich schnell „seine" relevante Neuigkeit heraussu-chen, wird gut geleitet und kann sofort reagieren, z.B. mithilfe eines Buttons in den Online-Shop etc.

Der Aufbau eines Newsletters sollte den gängigen und inzwischen von den Empfän-gern gewohnten Rastern folgen: Im oberen Teil befinden sich der Name des Newsletters sowie der Hinweis zur aktuellen Ausgabe bzw. Datum, das Firmenlogo und der Link zur Website, darunter ein Inhaltsverzeichnis und ein kurzes Editorial des Herausgebers.

Leiten Sie Ihren Kunden bereits in der Betreffzeile in den Newsletter hinein. Machen Sie ihn neugierig auf das, was kommt. Sie müssen bedenken, Ihr Newsletter konkurriert mit anderen. Wer also nicht bereits im Betreff die Neugierde weckt, der landet vom Ord-ner „Ungelesen" schnurstracks in „Gelöschte Objekte".

Die Artikel selbst sollten kurz und prägnant aufbereitet sein und vor allem gut leser-lich. Verzichten Sie auf grafische Finesse à la weiße Schrift auf schwarzem Grund und derlei Mätzchen. Im Folgenden finden Sie Hinweise für die gute Lesbarkeit von Texten in Online-Medien. Machen Sie es Ihrem Kunden leicht, an seine Informationen zu kom-men. Jede Woche aufs Neue!

Banner – Ad Displays, die Krönung der Selektion

Wollen wir High-Involvierte ansprechen, dann bietet *Google* die perfekte Selektion an. Denn jeder Internetuser hinterlässt auf seinen Wegen durch das Internet Spuren. *Google* kann diese Spuren nachverfolgen, weiß, welche Seiten ein User bevorzugt, wo seine In-teressen liegen. Das klingt sehr kompliziert und technisch, ist es aber nicht.

Stellen Sie sich vor, Sie besuchen jungfräulich zum ersten Mal mit ihrem PC oder Mac das Internet. Vielleicht gehen Sie zum ersten Mal auf *Focus Online,* um einen Artikel zum Atomausstieg zu lesen. Zu *Focus Online* kommen Sie über Ihren Webbrowser (*Firefox, Chrome, Internet Explorer*), der nichts anderes ist, als ein Programm, das Ihnen Internetseiten in Wort und Bild darstellt. Ohne technisch zu tief einzusteigen, passiert nun Folgendes: Während Sie den Artikel auf *Focus Online* (die Publisherseite muss an das *Google*-Netzwerk angeschlossen sein und *Google* Werbefläche anbieten) lesen, fragt *Google* Ihren Browser, wer er eigentlich ist und ob er schon bei *Google* bekannt ist.

Da Sie in unserem kleinen Beispiel aber zum ersten Mal im Internet unterwegs sind, kennt man Sie nicht. Nun setzt Ihnen *Google* einen so genannten *Cookie* in Ihren Browser (auf Ihrem PC – in einer Cookie-Textdatei) und legt ein Protokoll, eine Akte über Sie an. Der Cookie ist eine Art Minispeicher, eine siebzehnstellige Zeichenkette, die bestimmte Infor-mationen aufbewahrt, die ein Webserver im weiteren Verlauf des Internetsurfens wieder abrufen kann. Der erste Eintrag in dem entsprechenden Dateiverzeichnis auf Ihrem PC wäre nun: „*Dieser Browser war auf Focus Online und hat sich für das Thema Atomausstieg inte-ressiert.*" Wenn Sie nun weiter im Internet surfen, wiederholt sich dieser Vorgang, Ihr Mini-speicher füllt sich mit Ihren Interessen. Damit ist *Google* schon sehr nahe an unsere in Ka-pitel 2.1 besprochene „Involvement-Agenda" herangekommen. Sie erinnern sich: Die

Themen, an denen wir high-involviert sind, befinden sich bildlich gesprochen auf einer persönlichen Agenda und zwar in einem Rangverhältnis. Themen, die uns am meisten interessieren, stehen ganz oben. Das Thema, das hier auf „On" geschaltet ist, führt zum Engagement und es kommt zu einer Handlung. Eigentlich ganz einfach, wenn es dem Anbieter gelingt, diese high-involvierten Personen zu finden. Mit den Ad Displays im *Google*-Netzwerk ist es *Google* gelungen, die Selektion zu perfektionieren.

Führen wir unser kleines Beispiel weiter. *Google* oder auch andere Websites haben einen Cookie auf Ihrem PC gesetzt. Ihr Minispeicher scheint nun ein virtuelles Abbild Ihrer geistigen Agenda zu sein und spiegelt die Themen wider, die Sie in letzter Zeit interessiert haben. Nun sendet Ihnen *Google* passend zu Ihrem Involvement die passende Anzeige, z.B. auf der *Focus Online*-Website. Damit erscheinen die Anzeigen (Ad Displays) hoch selektiert, bei jedem *Focus Online*-Besucher andere. Diese Selektionsmöglichkeit von *Google* ermöglicht Ihnen als Anbieter ein sehr genaues Platzieren Ihres Ad Displays. Des Weiteren können Sie als Anbieter, der Ad Displays im Internet schalten möchte, nicht nur auf die Publisherseiten gezielt zugreifen, sondern im *Google*-Netzwerk befinden sich Millionen Themenwebsites, wie z.B. Blogs, Portale, kleine Shops usw., die passend zu Ihrem Thema *Google* Anzeigenraum zur sinnvollen Vermarktung anbieten. Dies nennt man *Google AdSense*.

Dabei haben Sie mit *Google* das bisher größte Werbenetzwerk zur Verfügung, mit dem Sie weltweit 81 Prozent der Online-Nutzer erreichen. Für Ihre Anzeigen-Selektion können Sie derzeit auf ca. 60 unterschiedliche Kategorien (Websites) zurückgreifen.

Tiefer können und wollen wir hier an dieser Stelle nicht auf diese Thematik eingehen und verweisen auf Spezialliteratur. Im Rahmen der Ansprache von High-Involvierten wird es sich bei derart ausgewählten Ad Displays immer um ein Banner mit Informationscharakter, passend zur Cookienummer und dem Thema der Trägerseite handeln.

Heben Sie sich von themengleichen Ad Displays ab

Bannerwerbung ist daher für uns die Krönung der Selektion und der gezielten Kundenansprache. Den Einsatz von Ad Displays als aufdringliches, Widerstand erzeugendes Werbeinstrument, um Low-Involvierte zu begeistern, lehnen wir ab.

Trotzdem müssen sich auch selektive Ad Displays voneinander abheben. Im Rahmen dieser „Aktivierung" dürfen Sie alle Register ziehen – ohne jedoch die drohende Reaktanz aus den Augen zu verlieren! Bewegung, Größe, Sound, Farbe, Lichteffekte – das alles kann dazu eingesetzt werden, damit der Internetuser Ihr Display zuerst wahrnimmt und es im Idealfall zu einer Reaktion kommt.

Der anhaltende Breitbandboom offeriert zudem Möglichkeiten für Rich-Media-Formate. So können Sie neben Half- und Fullsize-Bannern auf zahlreiche Formate zurückgreifen, die den gesamten Bildschirm einnehmen.

Animierte, hektisch blinkende und sehr auffällige Banner eignen sich am ehesten, um Aufmerksamkeit zu erregen. Dort, wo es plötzlich blinkt, hüpft, flackert und rotiert, wird das Auge reagieren. Wahre Eye-Catcher sind solche Ad Displays.

Generell ist zu sagen, dass die Entwicklung im Bereich Ad Displays ständig fortschreitet. Die von *Google* getroffenen Vorhersagen geben einen kleinen Eindruck, was hier noch auf uns zukommen wird. Seien es Werbekampagnen, die mit einem Video verknüpft sein werden, verstärkte Werbung auf Smartphones und mobilen Geräten, Rich-Media-Formate, die eine Interaktion mit dem Kunden ermöglichen und vieles mehr. Wir stehen am Anfang des Weges. Und doch werden Sie sich auch in Zukunft die Frage stellen, was Sie von Ihrem Kunden wollen. Eher informieren, aktivieren oder branden?

Argumente-Banner und Image-Displays

Im High-Involvement Bereich unterscheiden wir Argumente-Banner und Image-Displays, um bei einer eher „spitz" selektierten Zielgruppe eine „Branding-Wirkung" zu erzeugen. Normalerweise verweisen wir, wenn es um die Wirkung des Vorprägens geht, darauf, dass das Medium einer Branding-Strategie ausreichend Frequenz und Reichweite bieten muss, weil die anvisierten Menschen eher low-involviert sind (siehe Kap. 8.2.4).

Im Rahmen der Ad Displays gelingt es *Google* aber, mit seinem riesigen Netzwerk ausreichende Frequenz und Reichweite zu bieten. Branding-Wirkung entsteht aber nur dann, wenn sich das Ad Display nicht aufdrängt und aus der peripheren Wahrnehmung heraus operiert. Das erfordert klare Unterschiede in der Gestaltung. Ein Argumente-Display wird sich immer mehr der gesuchten Information anpassen, bietet z.B. eine Produktabbildung oder ein Produktdetail mit dazugehöriger informativer Headline und fordert zur Reaktion, womöglich schon zum Kauf auf. Solche Argumente-Banner greifen im High-Involvement-Bereich.

Ruhigere, klare und konstant wiederkehrende Displays machen hier den Punkt, wenn sie eher unbemerkt in das Gedächtnis des Internetusers eindringen. Wichtig für die Auswirkungen auf das Markenimage ist auch die Frage, ob die Website, auf der das Image Display erscheint, thematisch zum Banner passt. In dieser Situation will ein Image-Display eher Emotionen transportieren, Gefühle, Stimmungen. Es zielt auf eine Imagewirkung ab und auf die Erhöhung der Markenbekanntheit. Sie werden daher auch keine textlichen Argumente aufführen müssen. Sie sollten sich bei Ihrem Image-Display mehr auf Image-Inhalte und emotionale Aussagen beschränken. Meist werden Imagebanner nur beiläufig oder flüchtig wahrgenommen, bedenken Sie dies auch bei der Gestaltung.

8.2.3 Geeignete Medien zum Aktivieren unter Low–Involvement (Strategie 3)

> Die Spielregel, um Low-Involvierte zu aktivieren, also Menschen, die noch wenig bis gar kein Interesse an einem Angebot zeigen, lautet:
> Alle Register ziehen, Kontraste setzen und Auffallen um jeden Preis!

Wir haben es hier mit der Königsdisziplin kreativer Ideen zu tun. Werbung at it´s best! Das gilt für jedes ausgewählte Medium und ist auch immer gleich schwer. Ihnen hier aber eindeutige Gestaltungstipps zu geben fällt leicht. Auffallen um jeden Preis – so lautet die Gestaltungslinie. Vorbei die Zeiten der sanften Töne. Wer aktivieren will, darf laut, groß, hell, schreiend auf sich aufmerksam machen. Allerdings kann man es auch schnell übertreiben. Starke Reize bleiben nicht ohne Nebenwirkung. So können die persönliche Ansprache und das nachfassende Telefongespräch zu penetrant, das Werbebanner zu nervig, das Riesenplakat zu unglaubwürdig und der omnipräsente Radio- und TV-Spot à la *„Geiz ist geil"* zu lästig werden. Die Folge ist Reaktanz!

Am POS: Wenn Einkaufen zum Erlebnis wird

Wer nicht untergehen will, der muss laut und deutlich sagen, was er zu bieten hat. Und vor allem muss sich der POS mehr denn je von den Online-Shops unterscheiden. Nichts macht den Einkauf leichter als das Internet. Rund um die Uhr, sieben Tage die Woche, das günstigste Angebot auf einen Klick. Damit können Ladengeschäfte heute nicht mehr mithalten. Sie sind dem Untergang geweiht. So könnte man denken. Nicht, wer sich den einen großen, alles entscheidenden Vorteil zu eigen macht: Das Erlebnis.

Onlineshops können kein Erlebnis bieten. Ladengeschäfte sehr wohl. Und so lautet die Devise der Zukunft: Erlebnismarketing.

Wer seinen Laden zum Erlebnis für alle Sinne macht, der braucht sich um die Aktivierung von Low-Involvierten keine Sorge mehr zu machen. Wo die Nase frische Bergluft schnuppert, die Füße über Schotter wandern können, das Ambiente Outdoor pur verspricht und die Eiskammer dazu einlädt, den Daunenanorak zu testen – dort wird Einkaufen zum Erlebnis. Wie im neuen *Globetrotter*-Store in München. Bekannte Marken wie beispielsweise *Nike* schaffen immer mehr Marken-Erlebniswelten. Dabei geht es um mehr als um die bloße optische Gestaltung von Verkaufsräumen. Es geht darum, dem Kunden die Marke erlebbar zu machen. Spüre hier und jetzt deinen Nutzen. Spüre, was es bedeutet dazuzugehören zur *Apple*-Community, zur *Nike*-Welt.

Inszenieren Sie Ihre Marke. Ob als Marken-Erlebniswelt oder als Shop-in-Shop-System. Betrachten Sie Ihren POS nicht mehr als langweiligen, gern auch hübsch gestylten Verkaufsraum. Machen Sie ihn zu einer Erlebniswelt, erfahrbar mit allen Sinnen. Jetzt spielt alles eine Rolle. Sehen, Hören, Fühlen, Riechen, Schmecken – Ihr Angebot wird durch unmittelbare Erfahrungen am POS erlebbar. Aktivität aktiviert zur Aktion. Die Triple-A Strategie des Aktivierens am POS.

Solche Erlebniswelten sprechen sich herum. Sie profitieren von Mund-Propaganda und der Neugier. Machen Sie Ihre Marke zu einem Ereignis, Ihre Kunden zu Fans und Ihre Mitarbeiter zu loyalen Gefährten.

Wie Radiowerbung Gehör erlangt

Gleichermaßen gilt für Radiowerbung jetzt vor allem die Gestaltregel Kontrast. Was normalerweise so schön im Hintergrund dudelt, möchte plötzlich direkt ins Bewusstsein eines unaufmerksamen Hörers gelangen. Sie merken es schon selbst. Eine undankbare Aufgabe, der Sie sich hier stellen wollen. Empfehlungen sehen anders aus. Aber wir geben unser Bestes, um Ihnen auch beim Kampf gegen Windmühlen ein paar Hinweise mit auf die Reise zu geben:

Halten Sie sich auf jeden Fall an folgende von Lachmann (2004) zusammengestellte Gestaltungstipps:

- Kontrast: eine Anfangsaktivierung durch eine Art Fanfare und durch Gestaltstärke der einzelnen Elemente
- Klarheit: möglichst auf eine Botschaft pro Spot konzentrieren; bloß keine längeren Aufzählungen. Dann lieber verschiedene Aspekte auf separate Kurz-Spots verteilen oder eine zusammenhängende Geschichte erzählen
- Konsistenz: Verwendung von Jingles oder Audiologos, Slogans, wiederkehrenden Stimmen und Geräusche

Wir fügen dem Ganzen noch den Punkt Aktivierung hinzu.

- Aktivierung: Belohnen Sie das aktive Verhalten Ihres Empfängers unmittelbar. Das heißt, wer sofort reagiert und beispielsweise eine Landingpage anklickt, der wird belohnt mit einem fabelhaften Gewinnspiel, einem Gutschein, einem kleinen Giveaway. Was auch immer. Was zählt ist Motivation und positives Gefühl.

Events – Aktivieren mit allen Sinnen

Mit Events meinen wir spezielle Veranstaltungen, die von einer Marke durchgeführt werden. Ob öffentliche Sport- und Kulturveranstaltungen, die von einer Marke gesponsert werden, oder eigeninszenierte Ereignisse – sie verfolgen immer die klassischen Kommunikationsaufgaben Information, Emotion, Aktion, Motivation.

Events ermöglichen es Ihnen, in die Interaktion mit Ihren Kunden zu gehen. Der nahe Kontakt zum Kunden ermöglicht seine unmittelbare Beeinflussung im Sinne image- und meinungsbildender Maßnahmen. Es gilt, ein positives Erlebnis mit der Marke zu verbinden. Damit sind Events die Botschafter eines erlebnisbetonten Marketings und eine gute Gelegenheit, stark aktivierende Impulse auf ein im Moment noch low-involviertes Publikum abzugeben.

Im Gegensatz zu herkömmlicher Werbung können Events zur Aktivierung alle Sinne einsetzen und den Teilnehmer über eine Multisensorik beeinflussen. Dies betrifft visuelle Reize (Bilder, Inszenierungen), akustische Reize (Musik, Geräusche, Sprache), olfaktorische Reize (Geruch), haptische und taktile Reize (Fühlen von Oberflächen, Böden, Wetter) und gustatorische Reize (Geschmack). Gerade durch die Ansprache vieler Sinneskanäle wird ein Markenerlebnis intensiviert (vgl. Kroeber-Riel, 1993, S. 44 – 52). Machen Sie sich diese intensive Form des Markenerlebnisses zu Nutze, um starke Aktivierungsimpulse zu setzen und Einstellungen bzw. Verhalten Ihrer Kunden in gewünschter Form zu ändern.

Guerilla Aktionen für mehr Aufmerksamkeit

Sie erinnern sich: Wir alle werden mit tausenden von Werbebotschaften jeden Tag mehr oder weniger unbewusst überflutet. Wer nicht nur herausstechen, sondern auch noch die Masse der Low-Involvierten aktivieren will, der muss sich etwas einfallen lassen – z.B. außergewöhnliche Guerilla-Aktionen. Was damit gemeint ist, verdeutlicht sich am ehesten an einem Beispiel.

So ließ die Jeansmarke *Diesel* in Zürich und anderen großen Städten Eisklötze auf hoch frequentierten Straßen aufstellen. In den Eisskulpturen befand sich jeweils eine eingefrorene Jeans. Die mitten auf dem Gehweg platzierten, 1,50 Meter hohen Eisblöcke sorgten schon allein für viel Aufsehen. Wer aber genauer hinsah, entdeckte einen Text mit der Botschaft, die Jeans aus dem Eis gegen eine neue aus dem Laden zu tauschen. Was folgte, waren zaghafte bis brachiale Versuche von Passanten, die Jeans aus dem Eisblock freizulegen. Unter großer Aufmerksamkeit der Öffentlichkeit. Die Aktion wurde gefilmt und auch als Video vermarktet unter dem Claim: *„Be stupid. Get a Free Diesel Jeans!"*

Guerilla Marketing kann viele Fassetten haben. Das Entscheidende daran ist immer die Neuartigkeit und die Auffälligkeit. Nur das, was extrem zum „Normalen" kontrastiert, verschafft sich Gehör, wird gesehen, kommt an und bleibt im Bewusstsein. Unser Beispiel zeigt auch, wie wichtig es ist, bei aller Überraschung und lässigem Charme, die Markenbotschaft im Auge zu behalten. Guerilla Aktionen stellen keine Kunstform für sich dar. Auch sie müssen sich in die Markenstrategie einfügen und die Botschaft der Marke verbreiten. *„Be stupid!"* könnte dabei nicht das sein, was Kunden gerne hören.

In der Regel versuchen Guerilla-Aktionen Medieninteresse zu erzielen. Medienreichweite vor allem in der Zielgruppe stellt somit den Erfolgsparameter solcher Aktionen dar. Die berühmten Flashmobs der *Telekom* z.B. aus der Liverpool Street Station in London oder von *T-Mobile* am Flughafen Heathrow zeigen, wie minutiös solche Aktionen geplant sein müssen, um nicht nur eine perfekte Inszenierung darzustellen, sondern auch ein hohes Medienecho zu erreichen.

Geeignete Medien zum Branden unter Low-Involvement (Strategie 4) 8.2.4

> Die Spielregel für die Auswahl geeigneter Medien zur Kommunikation mit Low-Involvierten mit dem Ziel des Brandings lautet:
> Über hohe Frequenz und große Reichweite vorprägen!

Jedes Medium, das jetzt für reichlich Reichweite sorgt, kommt infrage. Vorausgesetzt, Ihr Budget erlaubt eine hohe Frequenz. Der einmalige TV-Spot zur Primetime bewegt im Bereich Low-Involvement nichts, außer auf Ihrer Kostenstelle. Rechnen Sie mit einem Wert von mindestens zwei Kontaktchancen pro Monat, um bei low-involvierten Empfängern nicht wieder in Vergessenheit zu geraten. Wenn Sie also über geeignete Medien nachdenken, mit deren Hilfe es Ihnen gelingen soll, Ihre Kunden vorzuprägen hinsichtlich Image, Präferenzen und Einstellungen, dann wird das Thema Kosten vermutlich den Ausschlag geben.

Lachmann (2004) empfiehlt bei begrenztem Budget folgende Kompromisslösungen:
- Pulsing: Phasen mit hinreichend dichter Kontaktfrequenz und Pausen zwischen diesen Phasen sind gleichmäßig „dünner" Schaltfrequenz vorzuziehen. Wenn

allerdings die Schaltfrequenz zu dicht wird, kann dies Reaktanz (Aggressionen) bei den Empfängern hervorrufen. Beispiel: mehrfache Schaltung ein und desselben TV-Spots in die Werbepause eines Spielfilms.

- Frequenz vor Größe: Regelmäßige Frequenz mit kleineren Formaten ist seltenen, großformatigen Auftritten vorzuziehen.
- Frequenz vor Reichweite: Besser eine Teilzielgruppe mit hinreichender Frequenz ansprechen, als eine große Zielgruppe insgesamt selten (z.B. lieber die Schaltung in einem Werbeträger konzentrieren, als auf diverse Werbeträger verstreuen.)

Denken Sie kreativ. Entwickeln Sie einen Mediaplan, der es Ihnen gestattet, unkritische und unaufmerksame, low-involvierte Kundengruppen permanent zu berieseln. Der stete Tropfen höhlt hier den Stein.

Weitere Erfolgsfaktoren in Sachen Werbung unter Low-Involvement sind Klarheit und Konsistenz. Wer Low-Involvierte erreichen möchte, der muss seine Botschaft so einfach und klar wie möglich formulieren. Die Klarheit der Botschaft sorgt dafür, dass der Empfänger sie ohne großen Aufwand und vor allem schnell abspeichern kann. So kann der Betrachter eines Fernsehspots nicht lange über die Werbeeinblendung nachdenken, zumal die folgende Werbung ihn schon wieder ablenkt. Er muss ohne kognitiven Aufwand in der Lage sein, die Botschaft zu dekodieren – auf dass sie die Barriere seines Desinteresses überwindet. Das kann nur bewerkstelligen, was bereits auf gelernte Muster und Schemata trifft.

Dabei hilft ihm nicht nur die Klarheit, sondern auch die Konsistenz des Werbemittels. Sie steht für die eigene Handschrift des Unternehmens und garantiert, dass die Reize bei der Strategie des „Berieselns" nicht zu stark variieren, um schnell vom Betrachter wiedererkannt und dekodiert zu werden. Klassische Konditionierung wirkt nur über konstante Reize. Denken Sie dabei nur an berühmte Audiologos wie das di-di-di-diii-di der *Telekom* oder das Herzklopfen von *Audi* am Ende jedes Spots. Wie der Pawlowsche Hund reagieren wir Empfänger mit Erkennung, Emotionen und Erinnerung. Eine solche Sound-Signatur bedarf keiner weiteren Erklärungen, keiner besonderen kognitiven Hinwendung. Sie assoziiert automatisch mit einer ganzen Gefühlswelt. Bei häufiger Begegnung im Alltag brennt sich die Soundmarke in unsere Köpfe ein. Memorierbarkeit garantiert!

TV-Werbung

Fernsehen – das Medium schlechthin in Sachen „Nieselregen". Wie ein sanfter Regenschauer tropfen die Werbespots auf die Zuschauer herab. Und obwohl nahezu niemand sich dem werblichen Guss bewusst zuwendet, bleibt vieles hängen. Ob *„Freude am Fahren"*, *„aktivierende Abwehrkräfte"* oder der *„Schrei vor Glück"* – die immer wiederkehrenden Spots bahnen sich ihren Weg in das Unterbewusstsein oder besser in die periphere Wahrnehmung der Kunden und verrichten dort ihr Werk.

Ein Grund, warum große Unternehmen nach wie vor auf die Kraft der Fernsehwerbung setzen. Auch wenn Fernsehen in Zeiten der Generation *Youtube* als Werbemedium gern mal totgesagt wird. Doch erstens leben Totgesagte bekanntlich länger. Und zweitens bringt Fernsehen Reichweite und entpuppt sich in Verbindung mit steter Penetranz als wunderbares Mittel zur Konditionierung von Menschen.

Auch wenn alles nach Online-Medien ruft und derzeit alles am liebsten nur noch in den Social Media werben würde.

✉ **Die klassischen Medien funktionieren nach wie vor. Sie sind die erste Wahl im Low-Involvement.**

Nicht zuletzt, weil sich das Preisgefüge in vielen Bereichen der Klassik deutlich verändert hat. Konkurrenz belebt auch hier den Wettbewerb und die Zeiten der Hochpreispolitik sind vorbei.

Außerdem lassen sich die Fernsehmacher immer wieder neue Formen der TV-Werbung einfallen. Sie sollen Ihre Botschaften in den nahen Kontext spannender Fernseh-, Film- und Sportereignisse rücken wie z.B. im Fall so genannter Split-Screens, bei denen parallel zu einer redaktionellen Programminformation auch eine Werbeinformation im Bild zu sehen ist. Also der eiskalte Wodkagenuss eingeblendet wird, während Bruce Willis zum eiskalten Schlag gegen seine Widersacher ausholt.

Denken Sie einfach immer daran: Fernsehwerbung wirkt über sinnliche Eindrücke und nicht über Argumente. Der Betrachter erhält kaum Gelegenheit, sich intensiver mit einem Bild oder einer Sequenz zu beschäftigen. Denn ein Bild folgt auf das andere. Die Flüchtigkeit der Wahrnehmung ist Programm im Fernsehen.

Radio-Werbung (Soundlogo)

Das Radio ist mit einer Verweildauer von ca. vier Stunden der Tagesbegleiter Nummer 1 und somit ein ideales Medium für Werbung unter Low-Involvement. Denn Radiowerbung wirkt peripher, also auch beim Nebenbeihören. Vorausgesetzt, Sie schaffen genügend Frequenz und Reichweite. Letztere erhöht sich heutzutage vor allem über die Möglichkeit des Webstreamings über Computer und Mobile Phones.

Generell gilt, dass Radiowerbung den Empfänger – sprich unsere Low-Involvierten – vor allem auf einer affektiv-emotionalen Ebene erreichen muss. Nicht die Information steht im Vordergrund, sondern die Emotion, der Eindruck. Doch Radiowerbung spricht nur einen Sinn an, das Hören. Sie stehen bei der Entwicklung eines Radiospots somit vor der Herausforderung, einen Markentransfer herzustellen, quasi von der Marke zur Melodie. Immer mit einem klaren Ziel vor Augen: Bekanntheit, Image, Branden. Radiowerbung im Dienste Ihrer Marke! Besonders wirkungsvoll erweisen sich dabei Radiospots, die beim Empfänger eine Belohnungserwartung aufbauen. Richten Sie eine klare, einfache und konsistente Botschaft an Ihren Zuhörer, die ihm nützt!

Am besten, Sie folgen dazu den sieben Prinzipien erfolgreicher Radiogestaltung, die Prof. Dr. Franz-Rudolf Esch in seinem Vortrag anlässlich des RADIO DAY 2010 vorstellte (http://www.radioday.de/radio-day-kongress/aktuelle-themen/markenkraft-durch-hoeren-staerken/).

Sieben Prinzipien für erfolgreiche Radiospots

- Eine klare Identität gibt die Richtung vor: Je klarer Sie Ihre Identität kommunizieren, umso stärker Erinnerung und Wiedererkennungseffekt Ihrer Marke.
- Eine klare Positionierung bündelt die Kräfte: Konkretisieren Sie auf besonders einfache Art und Weise, wofür Ihre Marke stehen will.
- Kreativität ist kein Selbstzweck, sondern muss der Marke dienen: Sie muss im Sinne der Marke die Kundenfrage beantworten: Was ist für mich drin und wie fühle ich mich dabei?
- Bringen Sie den Nutzen auf den Punkt, denn die low-involvierte Zielgruppe darf nicht überfordert werden.
- Sorgen Sie für ein angenehmes Klima und berühren Sie Ihre Kunden: Schaffen Sie positive Eindrücke und Emotionen.
- Vermeiden Sie Austauschbarkeit und „vertonen" Sie, was Sie einzigartig macht.
- „Orchestrieren" Sie Ihren Markenauftritt durch Audiologos, Erkennungsmelodien, Markenmelodien.

Außenwerbung – Out of home

Außenwerbung ist die generelle Werbung im öffentlichen Raum. Dort, wo jeden Tag viele Menschen ihres Weges gehen, an zentralen Verkehrsknotenpunkten, an gut einsehbaren Plätzen und Fassaden, dort finden wir sie: Großplakate, Transparente, Citylights, Riesenposter auf Baugerüsten und Außenhausmauern, LED-Wände und vieles mehr.

Auch Sie bieten uns wertvolle Kontaktmöglichkeiten zu relevanten Zielgruppen. Sie geben uns die Chance, das Heer der Low-Involvierten zu berieseln – durch Reichweite und Frequenz. Tag für Tag, mal eindrucksvoller, mal weniger aufmerksamkeitsstark.

Und auch, wenn sich viele nicht immer bewusst sind, welches Plakat gerade an der Bushaltestelle hängt, so werden sie die Botschaft doch aufnehmen. Egal ob peripher, unterbewusst oder implizit. Vorausgesetzt, Sie beachten die wichtigsten Gestaltungskriterien für die Berieselungsstrategie im Low-Involvement (nach Lachmann, 2004):

Gestaltungskriterien für Außenwerbung

- Hohe Klarheit und keine Überladung
- Starke Eigentypik
- Möglichkeit der Wahrnehmung aus etlichen Metern
- Die Elemente des Plakats müssen groß genug abgebildet sein
- Hoher Figur/Grund-Kontrast, d.h., die Figur muss sich stark vom Hintergrund abheben
- Bildelemente und Schrifttypen sollten prägnant sein

Der große Vorteil von Außenwerbung liegt in der hohen Zahl der Menschen, die täglich daran vorbeikommen. *„Aus diesem Grund ist iteratives Vorgehen möglich: Spannungsaufbau auf Plakaten, die Lösung kommt dann in der folgenden Periode."* (Lachmann, 2004, S. 176)

Sie werden im Folgenden noch sehen, dass sich die Außenwerbung auch ganz hervorragend für die Aktivierung von Low-Involvement-Kandidaten eignet. Was sich unterscheidet, ist nicht zwangsweise das Medium. Was sich unterscheidet, sind die Gestaltungsspielregeln.

Print-Anzeigen in Magazinen

Anzeigengestaltung unter Low-Involvement muss vor allem eines sein: sehr schnell! Ein kurzer Blick und die Botschaft muss sitzen. Selbst beim Überblättern sollte hängen bleiben, was transportiert werden will. Und das kann nicht viel sein, darf nicht komplex sein und muss sich sofort erschließen. Ein Bild sagt in diesem Fall wahrhaft mehr als tausend Worte. Darum kommt Bildern die entscheidende Rolle zu.

Versuchen Sie allein mit Ihrem Bild die Nutzenbotschaft Ihrer Anzeige zu vermitteln.

Vielleicht die größte Kunst in der Werbung überhaupt. Ein Bild als reine Dekoration bringt Ihnen in dieser Involvement-Situation rein gar nichts. Geben Sie Ihrem Bild Aussagekraft. Dabei steht eine prägnante Gestaltung der Bildaussage im Vordergrund.

Die zentrale Botschaft muss sich vom Rest der Gestaltung klar abheben. Es ist der erste Eindruck, der bleibt. Sollte hier nur die sexy Blondine hängen bleiben, nicht aber die Stereoanlage, für die sie wirbt, war der Versuch vergebens.

Geben Sie Ihren Kunden eine Vision mit der Anzeige. Zeigen Sie Ihnen, was geschieht, wenn sie Ihr Produkt verwenden oder Ihre Dienstleistung wahrnehmen. Nicht erklären in langen Fließtexten. Das Ergebnis soll sich präsentieren. Sie haben keine Zeit, eine Entwicklung von A nach B aufzuzeigen. Sie haben nur die kurze Sekunde, um das Ergebnis, eine Konsequenz vorzustellen.

Nieselregen auf Facebook

Werbung in den Social Media und speziell auf *Facebook* ist noch relativ jung. Trotzdem oder gerade deshalb erfreut sich dieses Medium zunehmend größerer Beliebtheit. Gerade für den sanften Nieselregen, der auf Low-Involvierte herabregnen soll, erscheint *Facebook* durchaus probat. Eine *Facebook*-Anzeige besteht aus einem Titel mit maximal 25 Zeichen, einem Text von bis zu 135 Zeichen und dazwischen einem Bild. Das sollte Ihnen genügen, um eine einfache Botschaft zu übermitteln. Wie ein stetes Winken am Wegesrand der Community ruft es jeden Tag: *„Hallo, schau doch mal vorbei!"*

Die Vorteile von *Facebook* liegen auf der Hand:
- Sie können Ihre Zielgruppen sehr selektiv wählen und selbst Nischen mitunter gut erreichen.

- Auf *Facebook* erzielen Sie auch bei Low-Involvierten durch die hohe Frequenz einen klaren Bekanntsheiteffekt für Ihre Marke. Nehmen Sie als Beispiel den Schuhversand *Zalando*.
- Reichweite und Frequenz können sehr differenziert gesteuert werden.

Es ist noch ziemlich umstritten, ob Werbung auf *Facebook* auch zur Aktivierung eines unmittelbaren (Kauf-)Verhaltens führen kann. Wer sich mit seinen Freunden trifft, verfolgt in den wenigsten Fällen eine Kaufabsicht. Deshalb auch unsere Einordnung von Aktivitäten auf *Facebook* im Bereich „Vorprägen" und „Branden" und nicht unbedingt mit der Zielrichtung „Verkaufen". Social Ads eignen sich am besten für die Promotion von Produkten großer Unternehmen. Solche bezahlten Anzeigen lassen sich durch Zielgruppenfilter auf bestimmte Standorte begrenzen sowie nach Geschlecht, Bildungsstand, Alter, politischen Ansichten und Familienstand diversifizieren.

Um den Bekanntheitsgrad bei einer bestimmten Zielgruppe zu erhöhen, erscheinen uns die Social Media als idealer Platz. Sie stellen sich vor und generieren eine Fangemeinde – mit dem klaren Ziel der Mund-Propaganda. So erzeugen Sie Interesse an Ihrer Marke und schaffen die Grundlage für weitere Kontaktmöglichkeiten im Sinne eines Consumer Experience Marketing.

Facebook funktioniert nicht nach dem Motto: „*Kauf jetzt!*" Aber ganz sicher nach dem Motto: „*Vergiss mich nicht! Denn das: Gefällt mir!*"

Atmosphäre am POS

Die Strategie des Vorprägens im Low-Involvement stellt auch spezifische Ansprüche an den Point of Sale. Gerade im Low-Involvement-Bereich geht es nicht darum, ganz konkret eine gezielte Kaufabsicht zu verfolgen. Flanierer und zufällige Passanten gehen nicht selten einem Bedürfnis nach, generelle Lust- und Erlebnisgefühle zu stillen. Was zählt ist der erlebbare, vom Kunden gefühlte Unterschied (Schuhmacher, 2008). Dies kann am Point of Sale durch interessante Events und Veranstaltungen sowie durch eine verbesserte Ladenatmosphäre und Warenpräsentation erreicht werden (vgl. Gröppel-Klein, 2009).

Imageuntersuchungen im Einzelhandel haben gezeigt, wie wichtig die Ladenatmosphäre für den Besucher ist (vgl. Koschnick, 2007). Die Ursache hierfür sehen Forscher in neurophysiologischen Prozessen. Positive periphere Reize erzeugen eine vermehrte Ausschüttung bestimmter Hormone, die für eine positive Grundstimmung der Person sorgen. Diese positive Grundstimmung erzeugt automatisch positive Assoziationen. Dagegen lösen negative periphere Reize bei den Betrachtern die im Laufe der Evolution gelernten „Fluchtreaktionen" aus und führen zu einer negativen Anmutung. Diese negative Anmutung führt dann (ähnlich wie beim Priming) zu einer schlechteren Produktebewertung und verringert damit die Kaufbereitschaft für dieses Produkt.

Sorgen Sie also gerade bei kaufunentschlossenen und wenig interessierten Besuchern am Point of Sale für eine möglichst positive Grundstimmung.

Gerade das Store-Design soll den Konsumenten zum Verweilen aktivieren und das Wiederkommen anregen. Wenn Sie Ihre Kunden überzeugen wollen, dann überprüfen Sie gezielt alle Einrichtungselemente wie Böden, Wände, Decken, Beschilderung und Dekorationselemente sowie multi-sensorische Elemente (visuelle, akustische und olfaktorische Reize) auf ihre Wirkung. Als positives Beispiel sei hier der Store *Liberty* in London genannt.

Kinowerbung

Kinowerbung bietet im Low-Involvement eine besondere Qualität. Denn Ihre Botschaft trifft auf Reizarmut. Das Publikum sitzt im Dunkeln und wartet gespannt auf den Film. Außer Popcorn und dem Nachbarn nebenan bieten sich keine Ablenkungsangebote. Wir haben es mit einer Art Zwangs-Involvement durch Langeweile zu tun.

Wer jetzt intelligente, pfiffige Werbung auf Spielfilmniveau zeigt, der wird durch außergewöhnliche Aufmerksamkeit belohnt. Wer im Kino werben möchte, der sollte also auf gar keinen Fall am falschen Ende sparen. Der billig und niveaulos präsentierte Spot bekommt die gleiche Beachtung wie die guten. Nur die Auswirkungen zeigen sich deutlich anders. Ob Imagegewinn oder Imageverlust – Kinowerbung hinterlässt Spuren in den Köpfen der Menschen.

Zur Aktivierung taugen Kinowerbefilme hingegen nicht. Da die Zeitspanne zur Reaktion viel zu lange dauert und mit viel zu vielen neuen Eindrücken (Film) gefüllt ist.

Allgemeine Gestaltungstipps unter wahrnehmungspsychologischen Aspekten 8.3

Jetzt geht es an die verbale und visuelle Umsetzung Ihrer Werbebotschaft. Im weiteren Verlauf dieses Kapitels werden wir Ihnen dazu nun allgemeine Gestaltungstipps an die Hand geben. Sie dienen generell dazu, die Wahrnehmung Ihrer Werbebotschaft sowohl in Low- als auch in High-Involvement-Situationen zu erhöhen. Bei der Einteilung der Tipps und Tricks folgen wir einer bestimmten Struktur, die sich aus dem in Kapitel 1 dargestellten Wahrnehmungsprozess und dem Kommunkationsmodell ergibt.

Sie erinnern sich, wir Menschen scannen unsere Umwelt bewusst und unbewusst. Tag und Nacht. Erst durch die bewusste Zuwendung zu einem Reiz stoppt dieses fortwährende Scannen und wir nehmen selektiv wahr. Bewusste Wahrnehmung gleicht nach Thomas Metzinger (2011, S. 21) einem Tunnel, einem „Egotunnel" wie er es nennt. Das, was wir subjektiv sehen, riechen, fühlen, schmecken, hören und erfassen ist nur ein kleiner selektiver Ausschnitt der Welt da draußen.

Und wir erinnern uns, im Moment der selektiven Wahrnehmung wirken nicht nur die Reize von außen, sondern auch die bereits abgespeicherten Gedächtnisinhalte des Rezipienten mit. Diese Erfahrungen spielen sowohl bei der Auswahl der Reize als auch bei deren Interpretation eine Rolle.

- **Inhaltliche Bedeutung:** An erster Stelle steht die inhaltliche Bedeutung der Werbebotschaft für den Empfänger. Kann er blitzschnell einen Nutzen, eine Belohnung für sich erkennen? Hier punkten Sie natürlich immer dann, wenn der Empfänger Ihre Botschaft blitzschnell dekodieren (entschlüsseln) kann.

  Also sollten Sie tunlichst die Motive, Insights und Bilderwelten sowie die Sprache Ihrer Zielgruppe kennen und beim Kodieren Ihrer Botschaft verwenden. Diese Regel gilt sowohl bei Low-Involvement als auch verstärkt bei High-Involvement.

- **Formale Prägnanz:** Die Dekodierung der Botschaft läuft natürlich umso schneller, je prägnanter sich das gewählte Werbemittel von seinem Umfeld, in das es eingebettet ist, abhebt und je prägnanter die eigentliche Botschaft an sich gestaltet ist. Werbepsychologen sprechen hier von formaler Prägnanz. Auch das weitere, vertiefte Elaborieren der Werbebotschaft hängt von der formalen Prägnanz mit einer aufgeräumten Leserführung und Navigation ab.

  Werbemittel werden nur sehr kurz und eher flüchtig betrachtet. Dabei benötigt der Betrachter in vielen Fällen mehr als nur einen kurzen Blick oder einen Ton. Er scannt auf mehreren Stellen des Werbemittels oder hört mehrere Töne und versucht, die Botschaft grob zu dekodieren. Sein ganzes Streben zu diesem Zeitpunkt gilt der Klärung der Frage: *„Was ist das? – Ist es gefährlich? Nützt es mir etwas? Bringt es mir einen Vorteil? Soll ich es weiter erforschen?"*

- **Erster Eindruck:** Es handelt sich hierbei um einen ersten atmosphärischen Eindruck, die gefühlsmäßige Anmutung, die das Werbemittel beim Betrachter auslöst. Objektive, messbare Gegebenheiten besitzen dabei keine Relevanz, da immer subjektive Verarbeitungsmuster mit einfließen, die die Bewertung letztendlich beeinflussen. Diese erste Bewertung findet auf rein subjektiver Ebene statt und ist für die weitere, intensivere Beschäftigung mit dem Werbemittel (Reiz) verantwortlich. Die erste gefühlsmäßige Haltung kann also als Vorurteil gesehen werden, welches die Wahrnehmung in weitere Bahnen lenkt. Die erste Anmutung des Werbemittels ist von besonderer Bedeutung, da sich dieses Gefühl auch auf das Produkt übertragen kann. Eine erste negative Anmutung ist sehr schwer wieder positiv zu färben. Vögele spricht im Rahmen seiner Dialogmethode hier vom ersten Dialog. Denken Sie dabei immer an das Sprichwort: *„Für den ersten Eindruck gibt es keine zweite Chance."*

- **Gezielte Aktivierung:** Auch in diesem Fall ist es von Vorteil, wenn Sie den bewussten Dialog durch formale Prägnanz fördern, dabei weiterhin den inhaltlichen Nutzen hervorheben und das Erregungspotenzial des Betrachters durch gezielte Aktivierung erhöhen. Eine erhöhte Erregung beim Betrachten der Botschaft garantiert eine vertiefte Beschäftigung und Zuwendung zu dem Reiz.

- **Kognitive Verständlichkeit:** Ihre Botschaft kann nur dann ihre volle Wirkung entfalten, wenn der Betrachter sie kognitiv begreifen kann. Er muss logischerweise verstehen, was Sie von ihm wollen. Dies bezieht sich auf die kognitive Verständlichkeit.

- **Aufforderung zu einer Handlung:** Die Verständlichkeit Ihrer Botschaft bezieht sich auch auf die Eindeutigkeit der nächsten Schritte. Erkennt der Empfänger, was er zu tun hat? Bringen Sie klar zum Ausdruck, welches Verhalten Ihre Botschaft in ihm auslösen soll.

Im Folgenden werden wir genau dieser soeben geschilderten Struktur folgen und Ihnen ein paar Tipps und Tricks für die Gestaltung an die Hand geben.

So signalisieren Sie die inhaltliche Bedeutung für die Zielgruppe 8.3.1

Menschen spenden den Dingen ihre Aufmerksamkeit, die für sie lang- oder kurzfristig von Bedeutung sind: So wird der Hunde-Fan schneller andere Hunde im Park wahrnehmen, der Hungrige schneller den Geruch frischer Brötchen und die junge Mutter mehr auf das Schreien von Kindern im Park achten als der Businessman in der Mittagspause.

Die subjektive, inhaltliche Bedeutung einer Werbebotschaft für den Rezipienten ist der Garant für seine Aufmerksamkeit. Erkennt er in Ihrer Information Nutzen für sich, so wird er adäquat reagieren. Wir haben bereits in Kapitel 3 darauf hingewiesen, wie wesentlich es für Sie als Anbieter und Sender der Werbebotschaft ist, die Motive und Bedürfnisse Ihrer Zielgruppe zu kennen. Jetzt ist der Zeitpunkt gekommen, wo Sie Ihre lösungsorientierten Angebote sinnlich wahrnehmbar kodieren: ein Geruch, ein Ton, ein Bild, eine große Headline usw. Je besser Sie dabei die Insights, die Sprache und Bilderwelten Ihrer Zielgruppe kennen, desto erfolgreicher werden Sie sein.

Verwenden Sie Bilder mit „Durchschlagskraft"

Bildern fällt in Sachen Aufmerksamkeit eine bedeutende Aufgabe zu. Menschen spenden bevorzugt solchen Informationen Aufmerksamkeit, die sich klar und deutlich vom Umfeld abheben und schnell verarbeitet werden können. Diese „Durchschlagskraft" besitzen in erster Linie Bildinformationen. Sie ziehen die erste Aufmerksamkeit des Empfängers auf sich, sie sind in vielen Fällen der Erstkontakt zum anvisierten Kunden. Da Bilder besser erinnert werden, können sie auch schneller wiedererkannt werden und sie steuern den Blickverlauf in der Werbung. Dabei transportieren sie Gefühle intensiver als Text und werden automatisch wahrgenommen, was vor allem in der Kommunikation mit Low-Involvierten von großem Vorteil ist.

Im Vergleich zu Text (gelesene Worte) sind Bilder nach Kroeber-Riel (1993) *„schnelle Schüsse in das Gehirn"*, da sie nicht sequenziell wie ein Textsatz – von vorne nach hinten – gelesen werden müssen, sondern weitgehend automatisch simultan mit einem Blick erfasst werden. In ein bis zwei Sekunden können das Thema oder die Information eines relativ komplexen Bildes erfasst werden, aber nur fünf bis zehn Wörter eines einfachen Textes (Behrens/Hinrichs, 1986).

An dieser Stelle sei darauf hingewiesen, dass sich die Dominanzwirkung der Bilder nicht nur bei low-involvierten Rezipienten entfaltet, sondern auch bei high-involvierten Betrachtern besteht (Kroeber-Riel, 1993). Achten Sie aber darauf, dass die Bilder schnell den Nutzen, die inhaltliche Bedeutung signalisieren, die Ihr Angebot vermitteln möchte. Bilder dienen keinen bloßen Dekorationszwecken, auch wenn viele von ihnen ein rein schmuckes Dasein fristen. Das ist immer dann der Fall, wenn der Betrachter sich fragt: *„Was will mir das Unternehmen damit sagen?"*

Verschwenden Sie niemals Ihr stärkstes Mittel für den ersten Eindruck mit einer „Nullaussage". Je klüger Sie Bilder einsetzen, umso besser kommt Ihre Botschaft an. In einer kreativen und klugen Bildauswahl steckt viel Werbekraft!

Assoziationstest, um die Bildwirkung zu überprüfen

Um die Wirkung Ihrer Bildauswahl zu überprüfen, machen Sie den Assoziationstest. Stellen Sie sich zwei Fragen:

- Welche Assoziationen könnten der Zielperson in den ersten ein bis zwei Sekunden durch den Kopf gehen?
- Hängen diese Assoziationen mit dem späteren Reaktionsziel zusammen?

Ein Beispiel: Sie wollen Geldanlagen mit einer Rendite von 3,5 Prozent vertreiben. Für die Werbung haben Sie zwei Bildvorschläge. Der eine zeigt einen Strand in Hawaii am frühen Morgen, der zweite zwei Geldstapel nebeneinander, der linke kleiner als der rechte. Fragen Sie sich jetzt: Was fällt den Zielpersonen ein, wenn sie Bild 1 sehen: „Urlaub, Strand, Entspannung etc.", und was bei Bild 2: „Geld, mehr Geld, Stapel ..."

Diese letztgenannten Assoziationen sind näher am Werbeziel „Vertrieb von Geldanlagen", deswegen ist Bild 2 eher geeignet.

So werden aus Bildern emotionale Erlebnisse

Oft bewegt sich der darzustellende Nutzen eines Produktes im eher emotionalen Bereich. Speziell im Low-Involvement wollen wir positive Anmutungen, aber auch Erlebnisse vermitteln, während im High-Involvement die Information im Vordergrund steht. Die „Erlebniswirkungen" eines Bildes werden nach Kroeber-Riel (1993) durch dominante und emotionale Bildelemente erzeugt. Dabei treten aktuelle Bilder immer in Verbindung mit schon abgespeicherten Bildern oder Erlebnissen (Schierl, 2001).

Eine „Klimawirkung" erreichen wir dann, wenn das Bild durch „nebensächliche" Bildelemente eine positive Anmutung, ein positives Wahrnehmungsklima im Gedächtnis des
Rezipienten erzeugt. Dieses Klima soll sich entsprechend positiv auf die Verarbeitung
der Bildinformation auswirken und zudem eine zusätzlich aktivierende Wirkung auf die
Zielperson haben. Klimawirkungen werden meist peripher und damit eher unbewusst
aufgenommen (Kroeber-Riel, 1993). Sie kommen vor allem in Low-Involvement-Situationen zum Tragen, wo angenehme Eindrücke und positive Gefühle wichtiger sind als
die detaillierten Kenntnisse über das beworbene Produkt (vgl. Trommsdorff, 2009).

Für solche emotionalen, „klimatischen" Anreicherungen stellen Sie das Angebot in
einen emotionalen, visuellen Kontext. So wirkt beispielsweise die Mineralwasserflasche
in einem kühlen, klaren Gebirgsbach noch erfrischender und reiner als die Flasche im
Kühlschrank. Der Bach plätschert fröhlich vor sich hin, die Wiesen blühen, Insekten
schwirren durch die Luft. Durch die Bäume scheint die Sonne. Heile Welt! Ein attraktives
Model holt die Mineralwasserflasche aus dem Gebirgsbach, Wassertropfen glitzern in
der Sonne. Es öffnet mit einem leichten Zischen die Flasche und setzt sie an den Mund
zu purem Genuss. Und? Haben Sie schon Durst bekommen? Vermutlich wird Ihnen
dieses Szenario besser „schmecken", als wenn das Mineralwasser im Kühlregal im Ge-
tränkemarkt vor Ort präsentiert würde.

Damit haben wir ein erstes Prinzip:

> **Schaffen Sie mit Bildern ein möglichst positives Umfeld, wenn Sie das Ziel verfol-
> gen, Ihr Angebot eher emotional aufzuladen.**

Warum Bilder „schnelle Schüsse ins Gehirn" sind

Bilder werden verglichen mit Text effizienter und schneller verarbeitet (Schweiger, 1985). Paivio begründet diese Tatsache mit seiner „Dual-Code-Theorie" (1971,
1978, 1986), wonach es für die Verarbeitung von Text und Bild zwei unterschiedliche Systeme gibt: Das verbale System, zuständig für Lesen und Hören, das die
Informationen sequenziell verarbeitet, und das visuell-räumliche System, das
bildhafte Informationen in Form von „mentalen Bildern" eher holistisch, ganz-
heitlich verarbeitet.

Nach dem Prinzip der dualen Kodierung können verbalen Reizen innere Bilder
und visuellen Reizen verbale Labels zugeordnet werden. Diese „doppelte Kodierung" erhöht die Gedächtnisleistung, denn dadurch werden Informationen
über zwei unterschiedliche Wege abrufbar. Bitte beachten Sie, dass die doppelte
Kodierung nur bei konkreten Wörtern funktioniert. Abstrakte Worte, wie z.B.
„Relativität" oder „Freiheit", können nur verbal und somit einfach kodiert werden.
Konkrete Wörter wie z.B. „Sonnenuntergang", „Palme" oder „Banane" können dagegen zusätzlich auch bildlich kodiert werden. Sie stehen sowohl als sprachlicher
als auch als bildlicher Code zur Verfügung (Kroeber-Riel, 1993).

Umgekehrt können Sie davon ausgehen, dass auch abstrakte Bilder nur einfach kodiert und nicht in einen verbalen Code übersetzt werden (Fleming/Sheikhian, 1972). Emotionale Bilder und Bildelemente dienen in der werblichen Gestaltung als das Mittel der Wahl, um die Aufmerksamkeit der Konsumenten auf sich zu ziehen. Gerade in Situationen, wo es auf die schnelle Übertragung von Stimmungen, Gefühlen und Mimik ankommt, zeigt sich die Überlegenheit des Bildes gegenüber Text. Dieser könnte dieselbe „Wirkung" nur durch eine zeitaufwändige Beschreibung erreichen. Bilder sind förmlich prädestiniert dazu, nonverbale Klima- und Erlebniswirkungen blitzschnell zu entfalten.

Wählen Sie Ihre Bilder nach Schema!

Doppelt hält besser. Kombinieren Sie Bilder mit Texten und erhöhen Sie die Wirkung. So kann z.B. das konkrete Wort „Sonnenuntergang" nicht nur bildlich, sondern auch sprachlich kodiert werden. Darüber hinaus ist „Sonnenuntergang" auch ein „Schemabild" wie „stiller See" oder „erotische Blonde" mit sehr starker emotionaler Wirkung, da es beim Rezipienten auf ein bereits abgespeichertes, emotional besetztes Schema trifft (Kroeber-Riel, 1993).

Es gibt verschiedene Arten von Schemabildern, auf die wir zugreifen können. Da wären zum einen die zielgruppenspezifischen, welche durch soziales und individuelles Lernen erworben werden. Des Weiteren gibt es die kulturell verankerten Schemabilder, also solche, die beim Rezipienten auf biologisch vorprogrammierte und kulturübergreifende Wirkungsmuster, wie z.B. das „Kindchenschema", treffen. Daneben gibt es die unbewussten Wirkungsmuster, die C. G. Jung (1986) als Archetypen bezeichnet hat.

Verleihen Sie Ihrer Botschaft durch Bilder Glaubwürdigkeit

Der Mensch glaubt sehr schnell, was er sehen kann. Somit eignen sich Bilder ganz hervorragend für die unkritische und ungeprüfte Kommunikation innerhalb der Low-Involvement-Strategien. Seien Sie sich dieser wesentlichen Herausforderung bewusst, wenn es darum geht, für Ihr Werbemittel eine geeignete Bildsprache auszuwählen. Es muss Ihnen gelingen, die inhaltliche Bedeutung, den Nutzen für den Empfänger in ein Bild zu „verpacken", das dieser schnell entpacken (dekodieren) kann. Und das er dann auch glaubt. Wer hier danebenliegt, erzeugt falsche und ungewollte Bilder im Konsumenten. Der denkt nicht lange nach, sondern straft ab. Mit falscher Reaktionsweise oder Ignoranz.

Darum ist es gerade im Low-Involvement, aber auch in allen anderen Bereichen von enormer Wichtigkeit, dass die von Ihnen ausgesuchten Bilder die korrekte Botschaft transportieren, ohne dass die Zielgruppe lange nachdenken oder überlegen muss. Dies kann zum einen durch die direkte Umsetzung der inhaltlichen Bedeutung im Bild geschehen, zum anderen durch die indirekte Umsetzung in Form einer Metapher oder einer Assoziation. Aber aufgepasst bei der indirekten Umsetzung. Querdenken gilt nur unter Werbern als Tugend. Unsere Zielpersonen müssen nicht besonders gut sein im um die Ecke Denken. Was zu kompliziert erscheint, wird lieber übersehen, selektiert oder schlicht nicht verstanden. Beachten Sie die begrenzten Möglichkeiten der kognitiven Verarbeitung. Wer eine Ecke zu viel einbaut, bleibt schnell ohne Wirkung.

Solche Bilder entfalten schnelle Wirkung!

Gute, schnell dekodierbare Bilder zeigen das Produkt im Gebrauch: die Fitnessmaschine, auf der ein Model vergnügt trainiert, die Küchenmaschine, die den Teig rührt, die Bettwäsche, in die sich ein Model kuschelt, ein Computer, an dem gearbeitet wird usw.

Ebenso besonders wirksam sind „Problem-gelöst-Aufnahmen": Hier wird z.B. durch zwei Bilder (Vorher-Nachher-Technik) gezeigt, wie eine Person sechs Monate vor und nach der Nutzung eines Fitnessgerätes aussieht, wie ein Staubsauger verdreckten Boden reinigt etc. Oftmals ist das Vorher-Bild in schwarz-weiß oder sepia (um die Vergangenheit farblich darzustellen), das Nachher-Bild in Farbe.

Eine Variante davon sind Bilderfolgen: Oft kann man mit drei bis vier Bildern schnell die inhaltliche Bedeutung, den Nutzen eines Produktes erzählen: So könnte z.B. bei einem Fitnessgerät das erste Bild das schnelle Aufstellen desselben zeigen. Das zweite Bild zeigt ein lächelndes Model bei einer Oberkörperübung, das dritte Bild bei einer Beinübung. Das vierte Bild könnte dann das Ergebnis der Fitnessübungen zeigen: das Model ist z.B. mit seiner Traumfigur in einem Schwimmbad zu sehen.

Nutzen zeigt sich auch in Analogien: Hierzu werden das Produkt und eine Analogieabbildung nebeneinandergestellt: Erinnern Sie sich noch an die Anzeige von *Toyota* – in der ein erfahrener Indianer seinem Sohn die Spuren von Tieren im Schnee in tiefster Wildnis deutete, Wiesel, Wolf, Bär und dann die Spur eines Autoreifens – „*Toyota*".

Wer gut „andockt", wird schneller verstanden

Bilder in der Werbung sind also nur dann „schnelle Schüsse ins Gehirn" Ihrer Zielgruppe, wenn diese die in Bilder verpackte Werbebotschaft mühelos und schnell „auspacken" und damit verstehen kann. Das von Ihnen gewählte Bild sollte darum den im Gedächtnis der Zielgruppe abgespeicherten Bildern (z. B. Markenzeichen, Logos, Images, Schemata oder einzelne Worte) ähneln. Dieses „Andocken" funktioniert umso besser, je konsistenter die gewählten Reize sind. Auch bei zentraler Reizverarbeitung ist es hilfreich, wenn ein „neuer Reiz" zu einem „älteren Reiz" eine gewisse „Passung" aufweist. Der Anbieter muss also dafür sorgen, dass er in seiner Kommunikation diese „Muster" in positiver Kombination mit seinem Angebot in die „Köpfe" potenzieller Konsumenten bekommt.

Dies gelingt umso eher, je weniger Varianz Ihre werblichen Auftritte aufweisen und je häufiger Sie mit den Konsumenten kommunizieren. Fehlende Konsistenz in der werblichen Kommunikation behindert die „Wiedererkennung" und damit die automatische Dekodierung der Botschaft; sowohl in der Bild- als auch der textlichen Kommunikation.

Bringen Sie mit Bildern Ihre Kunden auf die richtige Fährte

Erinnern Sie sich, der Empfänger Ihrer Botschaft bildet sich seinen ersten Eindruck in wenigen Sekunden. Diese erste Anmutung entsteht blitzschnell und befindet sich oft noch unterhalb der Wahrnehmungsschwelle. Gelingt es Ihnen hier schon ganz am Anfang, dem Betrachter ein erstes Lächeln ins Gesicht zu zaubern, wird er unter dieser nun entstandenen positiven Grundstimmung Ihre Botschaft weiter positiv dekodieren.

Psychologen sprechen hier vom Priming: das gezielte Legen einer „Spur", auf der sich der Betrachter bewegen soll. Priming kann auch auf die falsche Fährte führen, wie z.B. bei den berühmten „Schockbildern" aus der Benetton-Werbung. Die harte, gesellschaftskritische Darstellung von beispielsweise blutbefleckter Soldatenkleidung erzeugte beim Betrachter eine sehr negative Grundstimmung. Fast möchte man von einem Gruseleffekt sprechen. Derart kritische Bilder haben durchaus ihre Berechtigung, verfügen sie doch über ein enormes Aufmerksamkeitspotenzial. Fragwürdig bleibt allerdings der Kontext. Krieg, Krankheit und Elend in einem Umfeld, in dem Mütter mit ihren kleinen Kindern bunte Pullover kaufen wollen, erscheint bedenklich. Aufmerksamkeit um jeden Preis macht keinen Sinn. Sorgen Sie also mit der eingesetzten Bilderwelt für eine positive Grundstimmung.

Da wir gerade von Anmutung sprechen, sollten Sie auch die Technik der Irradiation kennen. Als Irradiation bezeichnen Werbepsychologen den Umstand, dass eine kleine Veränderung am abgebildeten Objekt oder einer Eigenschaft aus seinem Umfeld die Wahrnehmung des Objektes selbst verändern kann. Jeder Winzer wird Ihnen bestätigen, dass ein metallischer Kronkorken wie bei einer herkömmlichen Bierflasche ein idealer Verschluss für den Wein wäre. Leider spielen hier die Weintrinker nicht mit, denn ein gehobener Premiumwein muss einen echten Korken haben! Damit erscheint derselbe Wein mit einem echten Korken verschlossen als hochwertiger.

Bedenken Sie bei Ihren bildlichen Darstellungen deswegen immer auch das Phänomen Irradiation und rücken Sie Ihr Angebot ins rechte Licht. Selbst durch die richtige Wahl Ihres Vertriebskanals können Sie vor dem Hintergrund der Irradiation Ihr Produkt wertiger erscheinen lassen. Als Beispiel sei hier die unterschiedliche Wahrnehmung einer Gesichtscreme genannt, die z.B. über den Vertriebskanal Apotheke oder Discounter verkauft wird. Für welchen werden Sie wohl mehr Geld verlangen können?

Bringen Sie Ihre Texte inhaltlich auf den Punkt

Auch Headlines sind Träger von Bedeutungen. Gerade die großen Headlines werden bei Internetseiten, Landingpages, Briefen, Anzeigen etc. sehr früh gesehen. Die Wichtigkeit einer Headline beschreibt der große Werber David Ogilvy (1991, S. 145) so: „Ein Austausch der Schlagzeile kann eine Veränderung der Verkäufe im Verhältnis 10:1 zur Folge haben." Und: „Die Überschrift ist der wichtigste Teil einer Anzeige. Sie ist das Telegramm, das den Leser dazu bringt, den Text überhaupt zu lesen. Von fünf Personen lesen durchschnittlich nur vier die Überschrift, während nur einer den ganzen Text liest ... Die schändlichste aller Sünden ist eine Anzeige ohne Überschrift ... Der Texter ... der es wagen würde, mir so etwas vorzulegen, wäre nicht zu beneiden ..."

Klarer kann man es nicht mehr formulieren. Eine gute Headline hat es in sich! Gerade in Low-Involvement-Situationen werden lediglich die Headlines wahrgenommen – und das auch nur peripher. Optimale textliche Werbewirkung erhalten Sie bei Low- und High-Involvierten also ausschließlich über gut formulierte Headlines. Eine wahre Kunstform, sie zu entwickeln.

Kein Wunder also, dass Profis viel Zeit und Grips in die Formulierung von Headlines legen. Lassen Sie sich deshab nicht irritieren, wenn es in der Praxis heißt: *„Wir brauchen schnell mal eine Headline."* Das *„schnell mal"* sollte Sie auf keinen Fall am Nachdenken hindern. Denn in einer guten Headline pulsiert die Kraft der Botschaft. Sie bringt Menschen dazu, sich mit dem Werbemittel auseinanderzusetzen. Headline und Bild müssen eine Einheit mit Durchschlagskraft bilden. Diese wenigen Worte bilden den Sprengsatz im Gehirn Ihrer Kunden. Nur wenn sie zünden, kann die Botschaft ihre Wirkung entfalten. Findet die Headline keine Beachtung, dann war der Rest auch umsonst. Und das ist regelmäßig dann der Fall!

Headlines mit sofortiger Sprengkraft

Damit Headlines in den Köpfen Ihrer Zielpersonen einschlagen, müssen sie wie Bilder deren Motive ansprechen. Sie sollten einen klaren Nutzen transportieren und neugierig machen auf mehr. Headlines sind Ihr bestes Werkzeug, um beim Kunden anzukommen. Vergeuden Sie unter keinen Umständen ein so wesentliches Gestaltungselement durch langweilige Statements. Labeln nennen das die amerikanischen Kollegen, wenn Headlines nur das abgebildete Produkt benennen. *„Ein Stuhl ist ein Stuhl ist ein Stuhl."* Solche Headlines dienen vielleicht der Information in einem Produktkatalog. Aber mitreißen werden sie niemanden – außer vielleicht den Empfänger in den gähnenden Abgrund der Langeweile. Besser Sie langweilen Ihre Kunden nicht, denn das verzeihen sie Ihnen nie!

Es gibt viele Wege zu einer guten Headline. Hier sind nicht zuletzt Ihre Fantasie und Kreativität gefragt. Sie sollten Ihr Vorgehen abhängig machen vom Medium, von dem Involvementgrad und der Aufgabe der Headline.

Im Folgenden werden wir Ihnen ein paar Hinweise zum Texten von Headlines geben. Keine allumfassenden, aber allgemein dienliche Aspekte, die es zu berücksichtigen gilt. Der Weg zur Headline mit Sprengkraft, zur genialen Aussage, zum kultverdächtigen Claim, der liegt darin sicher nicht verborgen. Der liegt allein in Ihnen. Es gibt keine klare Handlungsanweisung, Schritt 1 bis 5, für Genialität. Aber es gibt Handlungsanweisungen, die Ihnen helfen sollen, solides Handwerk zu beherrschen.

Fügen Sie diesem Handwerkszeug das entscheidende Quäntchen an Individualität hinzu, das in Ihnen steckt. Wecken Sie Ihre Kreativität, werden Sie bildhaft, benutzen Sie Worte mit Aussagekraft und Assoziationsqualität, lenken Sie und leiten Sie, motivieren und verblüffen Sie. Vor allem wagen Sie das Unerwartete, Außergewöhnliche, Freche, Humorvolle. Am besten, Sie lesen alle unsere Regeln und die weiteren klugen Ratschläge, die Sie in der Literatur finden werden, um sie am Ende womöglich alle über Bord zu werfen. Denn eines ist klar: Genius hält sich an keine Regeln! Werden Sie genial.

Die Involvement-Situation gibt die Zielrichtung vor

Headlines folgen den unterschiedlichsten Aufgabenstellungen. Hier müssen Sie wieder die Involvement-Situationen unterscheiden. Will Ihre Headline dem flüchtigen Passanten die wichtigste Botschaft schon im Vorbeigehen vermitteln oder soll die Headline zum Weiterlesen animieren. Will sie einen aktivierenden Spannungsbogen aufmachen, der gar keine andere Reaktion zulässt als Weiterlesen, wie es im High-Involvement anzuraten wäre? Überlegen Sie sich gut, welchen Zweck Ihre Headline verfolgt. Wie viel Botschaft kann der Leser in seiner vermuteten Involvement-Situation vertragen, wie viel braucht er und worüber vermitteln Sie diese Botschaft. Die Headline ist extrem wichtig, aber auch nicht das alleinige Allheilmittel.

Wer jetzt weiterliest, hat gewonnen!
Wenn Sie Ihren Leser dazu bringen wollen, in den Text einzusteigen, weil dort z. B. wichtige Verkaufsargumente auf ihn warten, dann sollten Sie schon einmal eine Andeutung in der Headline fallen lassen.

Beispiel: Angenommen, Sie sind Geschäftsfrau: Welche Headline motiviert Sie mehr zum Lesen des darunter stehenden Textes?
- Das Jubiläum: 25 Jahre Meyer & Co.
- So gewinnen Sie 7 Kunden mehr am Tag

Sicher geht es Ihnen bei der Beurteilung dieser Headlines wie ca. 95 Prozent unserer Seminarteilnehmer. Lust zum Weiterlesen aus der Perspektive eines Unternehmers macht die zweite Headline. Es ist doch offensichtlich: Im 25-jährigen Jubiläum der Firma Meyer & Co. liegt keinerlei Nutzen versteckt. Was bringt irgendjemandem die Aussage, dass irgendein Unternehmen 25 Jahre alt geworden ist? Trotzdem eine der beliebtesten Headlines, die sich immer wieder findet. Hurra, wir leben noch!

Ganz anders: „So gewinnen Sie 7 Kunden mehr am Tag!" Die Reaktion des Lesers hier ist: *„Das möchte ich sehen, wie das gehen soll!"* Diese Headline arbeitet mit zwei Aspekten:
- Zum einen enthält sie nur die Hälfte der Nutzen-Information (7 Kunden am Tag). Wie diese gewonnen werden, wird verschwiegen.
- Auf der anderen Seite deutet die Headline aber an, dass der Rest der relevanten Information im Folgetext steckt.

Dies geschieht durch die Andeutungsformulierung „So ...". Funktionieren würden auch ein „Wie Sie ..." oder Formulierungen wie „Drei Wege ..." oder „Drei Tipps ...". In den beiden letzten Fällen finden sich dann idealerweise auch drei Absätze unter der Überschrift.

Aus den an diesem Beispiel veranschaulichten Sachverhalten ergeben sich folgende Grundsätze für die Formulierung wirkungsvoller Texte:

Zur Vertiefung

Solche Headlines machen neugierig

- Beginnen Sie die Headline mit Andeutungsformulierungen: „Wie", „So", „Warum", „Drei Wege". Andeutungen machen neugierig. Jeder will wissen: Wie geht es weiter? Darum beginnen Sie Ihre Headline mit einer Andeutung und nennen dann den Nutzen. Oder benutzen Sie Formulierungen wie „Drei Tipps", „Vier Wege".

- Verwenden Sie „neu" oder ein verwandtes Wort in der Headline. Kombinieren Sie den Nutzen mit dem Wörtchen *„neu"* oder verwandten Begriffen: (z.B. *„frisch", „brandaktuell", „taufrisch", „soeben eingetroffen", „erstmals im Angebot", „erstmalig", „Einführung", „revolutionär", „Revolution".* Der Kontrast zum Althergebrachten macht neugierig und animiert zum Weiterlesen. Dies ergibt Headlines wie z.B.: *„Die neue Mode", „Neu bei Müller & Co", „Zum ersten Mal in Hamburg", „Die Datenbank-Revolution"* etc.
- Integrieren Sie einen Rat oder ein Versprechen in die Headline. Headlines, die einen Rat oder ein Versprechen enthalten, appellieren in der Regel an das Eigeninteresse der Zielperson: *„Wie Sie 13,4 Prozent Steuern sparen", „Wie man Freunde gewinnt ...", „Wie Sie in 10 Tagen 5 Pfund abnehmen", „So sparen Sie Zeit", „Produkt gekauft – Kinder begeistert", „Ordentlich Platz gespart", „Hier finden Sie Ihre Akten sofort"* etc.
- Quantifizieren Sie etwas durch eine Zahl in der Headline. Sie sollten dabei möglichst präzise formulieren: Arbeiten Sie mit „krummen" Zahlen. „Glatte Zahlen" sind im Alltag bei Berechnungen eher selten und wirken daher weniger glaubhaft als Zahlen wie 13,4 oder 3,9. Eine präzise Headline lautet also z.B.: *„Sparen Sie pro Jahr 149,52 Euro."*
- Versprechen Sie schnellen Nutzen. Versprechen Sie, dass die Zielperson den Nutzen möglichst bald genießen kann. Menschen sind an schnellen Ergebnissen interessiert. Deshalb sollten diese auch in den Headlines angekündigt werden. Diese Headline spiegelt einem Hundebesitzer den erstrebten Endzustand wider: *„Schon nach einer Woche Training folgt Ihnen Ihr Hund aufs Wort."* Diese verheißt einen unmittelbaren Wohlfühlzustand ohne Kaufreue: *„Kaufen und sofort genießen. Sie haben es sich verdient!"*
- Personalisieren Sie Ihre Headline, indem Sie die Zielgruppe direkt ansprechen oder eine Region benennen, in der diese lebt. Das wirkt authentisch, weil es den Eindruck erzeugt: *„Ich/wir sind gemeint!"* Beispiele: *„Das günstige Bindegerät für den Freiberufler", „Die beste Einkaufsmöglichkeit für alle Pasinger."*

So wirken Ihre Werbemittel formal prägnant   8.3.2

Nachdem wir nun einiges zum Thema inhaltliche Bedeutung zusammengefasst haben, wollen wir uns auf den nächsten Punkt unserer Werbemittelgestaltung konzentrieren: Die formale Prägnanz. Wahrnehmung folgt bestimmten Gestaltgesetzen, die dafür verantwortlich sind, welche grafischen Formen bevorzugt als „Figur" in den Vordergrund treten und welche eher unbeachtet im Hintergrund bleiben.

Das Ziel des werblichen Gestaltens liegt nicht allein darin, „schöne" Dinge zu produzieren. Auch wenn sich einige dafür halten, Werber sind keine Künstler. Wir sind Pragmatiker mit einem zutiefst nutzenorientierten Anspruch. Darum müssen die gestalterischen Elemente so platziert werden, dass sie in der Lage sind, eine Botschaft zu kommunizieren. Im Rahmen der formalen Prägnanz stellt sich immer zuerst die Frage:

> ✉ „Hebt sich die eigentliche Werbebotschaft vom Hintergrund ab, kontrastiert sie ausreichend – und hat der potenzielle Rezipient dadurch überhaupt eine Chance, das Werbemittel und die darin enthaltene Botschaft zu erkennen?"

Weißer Adler auf weißem Grund oder das Umfeld bestimmt die Prägnanz

Die Prägnanz eines Werbemittels oder einer Botschaft hängt zuerst vom Umfeld ab. Machen Sie also nie den Fehler, sich z.B. eine Anzeige oder einen Banner von einer Werbeagentur auf einer „schwarzen Pappe" präsentieren zu lassen. In dieser unrealistischen Situation ist man gerne geneigt, eine Anzeige als prägnant, ja als sich geradezu aufdrängend zu bewerten.

Ganz anders sieht es aus, wenn Sie dieselbe Anzeige ausschneiden und in Originalgröße in eine echtes Umfeld, also z.B. in die Zeitschrift einkleben, in der sie erscheinen soll. Wenn es die Anzeige hier schafft, sich unter den vielen anderen Anzeigen „nach vorne zu drängeln", dann haben Sie eine prägnante Anzeige. Hüten Sie sich auch vor Plattitüden wie *„Rot ist die Farbe der Werbung"*. Eine rote Anzeige wirkt immer nur dann prägnant, wenn die anderen Anzeigen im Umfeld schwarz-weiß sind. In einem roten Anzeigendschungel fällt auch die knallrote Anzeige nicht mehr auf.

Runde, in sich geschlossene Formen wie ein Kreis gelten als sehr prägnant und heben sich gerade in einem „eckigen" Umfeld sehr gut ab. Wir haben uns schon immer gefragt, warum man in Publikumszeitschriften so wenig „runde" Anzeigen sieht. Auch bei digitalen Bannern (Display Ads) im Internet würde sich eine runde Form von den üblichen rechteckigen Formen sehr leicht differenzieren.

Nur was sich abhebt, wird wahrgenommen

Wenn wir von Prägnanz sprechen, geht es also immer um die einfache Frage, ob die verwendeten wichtigen Komponenten vom Betrachter schnell und mühelos erkannt werden können. Noch einmal, hier geht es um formale Gestaltung, nicht um die kognitive Verständlichkeit, zu der wir gleich kommen werden.

Die formale Prägnanz kann in einem Radiospot die klare Trennung der Hauptbotschaft von der Backgroundmusik bedeuten, bei einem Response-TV-Spot, der die Betrachter dazu auffordern soll, auf eine bestimmte Website zu gehen, muss die Internetadresse in lesbarer Größe dargestellt werden. Ein digitaler Screen am Point of Sale muss architektonisch so in das Ladendesign integriert sein, dass seine Position im Raum die Wahrnehmungschancen erhöht. Ein Banner auf einer Internetseite muss es also schaffen, sich in einem bestimmten thematischen Umfeld, das seinen Leser in den Bann zieht, zu behaupten.

An der existenziellen Notwendigkeit der formalen Prägnanz scheiden sich die Geister der Werbepsychologen und der Hüter des Corporate Designs. Unstrittig ist ein einheitliches, konsistentes Erscheinungsbild für die Wiedererkennung und schnelle Dekodierung einer Botschaft von größter Bedeutung. Geschäftsschädigend wird ein sklavisch gelebtes Corporate Design jedoch immer dann, wenn Responseadressen in einer Acht-Punkt-Schrift nach der Lupe schreien und Bildplatzierungen nicht den Erkenntnissen der Werbepsychologie, sondern den mitunter willkürlichen Eigenheiten des Corporate Designs folgen. In der Praxis fragen wir uns immer wieder, wie manche hoch dotierten „Brand-Wächter" es schaffen, den gesunden Menschenverstand der Verantwortlichen auszuschalten. Folgen Sie bitte unserer Regel:

Erkennbarkeit und formale Prägnanz gehen über Corporate Design. Oder wollen Sie in Schönheit sterben?

Auch Texte brauchen formale Prägnanz

Die formale Prägnanz bedient noch einen weiteren wichtigen Aspekt. Es wird Sie vielleicht überraschen, speziell nach rund 170 Seiten Buch, aber das Gehirn ist nicht besonders scharf auf Lesen! Es ist eine Tatsache: Der Mensch liest nicht besonders gut. Darum sollten wir es ihm, was die formale Prägnanz betrifft, so leicht wie möglich machen – mit leicht lesbaren und leicht verständlichen Texten. Oder wissenschaftlich formuliert, den „äußeren Lesewiderstand" durch eine klare Gliederung und angepasste Typografie reduzieren.

Gut lesbare Texte in Offline- und Online-Medien

Egal ob off- oder online, wenn Sie wollen, dass Ihr Text gelesen wird, weil er gut wahrnehmbar ist, dann verwenden Sie möglichst schwarze Schrift auf weißem oder sehr hellem Hintergrund.

Tests haben erwiesen, dass bei
- unruhigen Hintergründen, wie z.B. Fotos,
- Hintergründen in ähnlichem Farbton wie der Text,
- farbigen Schriften auf hellerem Hintergrund und
- hellen Schriften auf dunklem Hintergrund

geringere Verständniswerte erzielt werden als bei dunklen Schriften auf hellem Hintergrund. Vermeiden Sie also solche Zusammenstellungen.

Es ist sinnvoll, die Lesbarkeit von Schriften getrennt nach Off- und Onlinemedien zu behandeln. Zuerst zu den Offline-Medien:

Formale Prägnanz und Typografie bei Offline-Medien

Bei Schriften unterscheidet man zwischen Serifenschriften und serifenlosen Schriften. Unter Serifen (frz. „Füßchen") versteht man die feinen Linien, die einen Buchstabenstrich, meist quer zu seiner Grundrichtung abschließen. Verwenden Sie offline wenn möglich Serifenschriften. Das ist eines der am besten dokumentierten Ergebnisse von Studien zur formalen Lesbarkeit (Vögele, 1990, S. 48; Neumann, 2003; Wheildon u.a., 2005; Wheildon, 1995, 1990; Schneider, 1997; Lesbarkeit in der Buchtypographie: König, 2004; zur Typographie und zum Layout von Zeitungen: Rehe, 1986).

Falls Ihre CI eine serifenlose Schrift vorsieht, sollten Sie diese auch behalten. Ein etwa 10 bis 25 Prozent größerer Zeilendurchschuss (Abstand zwischen den Zeilen) kann die Lesbarkeit erhöhen.

Schreiben Sie längere Texte nicht in Versalien (alle Zeichen eines Wortes in Großbuchstaben). Nur sieben Prozent der Versuchspersonen fanden in einer Studie in Versalien geschriebene Texte leicht zu lesen. TEXT IN VERSALIEN IST SCHLECHT LESBAR. Gerade die unterschiedliche Höhe der Buchstaben erleichtert das ganzheitliche Erfassen von Schrift.

Wenn Sie auf einzelne Textstellen aufmerksam machen wollen, verwenden Sie besser Textauszeichnungen wie *kursiv* oder **fett**. Dabei sollten Sie aber nicht mehr als eine halbe Zeile pro Absatz hervorheben (Vögele, 1995, S. 176 f.), wenn die Hervorhebung prägnant bleiben soll.

Lesbarkeit von Headlines

Schon oben haben Sie es gelesen: Machen Sie Ihrer Zielgruppe klar, welchen Nutzen das Angebot mit sich bringt – auf den ersten Blick in einer erstklassig formulierten und vor allem gut lesbaren Headline (vgl. Raphel / Erdman, S. 85). Auch so ein Punkt. Immer mehr Grafiker haben die Typologie der Headline entdeckt, um ihrer künstlerischen Ader Ausdruck zu verleihen. Was man allerorten präsentiert bekommt, sind wilde Verschlingungen, Versalien, Übereinanderlagerungen, Schrift auf Bild oder Typos, die noch kein Mensch zuvor erblickt hat.

Seien Sie gewarnt: So viel Kunst will keiner sehen. Aus dem einfachen Grund, weil es niemand lesen kann. Der Tod einer jeden Headline ist der Lesewiderstand. Darum sorgen Sie dafür, dass Ihre Headline perfekt lesbar dasteht. Kunst und Style hin oder her!

Hier einige weitere Empfehlungen zur Lesbarkeit von Headlines

- ■ Gut lesbare Schrift: Wheildon und Heard (Wheildon u.a., 2005, S. 61) fanden heraus, und wir können es aus der Praxis bestätigen, dass die Schriftart entscheidend dazu beiträgt, wie gut eine Headline wahrgenommen wird. Vieles, was stylish und schick aussehen mag, offenbart sich als nahezu unleserlich. Fallen Sie nicht auf die schöne Anmutung herein. Headlines machen nur Sinn, wenn sie auch schnell und ohne Widerstand gelesen werden können. Sparen Sie sich die Worte, wenn sie nur gut aussehen. Wer will, dass seine Botschaft ankommt, der achte auf Folgendes:
  - • Serifen- und serifenlose Headlines unterscheiden sich nicht in der Lesbarkeit.
  - • Headlines mit verdrehten Schriften, Schmuckschriften und Versalien sind schlechter lesbar.
  - • Geringfügiges Kerning (also die Veränderung der Abstände zwischen den Buchstaben) wirkte sich nur marginal auf die Lesbarkeit aus.
- ■ Figur-Grund Prinzip: Am prägnantesten wirkt schwarze Schrift auf weißem bzw. gelbem Hintergrund. *„Vermeiden Sie farbige Headlines",* so lautet die eindeutige Empfehlung des Lesbarkeitsforschers Wheildon. Zwar sehen farbige Headlines attraktiver aus als schwarze, aber besser zu lesen sind ganz eindeutig schwarze Headlines. Je dunkler die Headline, umso besser das Textverstehen. Das liegt

daran, weil unser Gehirn einfach daran gewöhnt ist und in über 99 Prozent aller Fälle schwarze Schrift auf weißen Grund liest. Darum fordern wir auch gern im sprichwörtlichen Sinne: *„Das will ich erst einmal schwarz auf weiß sehen."* Bitte tun Sie Ihren Kunden den Gefallen. Es zeigt Wirkung!

■ Klare Textstruktur: Strukturieren Sie Ihre Texte. Arbeiten Sie mit Headlines und Absätzen. Ein wesentliches Informations-, Motivations- und Gliederungselement in Texten sind Zwischenüberschriften, so genannte Sublines. Das fanden auch 78 Prozent aller Teilnehmer einer Studie, insbesondere bei langen Texten (Wheildon, 1995). Vergleichen Sie einfach einmal die folgenden Spalten. Die meisten Menschen finden die Spalte rechts am lesefreundlichsten – obwohl sie mehr Wörter enthält als die anderen Spalten.

Gut lesbare Schrift: Wheildon und Heard fanden heraus, und wir können es aus der Praxis bestätigen, dass die Schriftart entscheidend dazu beiträgt, wie gut eine Headline wahrgenommen wird. Vieles, was stylish und schick aussehen mag, offenbart sich als nahezu unleserlich. Am prägnantesten wirkt schwarze Schrift auf weißem bzw. gelbem Hintergrund. „Vermeiden Sie farbige Headlines", so lautet die eindeutige Empfehlung des Lesbarkeitsforschers Wheildon. Strukturieren Sie Ihre Texte. Arbeiten Sie mit Headlines und Absätzen. Ein wesentliches Informations-, Motivations- und Gliederungselement in Texten sind Zwischenüberschriften, so genannte Sublines.	**Gut lesbare Schrift:** Wheildon und Heard fanden heraus, und wir können es aus der Praxis bestätigen, dass die Schriftart entscheidend dazu beiträgt, wie gut eine Headline wahrgenommen wird. Vieles, was stylish und schick aussehen mag, offenbart sich als nahezu unleserlich. Am prägnantesten wirkt schwarze Schrift auf weißem bzw. gelbem Hintergrund. „Vermeiden Sie farbige Headlines", so lautet die eindeutige Empfehlung des Lesbarkeitsforschers Wheildon. Strukturieren Sie Ihre Texte. Arbeiten Sie mit Headlines und Absätzen. Ein wesentliches Informations-, Motivations- und Gliederungselement in Texten sind Zwischenüberschriften, so genannte Sublines.	Gut lesbare Schrift: Wheildon und Heard fanden heraus, und wir können es aus der Praxis bestätigen, dass die Schriftart entscheidend dazu beiträgt, wie gut eine Headline wahrgenommen wird. Vieles, was stylish und schick aussehen mag, offenbart sich als nahezu unleserlich. Figur-Grund Prinzip: Am prägnantesten wirkt schwarze Schrift auf weißem bzw. gelbem Hintergrund. „Vermeiden Sie farbige Headlines", so lautet die eindeutige Empfehlung des Lesbarkeitsforschers Wheildon. Klare Textstruktur: Strukturieren Sie Ihre Texte. Arbeiten Sie mit Headlines und Absätzen. Ein wesentliches Informations-, Motivations- und Gliederungselement in Texten sind Zwischenüberschriften, so genannte Sublines.

Formale Prägnanz und Typografie bei Online-Medien

Durch die Pixelierung von Bildschirmen verändern sich auch die typografischen Besonderheiten der Druckschriften. So geht beispielweise durch die Pixelung das charakteristische An- und Abschwellen der Strichstärke von Serifenschriften verloren. Deswegen wird häufig empfohlen, für Online-Medien serifenlose Schriften zu verwenden. Eine umfassende Studie brachte hier interessante Empfehlungen. Die laut dieser Studie bedeutendsten Faktoren für gute Lesbarkeit von Schrift können Sie leider nur schwer beeinflussen:

Der eine Faktor war das Lebensalter der Nutzer. Teilnehmer im Alter zwischen 19 und 35 Jahren lasen die Experimentaltexte erheblich schneller als jüngere und ältere Versuchspersonen. Der zweite Faktor war die Konstruktionsart des Monitors: Texte an Flachbildschirmen konnten etwas schneller aufgenommen werden als an Röhrenbildschirmen. In Zukunft werden hochauflösende Reader und Tools wie das *iPad2* immer näher an die Papierqualität heranreichen, sodass auch ältere Menschen beim Lesen keine Probleme mehr haben werden.

Faktoren, die Sie beeinflussen können:

- Die Zeilenbreite ist der wichtigste typografische Wirkfaktor. Verwenden Sie als durchschnittliche Breite 40 bis 50 Schriftzeichen. Dies ergab in den Experimenten die besten Lesezeiten.
- Achten Sie darauf, dass der Zeilenabstand etwa das zweieinhalb- bis dreifache der jeweiligen Schrifthöhe beträgt.
- Zur Schriftgröße: Benutzen Sie zur Darstellung der Kleinbuchstaben mindestens 7 Bildschirmpunkte (Pixel). Weniger Pixel verlangsamen die Lesegeschwindigkeit merklich.

In Bezug auf die Schriftarten ergaben sich widersprüchliche Ergebnisse: So war die Lesegeschwindigkeit der Serifenschrift *Times* im Experiment praktisch identisch mit denen der serifenlosen Schriftart *Verdana*. Im Gegensatz dazu bewerteten die Versuchspersonen serifenlose Schriften wie *Verdana* und *Arial* deutlich besser als die Serifenschrift *Times*.

Die Lesbarkeit von Schriften im On- und Offlinebereich ist jedoch nur eine Voraussetzung für die Klarheit der Kommunikation. Ein zweiter Faktor ist der „innere Lesewiderstand", d.h. die Verständlichkeit des Textes, auf den wir später unter dem Punkt „kognitive Verständlichkeit" eingehen werden (siehe Kap. 8.3.5).

8.3.3 So optimieren Sie Ihren ersten Eindruck

Wie wir bereits diskutiert haben, bilden nicht nur eine, sondern mehrere kurz aufgenommene Informationen innerhalb kürzester Zeit einen ersten Eindruck über das Werbemittel. Mit ihm entscheidet sich die Reaktion des Empfängers. So wie das Werbemittel in den ersten Sekunden ankommt, so geht es weiter. Sind die Infos für mich relevant? Ist das mein Thema? Die Antwort entscheidet über Missachtung des Werbemittels oder intensive Beschäftigung damit. Wie das genau abläuft, haben wir in Kapitel 4 ausführlich geschildert.

An dieser Stelle nun einige Gestaltungstipps dazu, wie Sie den ersten Eindruck optimieren können.

- Welches Involvement hat vermutlich Ihre Zielperson, wenn sie das Werbemittel zum ersten Mal wahrnimmt? Bei Low-Involvierten sollten Sie insgesamt wenige, bei High-Involvierten eher viele Informationen bereitstellen. Deshalb die Frage: Zeigt das Werbemittel beim ersten Kontakt viele oder wenige Informationen?
- Überlegen Sie sich: Welche Gestaltungselemente Ihres geplanten Werbemittels nimmt der Mensch als Erstes wahr? (Oft sind es Gerüche oder Töne, die größten Bilder und die größte Headline).

- Sind diese Gestaltungselemente formal prägnant, also leicht wahrnehmbar (heben sie sich z.B. klar von der Umgebung ab?)
- Sind diese Gestaltungselemente inhaltlich prägnant? Überprüfen Sie, ob diese die wichtigsten Nutzenargumente und die Positionierung enthalten. Zeigt das größte Bild den wichtigsten Nutzen, nennt ihn auch die größte Headline?
- Ignorieren Sie bei der Beurteilung alle Texte, alles was hinter einem Link steht oder auch den Inhalt eines Videospots auf einer Webseite. Entscheidend ist, was Ihr Kunde auf den ersten Blick wahrnimmt. So kann der Text des Links entscheidend sein („hier klicken" ist z.B. ein ganz schlechter Text für Links) oder das Stand-Titelbild des Videos.
- Versuchen Sie, den ersten Eindruck bei Ihrem Kunden nachzuvollziehen. Würden die von Ihnen als Kunde zuerst wahrgenommenen Informationen Sie motivieren, sich intensiver mit dem Werbemittel zu beschäftigen, es z.B. zu lesen? Seien Sie kritisch und starten Sie den Selbstversuch!

So setzen Sie gezielte Aktivierung ein 8.3.4

Kennen Sie das? In einem langweiligen Gespräch spricht plötzlich jemand Ihr Lieblingsthema an. Gerade eben waren Sie noch müde. Doch jetzt sind Sie und damit auch Ihr Gehirn hellwach. Was damit gerade passiert ist, nennen Psychologen Aktivierung. Und genau diese Aktivierungswirkung wollen wir auch mit unserer Werbung hervorrufen: Egal, ob jemand high- oder low-involviert ist, im Idealfall aktiviert ihn der Kontakt mit der Werbung zu einer von Ihnen gewünschten Handlungsweise. Das Beste daran: Aktivierung sorgt dafür, dass alle weiteren Vorgänge im Gehirn effektiver ablaufen. Die Werbung wird besser aufgenommen.

Einige Aktivierungsprinzipien haben Sie bereits in Kapitel 4 kennen gelernt: emotionale, kollative und überraschende Reize. Setzen Sie diese für wirksame Gestaltungselemente ein: Statische und bewegte Bilder, Animationen, Headlines und Musik.

Aktivierende Wirkung von Bildern: Sex Sells? Nicht immer!

Bilder haben die Aufgabe, die Aufmerksamkeit auf das Produkt zu lenken. Sie sollen Aufmerksamkeit erregen, als Hingucker, als Eyecatcher, als Irritation. Je nach Involvement-Grad können Sie hier variieren. Im Rahmen der Aktivierung von Low-Involvierten zum Beispiel können Sie in der Bildsprache richtig aufdrehen und brauchen mit Reizen nicht zu geizen.

Generell fangen Bilder den Blick des Empfängers ein und formen den ersten Eindruck. Doch Hinschauen allein, darunter verstehen wir noch keine erwünschte Reaktion. Nackte Haut, dem Kindchenschema entsprechende Gesichter und spielende Kätzchen sind immer ein Hingucker. Hier sorgen schon allein unsere archaischen Instinkte für den Blickfang. Doch wo Auge und Hirn keinen Zusammenhang mit der Produktbotschaft finden, da verliert sich der optische Reiz auch schnell wieder im Nichts.

„Wenn der Aufmerksamkeit erzeugende Reiz nichts mit dem Werbeziel zu tun hat oder diesem zuwiderläuft, ist durch die Wahrnehmung nichts gewonnen. Es wird zwar der Reiz

wahrgenommen, nicht aber die Werbebotschaft.“ (Rosenstiel/Kirsch, 1996, S. 73) Ein zu starker Reiz im Umfeld des zu bewerbenden Produkts kann sich sogar auf den Verkauf negativ auswirken.

Der Vampireffekt

Ähnlich wie ein Vampir „saugen“ ablenkende Elemente in einer Werbung die „lebenswichtige“ Aufmerksamkeit vom Produkt bzw. der Botschaft. Smith und Engel (1968, S. 681 f.) zeigten dies in einem witzigen Experiment.

Zwei Gruppen von Männern wurden verschiedene Varianten einer Anzeige gezeigt: Der einen Gruppe eine Anzeige mit der sachlichen Abbildung eines Autos, der anderen dasselbe Auto mit einem erotischen Mädchen. Die Männer der zweiten Gruppe beurteilten das Auto als ansprechender, aufregender, teurer und weniger sicher. 90 Prozent dieser Probanden gaben selbstbewusst an, ihr Urteil völlig unabhängig von der Wahrnehmung des Mädchens getroffen zu haben. Das wesentliche Kriterium, die Marke des Fahrzeuges, konnten sie allerdings nicht benennen. Die war ihnen bei der scheinbar kritischen und völlig sachlichen Beurteilung der Anzeige total entgangen. Das kann schon einmal passieren, wenn eine Bikinischönheit der Werbebotschaft buchstäblich die Schau stiehlt. Das nennt man dann Vampireffekt. Die Augen der Probanden ruhten wohl eher auf den Rundungen des Mädchens als auf denen der Karosserie.

Die aktivierende Wirkung von Bewegung: Bringen Sie den Ball ins Rollen

Ein bewegtes Bild hat gegenüber einem statischen Bild den Vorteil einer besseren Aktivierungschance. Wenn das Umfeld eher statisch ist, dann kontrastiert ein bewegtes Bild sehr stark und schafft damit Aktivierung. Es veranlasst zum „Hinschauen“. Des Weiteren können Stimmungen und Klimawirkungen besser durch die Dynamik der Bewegung ausgedrückt werden. Man denke an ein statisches Plakat des Meeres – im Vergleich zu einem bewegten „Plakat“ des wogenden Meeres. Oder an das Lachen einer Person, die Bewegung, die Gestik, die Mimik – mit dem bewegten Bild können emotionale Inhalte besser transportiert werden.

Geht es darum, in einer Kommunikation Abläufe zu veranschaulichen, dann kann auch dies durch das Bewegtbild besser erklärt werden. Dies setzt aber voraus, dass die Bewegtbilder (Figur), z.B. auf dem Screen oder als Display AD auf einer Website, als optisch prägnante Reize sich vom Umfeld abheben. Bewegte Bilder sind heute auf dem Vormarsch: Beschleunigt durch die technologische Revolution der Digitalisierung, und immer größeren Bandbreiten der Übertragungsnetze werden heute Bewegtbildinhalte mit Ihrer Aktivierungskraft nicht nur im Internet vermehrt eingesetzt. Der Konsum von „Online-Videos“ steigt auch in Deutschland weiterhin sehr stark an.

Die neuesten Veröffentlichungen von Comscore 2010 (Block, 2010), einem der führenden Unternehmen im Bereich der Messung der digitalen Welt, belegen, dass im April

2010 44 Millionen Online-Video-Konsumenten in Deutschland 9,4 Milliarden Videos abgerufen haben. Im Durchschnitt bedeutet dies 214 Videos pro User. Verglichen mit dem Vorjahr ein Zuwachs von 29 Prozent.

Online-Shops setzen auf Videos

Auch Online-Shops und Katalogversender greifen vermehrt den Trend zum Bewegtbild (d.h. Videos) im Internet auf und ergänzen ihre Kommunikation mit interaktiven Plattformen; so z.B. die *Otto* Group mit *Brandneu TV* oder *Neckermann* mit *nLounge*, eine Kombination aus Kundenclub und Online-Shop, um nur einige zu nennen. Auch Shoppingsender wie *HSE24* erweitern ihre Internetseiten um Video-Livestreams und Produktvideos. Dies gilt auch für das mobile Internet (mobile devices). Aufgrund der zunehmenden Digitalisierung und immer günstiger werdenden hochauflösenden Endgeräten kommen heute immer mehr Bild- und Bewegtbildmedien zum Einsatz (zu denken ist hier an die neuen Arten der Außenwerbung, Video, Mobile Devices, PDAs, Internet mit Bewegtbild, Digital Signage, *iPhone, iPad* etc.).

Auch der Einzelhandel setzt unter dem Schlagwort Digital Signage zunehmend auf elektronische Bildmedien als visuelles Kommunikationsmittel am Point of Sale. Flachbildschirme (Screens) werden immer größer, flacher, preiswerter und reichweitenstärker. Auch hier ist das bewegte Bild dem statischen Bild in vielen Fällen überlegen. Zum einen kontrastiert und aktiviert ein bewegtes Bild vor einem statischen Hintergrund besser, zum anderen können Stimmungen und Klimawirkungen emotionaler dargestellt und darüber hinaus komplexe Abläufe einfacher erklärt werden. Produkte am Point of Sale können damit aktivierender in Szene gesetzt und damit besser in den Fokus des Konsumenten gerückt werden (vgl. GIM, 2008).

Für den Point of Sale stellt sich heute die Frage, in welchen Bereichen der Einsatz von Bewegtbildern relevant ist und Sinn macht. Vergleicht man den werblichen Screen mit den klassischen Medien, steht er natürlich vor allem zum Plakat und Aufsteller in Konkurrenz.

Nach Scheier (2005) sind Plakate Sichtmedien, die nicht gelesen, sondern geschaut werden, wobei er von einer durchschnittlichen Betrachtungsdauer von maximal zwei Sekunden ausgeht. Da die Anwendungssituationen am Point of Sale von digitalen Screens denen des Plakates in vielen Fällen sehr ähnlich sind, gehen wir davon aus, dass auch der digitale Screen am POS eher als Sichtmedium einzustufen ist und dass er eher „geschaut" als gelesen wird. (Hinweis: Touchscreens, die z.B. am Warenregal eingesetzt werden, werden dagegen eher gemäß unserer Strategie 1 „Channelising" den Regeln eines Lesemediums folgen. Der Touchscreen soll den Kunden in erster Linie Fragen beantworten, ihn informieren und nicht überzeugen.)

Es sind also Bilder – nicht Texte – die das Bewusstsein der Menschen im 21. Jahrhundert prägen. Die Werbung scheint sich diesem gesellschaftlichen Gesamttrend anzupassen, der mit Schlagwörtern wie „visuelle Zeitwende" bezeichnet wird (Maar/Burda, 2004).

Was wir nun brauchen, sind einige Ideen, wie man gute Bilder entwickelt, die das Erreichen eines Werbeziels fördern. Kirchner (1988, S. 165) nennt dazu einige Möglichkeiten, ein Angebot abzubilden:

So gestaltet man aktivierende Bilder

- **Vermeiden Sie reine Sachaufnahmen.** Sie zeigen das Produkt ohne Requisiten, ohne Bezug zum Umfeld, ohne Bewegung. Sie sind laut Kirchner ungefähr *„so wirksam wie eine Salbe auf einem Holzbein".* So wirkt das Bild, das das pure Holzregal zeigt, häufig äußerst langweilig. Wird das Regal dagegen mit Büchern und Blumen gefüllt, wirkt es für viele Betrachter interessanter, positiver.
- **Fügen Sie Ihrer Sachaufnahme kleine, oft kaum bemerkbare Accessoires hinzu.** Durch diese Einbindung in einen Kontext kann die Wahrnehmung des Angebots positiv beeinflusst werden. Eine Verbesserung der Wirkung einer reinen Sachaufnahme ist daher durch die Abbildung des Produktes mit einem passenden Requisit zu erreichen, also z.B. Sachaufnahmen mit Blüten im Frühling, ein Werbemittel zu Weihnachten mit Christbaumzweigen, Obstschalen mit Obst etc. Allerdings ist die Gefahr groß, mit diesem Vorgehen ein Klischee zu bedienen und so keine Aufmerksamkeit zu finden.
- **Noch besser, weil authentischer, ist die Verwendung wirklichkeitsnaher Accessoires:** Hier sind dann vor allem die Grafiker und Fotografen gefordert: So sollte z.B. aus einer Kaffeetasse Dampf aufsteigen, sollten Bläschen im Sahnekännchen zu sehen sein und das rasante Auto mit einem verwischten Hintergrund abgebildet werden; um die Geschwindigkeit des Boliden zu betonen, sollte das Segelboot mit einer leichten Schieflage und Gischt am Bug durchs Wasser gleiten usw.

Die aktivierende Wirkung der Personalisierung: Werden Sie ruhig persönlich

Texte müssen nicht nur formal gut gegliedert und verständlich sein. Sie sollten auch anregende Zusätze haben, die den Leser bei der Stange halten. Die persönliche Ansprache zeigt deutlich mehr Wirkung als das distanzierte „man", ebenso erweisen sich passive Formulierungen als schleppend und lähmend. Wenn es etwa in der Werbung für die Nachrüstung eines Autodachfensters heißt, *„Je nach Wetterlage lässt sich das Dachfenster in drei Stufen einrasten",* klingt das nicht nur schrecklich, sondern ist es auch. Warum wörtlich auf Abstand gehen, wenn doch die Nähe zum Kunden gefragt ist? Also sprechen Sie Ihre Leser persönlich an: *„Je nach der Gunst des Wettergottes rasten Sie Ihr Dachfenster in drei Stufen ein, um die Sonne genießen zu können und doch windgeschützt zu sein."* Texte sind Gespräche! Darum langweilen Sie Ihren Kunden nicht, sondern lassen Sie auch mal Humor zu Wort kommen.

Die aktivierende Wirkung von Headlines: Bringen Sie es auf den Punkt!

Natürlich können auch einzelne Worte und Aussagen eine aktivierende Wirkung entfalten. Es gäbe die *Bildzeitung* nicht mehr, wenn Menschen nicht buchstäblich auf knackige Schlagzeilen abfahren würden. Die Betonung liegt dabei auf „knackig". Die aktivierende

Wirkung kennt verschiedene Ebenen bei einer Headline. Da hätten wir zum einen die klare Aufforderung zur Handlung. Wer kennt sie nicht, die nächtliche Aufforderung, die einem auf Privatsendern entgegenschallt: *„Ruf jetzt an!"* Klar in ihrer Aussage, so kurz, dass sie wahrlich jeder versteht und in Verbindung mit dem richtigen Bild für so manchen eine unwiderstehliche Botschaft ist. Gut, ganz so einfach sollten Sie es sich nicht machen. Aber das Prinzip dahinter ist klar: Kurz und bündig sagen, was Sache ist! Den Rest erledigt das starke Bildmotiv. Punkt!

Die Aktivierung kann aber auch in Form von Neugier oder Interesse ihre Wirkung entfalten. *„Gefährliche Schadstoffe in Babynahrung gefunden!"* Welche junge Mutter möchte da nicht wissen, worum es sich im Detail handelt. Hier spielt die Headline auf eine wichtige, ja womöglich lebenswichtige Information an, die ich nur erhalte, wenn ich z.B. die Zeitung kaufe, auf der die Schlagzeile prangt.

Spannend wird es auch immer, wenn die Headline in einem klugen Kontrast zum Bild steht. Ein scheinbarer Widerspruch kann hier für echte Neugier sorgen. Allerdings muss sich der Widerspruch sofort auflösen, womöglich in einer dazugehörigen Subline.

Auch Doppeldeutungen können aktivierend wirken in der Headline. Man denke nur an die humorvolle und mit einem Augenzwinkern gestaltete Kampagne von *Mey*. Wer als Produzent von Damenwäsche zwei treu dreinblickende Möpse abbildet und daneben die Headline *„Möpse mögen Mey"* platziert, dem ist die Aktivierung sämtlicher Gehirnzellen sicher.

Wer aktivieren möchte, der fasse sich kurz und bündig, komme auf den berühmten Punkt und verzichte auf alles Überflüssige. Füllwörter wie *„auch", „doch", „freilich"* und *„eigentlich"* haben in einer Headline nichts verloren. Sie machen träge, wirken fade und füllen höchstens die Lücken des Desinteresses. Elektrisieren werden Sie damit niemanden.

Die aktivierende Wirkung durch ungewöhnliche Formen und Formate: Wer aus der Form fällt, fällt auf!

Überlegen Sie sich, welche äußeren Gestaltungsformen Ihrer Werbemittel für Ihre Zielgruppe ungewöhnlich sind und damit kontrastieren, als interessant und aktivierend empfunden werden. Gerade im Bereich des Direktmarketings können Sie Ihre Zielgruppe durch ausgefallene Mailing-Packages überraschen. Dies könnten beispielsweise Printwerbemittel mit Duftlack, besonderen Stanzungen, Falzarten oder Verpackungen sein. Sinn und Zweck dieser Bemühungen – der Kunde soll sich intensiver mit dem Werbemittel auseinandersetzen und damit mehr Zeit bekommen, sich mit Ihrem Angebot zu beschäftigen. Natürlich können Sie auch durch eine entsprechende Farbwahl eine aktivierende Wirkung erzielen.

Die aktivierende Wirkung durch Farben: Wenn Kunden rotsehen

Farben spielen in der Gestaltung eine zentrale Rolle. Bedenken Sie hier immer die Wirkungen, die Sie mit einer Farbe erzeugen. Hier gibt es eine Vielzahl von Studien, die sich speziell mit der funktionalen, ästhetischen und symbolischen Wirkung beschäftigen. So haben z. B. tachistoskopische Untersuchungen, die die Sympathiewerte für eine Farbe herausgefiltert haben, gezeigt, dass Farben in einer bestimmten Reihenfolge wahrgenommen werden. Zuerst Gelb, dann Orange, Rot und zuletzt Grün.

Da Farben meist im Kontext zu anderen Farben auftauchen, haben sie einen enormen Einfluss sowohl auf die schon skizzierte formale Prägnanz, als auch auf die emotionale und aktivierende Wirkung Ihrer Werbemittel. Grundsätzlich differenziert der Betrachter nicht in negative oder positive Farben, sondern in eher warme und kalte Farben.

Des Weiteren besitzen Farben eine Symbolwirkung, die je nach kulturellem Kontext unterschiedlich sein kann. So steht für westlich geprägte Länder die Farbe Blau auf der semantischen Ebene für Unendlichkeit, Ferne, Weite, Kühle. Sie wird als wertvoll und seriös empfunden. Auf der metaphorischen Ebene steht Blau für Sehnsucht, Traum, Vision, Sicherheit und Präzision. Aus diesen Gründen werden Sie diese Farben sehr oft bei Technologie- und Softwareunternehmen sowie Banken und Versicherungen vorfinden. Dagegen steht Rot auf der semantischen Ebene für Dynamik, Aktivität, Gefahr und Kraft, ist warnend und aktiv und symbolisiert auf der metaphorischen Ebene Begierde, Sexualität, Aktivität und Erregung. Grün zeigt sich im semantischen Bereich als Natürlichkeit und Frische und wirkt beruhigend und steht für Hoffnung, Entspannung, Zuversicht und Stabilität.

Leider sprengt es den Rahmen, hier detaillierter auf die Psychologie und Wirkung von Farben einzugehen, hier sei auf die Spezialliteratur verwiesen.

Farbe	Bedeutung	metaphorische Ebene
rot	Gefahr, Achtung, Kraft	Leidenschaft, Sexualität, Liebe, Kampf
blau	Weite, Kühle, Sachlichkeit, Unendlichkeit	Sehnsucht, Treue, Beständigkeit, Traum, Vision, Präzision
grün	Natürlichkeit, Frische	Hoffnung, Unsterblichkeit, Glück
gelb	Sonne, Licht, Sommer	Gier, Geiz, Neid, Hass, Gefahr
violett	Geheimnis, Eitelkeit	Mystik, Spiritualität, Übersinnliches, Macht, Magie
schwarz	Eleganz, Endlichkeit	Tod, Trauer
weiß	Sauberkeit, Reinheit	Unschuld, Vollkommenheit

Abb. 8.3: Wirkung von Farben

Sie haben schon gemerkt, wie wichtig Farben für die Gestaltung sind. Trotzdem sollten Sie mit Farbe eher sparsam, konsequent und überlegt vorgehen. Wenn Sie eine harmonische Gestaltung erreichen wollen, dann sollten Sie Farben verwenden, die im klassischen Farbkreis nahe beieinander stehen. Wollen Sie dagegen Kontrast erzeugen, wählen Sie eher Farben, die im klassischen Farbkreis sehr weit voneinander entfernt sind.

Die aktivierende Wirkung von Soundeffekten mit Nachhall: Die Marke im Ohr!

Wenn es darum geht, Menschen über werbliche Maßnahmen zu aktivieren und zu beeinflussen, dann spielen auch Klänge und Musik eine zunehmende Rolle. Musik soll die Marke oder das Produkt mit einem Gefühl verbinden. Sie kann eine hohe Reizkomponente im Bereich Aktivierung darstellen, aber ebenso für Konsistenz und Prägnanz im Bereich Konditionierung sorgen. Denken Sie wieder an die bereits erwähnten Audiologos oder bekannte Werbejingles à la *Merci*.

Bei der Gestaltung und Auswahl sollten Sie exakt unterscheiden, für welche Einsatzbereiche Sie die Musik verwenden wollen. Dient sie als Hintergrundmusik, um beispielsweise die Atmosphäre am POS nachhaltig zu unterstützen, oder als musikalisches Kurzmotiv und Soundlogo im Sinne der Wiedererkennung? Oder wollen Sie einen Song schaffen, der die emotionale Aufladung der Marke akustisch transportiert und womöglich auch noch in den Charts landet wie etwa der *Bacardi*-Song.

Generell wirkt Musik wie musikalische Bilder. Sie lässt in uns Menschen ein Meer an Assoziationen emporsteigen. Mit ihrer Hilfe gelingt es zu aktivieren, zu emotionalisieren und auch zu konditionieren. Passen Sie nur wieder auf, dass die Musik speziell im High-Involvement nicht von der Botschaft und der Information ablenkt. In dieser Situation kommt der Einsatz von Musik eher als atmosphärischer Begleiter zum Tragen.

Die aktivierende Wirkung von Multisensorik: Wer nicht hören will, muss fühlen!

Geht es um die Gestaltung von Werbemitteln und Werbung jenseits des Internets, so spielen taktile und haptische Reize, olfaktorische sowie gustatorische Reize mit Blick auf die Aktivierung eine große Rolle. Sie unterscheiden die reale Welt von der digitalen Welt. Die Multisensorik gibt der realen Welt ihre Berechtigung. Wir befinden uns in einem Zeitalter der zunehmenden Virtualisierung. Freunde trifft man im Web, Partner lernt man dort kennen und lieben, Einkäufe werden nebenbei in Online-Shops erledigt, die Weiterbildung erfolgt über Online-Universitäten und manch einer führt ein *Second Life* in der *World of Warcraft*. Fast scheint es, als würde die reale Welt immer mehr in den Hintergrund treten.

Die einzige Komponente, die das virtuelle Leben in den Schatten stellt, sind reale, sinnliche Erlebnisse. Eine großartige Chance für Sie, Menschen wieder real zu bewegen, sie zu erreichen und ihnen nachhaltige Eindrücke zu vermitteln. Gerade wo sich alle immer mehr in virtuellen Welten bewegen, wird das Erleben zum intensiven Eindruck. Aufmerksamkeit und Involvement garantiert. Wenn Ihre Kunden also nicht hören oder lesen wollen, dann lassen Sie sie fühlen!

Achten Sie auf Multisensorik: Ein schönes Beispiel ist die *Chanel No.5*-Kampagne. Es handelt sich dabei um einen Beileger in führenden Modemagazinen. Ein schwarzer, hochglänzender Vierseiter in feinster Haptik. Hochwertig drucklackiert, makellos klar. Auf dem Titel die bekannte 5. Beim Öffnen des Flyers fächelt einem plötzlich der Duft von *Chanel No.5* entgegen. Aufgewirbelt aus einem eleganten Lamellenfächer. So wird aus einem Beileger ein multisensorisches Erlebnis von seltener Eleganz. Ein kleines Werbeerlebnis, das einem aus dem Einheitsbrei der Anzeigen und wenig sinnlichen Printmedien entgegenstrahlt.

Auch die Zukunft des Point of Sale wird davon abhängen, wie schnell es dem Einzelhandel gelingt, dem Konsumenten ein wirkliches Einkaufserlebnis zu bieten. Die Ist-Situation im deutschen Einzelhandel zeigt eine enorme Schieflage. Auf der einen Seite entstehen immer neue Verkaufsflächen, aber man hat keine Lösung dafür gefunden, die Konsumenten für die vielen Stores zu begeistern. Hier geht es um die existenzielle Frage, warum ein Kunde mehrere Kilometer mit dem Auto fahren soll, um in einen bestimmten Store zu kommen, wenn im näheren Umfeld eine Vielzahl von Läden angesiedelt ist, die die gleiche Ware zum gleichen Preis anbieten, oder ein Online-Store die Ware billiger und sogar am nächsten Tag liefert. Hier ist sie wieder, die Positionierung – Was ist der Grund, der das „Habenwollen" auslöst? Hinzu kommt die ökonomische Realität stagnierender und gesättigter Märkte mit oftmals austauschbaren Produkten. Mit objektiven Argumenten kann man sich hier nicht mehr von Wettbewerbern unterscheiden. Folglich gewinnt die emotionale Produktdifferenzierung, die Vermittlung von Gefühls- und Erlebniswelten mit einem Mehrwert für den Konsumenten, an Bedeutung (vgl. Trommsdorff, 2009). An dieser Stelle wird die Multisensorik eine wichtige Rolle einnehmen, die dazu beitragen kann, das Einkaufen auch wirklich zu einem unvergessenen Erlebnis zu machen.

Gerade bei Erlebniskäufen geht es dann nicht mehr nur darum, lediglich ein bestimmtes Produkt zu kaufen, sondern auch das Bedürfnis nach Lust- und Erlebnisgefühlen zu stillen. Was zählt ist der erlebbare, vom Kunden gefühlte Unterschied (Schuhmacher, 2008). Dies kann am Point of Sale durch interessante Events und Veranstaltungen sowie durch eine verbesserte Ladenatmosphäre und Warenpräsentation erreicht werden (vgl. Gröppel-Klein, 2009). Imageuntersuchungen im Einzelhandel haben gezeigt, wie wichtig die Ladenatmosphäre für den Besucher ist (vgl. Koschnick, 2007).

Zur Vertiefung | ## Die Wirksamkeit positiver Kontextreize am Point of Sale

ShopConsult (2004) untersuchte im Rahmen einer quantitativen Studie mit 400 Probanden, wie Reize im „Kaufumfeld" das Preisempfinden der Konsumenten und die Attraktivität der angebotenen Produkte beeinflussen.

Man zeigte den Befragten fünf Produkte. Sie sollten angeben, wie viel Geld sie für die einzelnen Produkte ausgeben würden und wie stark ihr Verlangen nach jedem einzelnen Produkt ist. Man zeigte einer Hälfte der Teilnehmer die Produkte in einem positiven Kontext (Grund) mit hellen Farben und freundlichen Bildmotiven. Der anderen Hälfte präsentierte man die gleichen Produkte vor einem schwarzen Hintergrund mit eher negativ anmutenden Bildern (Krankheit, Not und Krieg).
Die Ergebnisse waren eindeutig. Probanden, welche die Produkte unter positiven Kontextreizen gesehen hatten, zeigten eine um 16 Prozent höhere Begehrlichkeit nach dem Produkt und waren bereit, zirka zehn Prozent mehr Geld dafür zu investieren.

Für diese Unterschiede machten die Forscher neurophysiologische Prozesse verantwortlich. Positive periphere Reize erzeugen eine vermehrte Ausschüttung bestimmter Hormone, die für eine positive Grundstimmung der Person sorgen. Diese positive Grundstimmung beeinflusst dann automatisch das vermeintlich objektive Preisempfinden dieser Personen. Dagegen lösen negative periphere Reize bei den Betrachtern die im Laufe der Evolution gelernten „Fluchtreaktionen" aus und führen zu einer negativen Anmutung. Diese negative Anmutung führt dann (ähnlich wie beim Priming) zu einer schlechteren Produktbewertung und verringert damit die Kaufbereitschaft für das entsprechende Angebot.

Deswegen ist es heute sinnvoll, den Shopper am Point of Sale in eine möglichst positive Grundstimmung zu versetzen. Gerade das Store-Design (vgl. Scheuch, 2001) soll den Konsumenten zum Verweilen aktivieren und das Wiederkommen anregen. Das Store-Design umfasst Böden, Wände, Decken, Beschilderung und Dekorationselemente sowie multi-sensorische Elemente (visuelle, akustische und olfaktorische Reize).

Werden Sie also kreativ und vor allem werden Sie sinnlich!

So erreichen Sie kognitive Verständlichkeit 8.3.5

Wenn Sie es in den ersten Sekunden geschafft haben, die Aufmerksamkeit potenzieller Konsumenten in Ihren Bann zu ziehen und es Ihnen weiterhin gelungen ist, einen ersten positiven Eindruck zu hinterlassen, wird sich der Rezipient Ihrer Werbebotschaft im Idealfall intensiver damit auseinanderzusetzen. Wichtig ist hierbei, dass Ihre Botschaft auch verständlich ist und es Ihnen gelingt, den Nutzen Ihres Angebotes und das erwünschte Verhalten beim Empfänger zu kommunizieren, um dann letzlich ein „Haben-wollen" beim Konsumenten zu erzeugen. Wie wir bereits in Kapitel 3.1.2 skizziert haben, kommt es bei der Interpretation eines Reizes immer zu einer Art Rückkoppelung von bereits abgespeicherten Gedächtnisinhalten der jeweiligen Zielpersonen.

Versuchen Sie also, Ihre Botschaft gezielt an bereits im Kopf des Kunden vorhandene Inhalte anzudocken.

Im Folgenden wollen wir Sie auf wichtige Punkte hinweisen, die der Verständlichkeit einer textlichen Botschaft förderlich sind.

Lesen heißt Wiedererkennen

Wir haben es bereits erwähnt: Das menschliche Gehirn taugt nicht besonders gut zum Lesen. Lesen ist somit eine klare Frage der Übung und des damit verbundenen Wiedererkennens. So läuft die Texterkennung bei einem geübten Leser nicht sequenziell ab. Anders als bei einem kleinen Leseanfänger werden nicht mehr einzelne Buchstaben identifiziert und dann zu Wörtern zusammengesetzt (Buchstabieren). Der geübte Leser nimmt das ganze Wort auf einmal in den Blick, erfasst es als „Wortbild" (vgl. Böhringer / Bühler / Schlaich, 2006). Die linkshemisphärische Region, die für dieses Speichern und Abrufen ganzer Worte zuständig ist, wird „Visuelles Wortform-Areal" (VWFA) oder auch „mentales Lexikon" genannt (vgl. McCandliss / Cohen / Dehaene, 2003; Pollman, 2008).

Menschen lesen Texte, indem sie die Augen jeweils für eine Drittelsekunde an der gleichen Stelle verweilen lassen und dabei Wortteile oder Wörter fokussieren. Das Wortform-Areal nutzt den jeweils ersten und letzten Buchstaben eines Wortes, um dann das ganz Wort zu entschlüsseln (Scheier, 2005). Diese Fixation dauert durchschnittlich 250 bis 350 Millisekunden, in dieser Zeit werden die Teilwahrnehmungen mit bereits gespeicherten Daten abgeglichen (Taylor, 1963).

Wie viel Information der Leser mit einem Blick erfassen und wiedererkennen kann, hängt also von seinem Vorwissen, seinem Wortschatz und seiner Geübtheit im Lesen ab. Auf das langsame „Buchstabieren" (ein Wort mit acht Buchstaben benötigt ca. zwei Sekunden) greift der geübte Leser nur dann zurück, wenn ein ihm dargebotenes Wort unbekannt ist, es also nicht sofort wiedererkannt wird. Bekannte, im Wortform-Areal oft „trainierte" Worte können ebenso wie bekannte Bilder sogar unscharf im Rahmen der peripheren Wahrnehmung sehr schnell wiedererkannt werden.

Vermeiden Sie Störungen der Wiedererkennung

Die Wiedererkennung verlangsamt sich, sprich der Text wird schwierig zu lesen, wenn Sie bei der Gestaltung der Botschaft von den „gelernten" Regeln der Textgestaltung abweichen (z.B. durch Negativschriften, Modeschriften, Texte in Versalien). Um einen ganzen Satz oder zusammenhängenden Text zu verstehen, muss der Leser nicht nur die Worte wiederkennen, sondern auch deren Sinn im Gesamtzusammenhang. Dies geschieht iterativ, Satz für Satz. Erkennt der Leser den Sinn im bereits „Gelesenen" nicht, so kommt es zu einem gedanklichen Rücksprung (Regression) auf die bereits erfassten Textstellen. Das verbraucht Zeit und gedankliche Mühe und funktioniert nur, wenn der Leser diesem Dekodierungsprozess sein Involvement spendet. Sie sehen, Lesen und Verstehen klingt kompliziert und ist es auch. Darum unser erneuter Appell: Machen Sie es Ihrem Kunden einfach!

Die Dekodierung eines Bildes verläuft nicht nur viel schneller und flüssiger, sondern auch mit wesentlich geringerer, gedanklicher Anstrengung. Störungen treten hier seltener auf. Der Rezipient geht eher „unkritisch" vor und darum fällt es dem Anbieter leichter, *„Inhalte an der gedanklichen Kontrolle des Rezipienten vorbeizumogeln"* (Schierl, 2001, S. 229). Nach Kroeber-Riel (1987b) erreichen von den in der werblichen Kommunikation angebotenen sprachlichen Informationen (grob gerechnet) nur etwa 10 bis 15 Prozent den Empfänger, von den angebotenen Bildinformationen dagegen 75 bis 90 Prozent.

Texte und Bilder – eine starke Einheit

Um das kognitive Verständnis zu erhöhen, kann es sinnvoll sein, Bilder in der Werbung mit Texten zu kombinieren. Eine gute Headline, gepaart mit einem starken Bild, hilft dem Empfänger, die Botschaft eindeutig zuzuordnen. Der Text kann genau das sagen und beschreiben, was auf dem Bild zu sehen ist – wir verstehen den Text, das Bild bestätigt die Aussage des Textes oder der Text das Bild.

Diese eindeutige und stringente Bild-Text-Logik sollten Sie vor allem im Rahmen der High-Involvement-Strategie verfolgen, da sie das kognitive Verständnis erleichtert. Hier lieben Ihre Kunden klare und vor allem eindeutige und informative Bild-Text-Aussagen.

Die Verständlichkeit von Headlines

Und noch einmal ein Wort zu den Headlines, denn auch sie verfolgen mehrere Aspekte und gehören zum kognitiven Verständnis ebenso wie zur Aktivierung. Um die schnelle Dekodierung der Botschaft zu gewährleisten müssen, Headlines – Sie wissen es bereits – knapp gehalten werden. Generell gilt die Regel: In der Kürze liegt bei ihnen eindeutig die Würze, denn kurze Sätze sind verständlicher als lange. Haselhoff (1969, S. 151 ff.) empfiehlt Sätze, die aus maximal acht Wörtern bestehen.

Vermeiden Sie auch einen zu komplizierten Headline-Aufbau. Halten Sie die Schlagzeile einfach, auch wenn Sie syntaktische oder semantische Einheit getrennt haben, wie z.B. in der Headline *„Wir wollen Sie und Ihre Partner zufrieden stellen"*.

Regeln für bessere Verständlichkeit

- Beginnen Sie Headlines möglichst mit einem Verb!
  Setzen Sie das Verb an den Anfang der Headline, idealerweise als erstes bis viertes Wort (vgl. Vögele (1990, S. 325 f.), wie in folgenden Beispielen:

  Bestellen Sie noch heute Ihren Erfolg
  So sparen Sie bares Geld
  Da staunt Ihr Nachbar

- Headlines sollten konkrete, bildhafte Wörter enthalten
  Wer will, dass seine Botschaft auch inhaltlich schnell nachvollzogen wird, der muss konkret werden. Formulieren Sie so konkret wie nur irgend möglich. Sprechen Sie nicht von *„Vorschulbereich"* sondern von *„Kindergarten"*, vermeiden Sie den Begriff *„Süßigkeiten"* und setzen Sie dafür z.B. *„Nougatpralinen"*. Wenn Sie konkrete, bildhafte Wörter verwenden, werden Ihre Leser, diese auch besser erinnern als abstrakte Worte (Bransford, 1979).

Die Schritte zu einem guten, verständlichen Text

Ein guter Text muss halten, was die Headline verspricht. Darum schreiben Sie gut verständliche Texte, denn sie erleichtern dem Leser nicht nur die schnelle Aufnahme, sondern auch die kognitive Verarbeitung der werblichen Information. Viele Profitexter geben hierzu – teilweise sehr umfangreiche – Empfehlungen, jedoch meist ohne wissenschaftliche Basis. Hier unsere Empfehlungen:

Einfachheit

Immer wieder gefordert, doch selten erreicht: Gute, einfache und sauber strukturierte Texte. Sie bilden die Grundlage jeder werblichen Information. Sobald Sie Ihren Kunden Text anbieten, sollten Sie auf seine Einfachheit achten. Doch was macht Texte konkret einfach? Dazu berücksichtigen Sie bitte die folgenden Tipps.

- Vermeiden Sie Wörter, die länger als vier Silben sind. Lange Wörter quälen den Leser und nötigen ihm volle Konzentration ab.
- Vermeiden Sie Fremdwörter und Jargon. Außer Ihre Zielgruppe verlangt förmlich danach (z.B. Jugendsprache).
- Verwenden Sie möglichst kurze Sätze. In der Kürze liegt nicht nur die bereits erwähnte Würze, sondern auch Dynamik und besseres Leseverständnis.
- Achten Sie darauf, dass am Anfang Ihrer Sätze ein Verb steht. Erst mit einem Verb kann ein Satz verstanden werden. Je früher das Verb kommt, umso eher versteht der Leser den Satz.
- Konzentrieren Sie sich auf einen Gedanken pro Satz und vermeiden Sie komplexe Gedankenfolgen in Schachtelsätzen. Ihr Leser hat keine Lust darauf!

Zur Vertiefung

Textverständlichkeitsforschung in Deutschland

Hamburg ist eines der Zentren der Textverständlichkeitsforschung. Dort entwickelten von 1969 bis 1974 die Psychologen Langer, Schulz von Thun und Tausch einen sehr guten, praxistauglichen Ansatz der Textverständlichkeitsmessung. Sie überprüften ihn in den darauf folgenden Jahrzehnten.

Ihr Ergebnis: Verständliche Texte kann man mit vier Dimensionen beschreiben:

- Einfachheit
- Gliederung
- Kürze/Prägnanz
- anregende Zusätze

In diesem Jahrtausend fügten die Autoren noch Personenzentrierung als zusätzlichen Weg verständlicher Textgestaltung hinzu: *„Texte, in denen der Autor die Person des Lesers achtet und auf sie Rücksicht nimmt, ... werden von den meisten Lesern als interessanter, lebendiger und teilweise auch verständlicher empfunden."* (Langer / Schulz von Thun / Tausch 2002, S. 159)

Nach den Autoren ist ihr Modell auf alle Textsorten verallgemeinerbar. Leider haben sie dies nicht an Werbetexten nachgewiesen. Andreas Reichle (2004) holte dies in seiner Diplomarbeit nach. Er wiederholte am Beispiel von Texten in Werbebriefen die Hauptuntersuchungen der Hamburger. Er fand drei der vier Dimensionen bestätigt, nur „Kürze/Prägnanz" und „Gliederung" konnte er nicht differenzieren. Weitere Arbeiten ordneten Texter-Regeln von Stilisten und Werbern, für die sich auch wissenschaftliche Befunde fanden, diesen Dimensionen zu.

Gliederung

Verständliche Texte sind nicht nur formal gut gegliedert, sondern folgen einem logischen, strukturierten Aufbau. Geben Sie Ihrem Leser einen Überblick auf das, was kommt und heben Sie Wichtiges hervor. Auch wohl dosierte Textabschnitte und die Untergliederung mithilfe von Sublines helfen dem Leser, sich zurechtzufinden. Texte, die einer inneren Logik folgen wie einem roten Faden, ziehen den Leser förmlich mit. Wo ein Gedanke zum anderen führt, fällt das Lesen nicht schwer. Die Überleitung zur Handlungsanweisung erscheint dann nur noch logisch!

Kürze / Prägnanz

Der weiße Schimmel, der plagt so manchen Leser. Weniger persönlich als vielmehr in Form einer beliebten Unart: der Redundanz. Der Schimmel ist immer weiß und so verschwendet das Attribut „Weiß" lediglich unsere Zeit und unsere kognitive Verarbeitungskapazitäten. Belästigen Sie Ihre Kunden nicht mit sinnlosen Füllwörtern und Redundanzen. Kommen Sie auf den Punkt. Schnell, klar und stringent. Ihr Leser wird es Ihnen danken.

Erweisen Sie sich als nützlich!

Was für Headlines gilt, das darf auch beim Fließtext nicht fehlen. Werden Sie konkret. Nennen Sie den Nutzen beim Namen oder verpacken Sie ihn in eine kleine Geschichte. Menschen fällt es, wie gesagt, deutlich leichter, sich konkrete Begriffe zu merken als abstrakte. Je anschaulicher Sie formulieren, desto mehr Bereiche des Gehirns werden beim Lesen angeregt.

Machen Sie den Verständlichkeits-Check!

Um zu überprüfen, wie verständlich Ihre Texte in den jeweiligen Werbemitteln sind, sollten Sie sich selbst folgende Fragen beantworten:

Einfachheit

- Enthält Ihr Text Wörter, die länger als vier Silben sind? Kürzen Sie diese!
- Enthält Ihr Text Fachwörter, obwohl Sie an Laien schreiben? Verwenden Sie ein verständlicheres Wort.
- Sind die Sätze kurz genug? Kommt nach spätestens zwölf Wörtern ein Punkt?
- Steht das Verb im ersten Drittel des Satzes? Gut so!
- Enthält jeder Satz nur einen Gedanken? Wenn nicht, machen Sie daraus zwei Sätze.

Gliederung

- Hat Ihr Text einen roten Faden?
- Haben Sie den Text optisch gegliedert (Zwischenüberschriften, Bulletpoints etc.)?

Kürze/Prägnanz

■ Bleibt der Sinn Ihrer Aussage erhalten, wenn Sie Wörter (aber auch Sätze und Satzteile) streichen? Dann streichen Sie diese.

Anregende Zusätze

■ Enthält Ihr Text Nutzen, Tipps, vielleicht in eine Geschichte verpackt? Das wäre gut.

■ Enthält Ihr Text unkonkrete, allgemeine Wörter? Ersetzen Sie sie durch möglichst konkrete Formulierungen.

■ Enthält Ihr Text zu viele Personalpronomen, die sie selbst betreffen, wie „wir", „unser", „mein" etc."? Dann ersetzen Sie sie durch „Sie", „Ihnen", „Ihr".

8.3.6 So geben Sie wirkungsvolle Handlungsaufforderungen

Wer auf kognitive Verständlichkeit Wert legt, der darf auch die Handlungsaufforderung nicht außer Acht lassen. Geben Sie Ihrem Kunden einen „kräftigen Schubs" mit, damit er wunschgemäß reagiert. Diese Aufgabe ist schwierig genug, denn nur selten löst der erste Kontakt mit einem Werbemittel einen Kauf aus. Egal, wie kundenorientiert die Gestaltung auch sein mag. Oft vergeht zwischen Kontakt und späterem Kauf viel Zeit. Zwischen der ersten *Google*-Suche und der Buchung einer Reise liegen 25 bis 29 Tage, bei Mobiltelefonen 27 und bei Computern 30 Tage. Da liegt es nahe, dass man dem Interessenten eine motivierende Aufforderung mitgibt – damit er endlich kauft.

Das Ziel – eine verständliche Reaktion

Sagen Sie, was zu tun ist und das am besten am Ende. Da fällt die Handlungsaufforderung am deutlichsten auf. Sie wollen bei Ihrem Kunden Verhalten ändern, ihn zum Kauf animieren? Dann fordern Sie ihn konkret auf, wunschgemäß zu reagieren. Schließlich haben Sie ihn ja mit Ihren Worten bereits überzeugen können. Also bloß keine Schüchternheit. Sie sagen, wo es langgeht.

Insbesondere bei den Strategien „Selektion" und „Aktivierung" brauchen die Zielpersonen einen Anstoß, der sie zum Handeln bringt. Sagen Sie Ihrem Kunden, was Sie von ihm erwarten: etwas bestellen, eine Information abrufen, einen Teilnehmerplatz reservieren, Geld spenden, einen Termin vereinbaren usw. Sagen Sie es ganz konkret: *„Rufen Sie noch heute an"*, *„Reservieren Sie gleich Ihren Platz"*, *„Bitte geben Sie uns bis zum 12.10. Bescheid"*, und verstecken Sie diese Aufforderung keinesfalls irgendwo klein im Text. Je nach Zielgruppe können Sie diese Handlungsaufforderung aggressiv oder äußerst höflich formulieren.

► **Handlungsaufforderungen funktionieren am besten, wenn sie einer nahezu zwingenden Logik folgen.**

Der Leser sollte vor dem Lesen der Handlungsaufforderung einige Nutzen bzw. Vorteile erfahren, die mit Ihrem Angebot verbunden sind. Idealerweise kennzeichnen Sie die wichtigsten Nutzen z.B. durch Hervorhebungen im Text Ihres Werbemittels (fett, Unterstreichung). Die größten Bilder in Ihrem Webauftritt, Ihren Prospekten etc. deuten ebenfalls diese Nutzen an. Ebenso konkretisiert der Text die Vorteile und Nutzen. So motivieren Sie den Leser in Richtung Reaktion – den „letzten Schubser" zur Reaktion geben Sie ihm dann mit der Handlungsaufforderung.

Die Handlungsaufforderung im Web

Was in Mailings schon seit jeher als Handlungsaufforderung umgesetzt wurde, musste natürlich für das weltweite Web neu erfunden werden. In bestem „Marketing-Deutsch" nennen wir es „Call-to-Action". Das bedeutet, gerade die Internetuser müssen zur Handlung aufgefordert werden. Schließlich sind die Wege im Internet extrem kurz. Die Handlung liegt nur ein paar Klicks weiter. Wer jetzt nicht Maus oder Touchpad betätigt, der ist womöglich für immer verloren. Darum legen Sie einen großen Fokus darauf, dass Ihr Onlinekunde jederzeit reagieren kann. Keine lange Suche nach dem Link, kein Überlegen: Wo geht´s hier zum Online-Shop? Der dicke rote Button in der Mitte weist den Weg – und Action ... !

Rationale Entscheidungen sind selten

Für Ihre Handlungsaufforderung ist es wichtig zu wissen: Kaum ein Mensch entscheidet wahrhaft rational à la Homo oeconomicus. Von wegen *„Cogito ergo sum"*. Die meisten Konsumenten leben und kaufen auch ohne großes Nachdenken recht gut. Sie sparen sich die zerebrale Anstrengung und vertrauen lieber auf so genannte Schlüsselinformationen. Das sind beispielsweise Testurteile, Preise, Markennamen usw. Der Mensch glaubt beispielsweise, dass das Urteil „sehr gut" der *Stiftung Warentest* die intensive Auseinandersetzung mit dem Produkt erspart. Menschen nutzen hier „geistige Daumenregeln" („mental shortcuts", vgl. auch Hell, 1993; Cialdini, 2002), um Entscheidungen im Alltag zu treffen. Der Vorteil solcher Faustregeln liegt in ihrer Effizienz und Ökonomie. Wenn ein Mensch „fast automatisch" auf solche informativen Auslösemerkmale reagiert, reduziert sich sein Aufwand an Zeit, Energie und geistiger Arbeit. Da wir mit unseren Kampagnen immer auch ein Verhalten auslösen wollen, ist es hilfreich, diese Regeln zu kennen.

Die Prinzipien der Beeinflussung

Schon Anfang der 1990er Jahre benannte Kirchner (1991, S. 52) Response-Auslöser, die so genannten „Action-Getter", die Kunden in „Zugzwang" bringen. Etwa Werbegeschenke – erkennbar an der Formulierung: „ ... *gehört Ihnen, auch wenn Sie von unserem Angebot keinen Gebrauch machen"* – oder Mengenbeschränkung wie *„Solange der Vorrat reicht"*.

Der weltweit bekannteste Beeinflussungsforscher, Robert Cialdini, hat Tausende unterschiedlicher Überzeugungstaktiken von Beeinflussungsprofis untersucht und zusammengefasst. Hier sind die wichtigsten und einige Beispiele zur späteren Umsetzung:

- **Kontrastprinzip:** Können Sie mit Vorher-/Nachherpreisen, Zugaben, Gratisgeschenken etc. arbeiten? Dann sollten Sie dieses Prinzip verwenden. Ein Beispiel: Der subjektiv und isoliert betrachtet vielleicht recht hohe Preis für einen Blurayplayer von 249 Euro erscheint um vieles akzeptabler, wenn man zuerst auf einen empfohlenen Verkaufspreis von 499 Euro verweist und dann erst den tatsächlichen Preis ins Spiel bringt. Immer wenn man Menschen zwei unmittelbar aufeinander folgende Informationen anbietet, erscheint die eine im Lichte der anderen.

- **Knappheitsprinzip:** Können Sie Ihr Angebot sinnvoll verknappen oder exklusiv machen? Menschen möchten mehr von dem, wovon sie nur wenig bekommen. Das, was exklusiv und selten ist, erscheint wertvoller. Zeigen Sie z. B. Ihrer Zielgruppe, dass Ihr Angebot beschränkt ist. Nutzen Sie die von Kirchner genannten „Action Getter" Zeit- und Mengenbeschränkungen, wie z. B. das nur für kurze Zeit geltende Sonderangebot oder die Aussage *„Nur 100 Produkte"* lieferbar. Sie profitieren auch von Angeboten, die sich an vorher qualifizierte Personenkreise richten, wie beispielsweise *„Nur für Einwohner von Bad Tölz"* oder *„Nur für Mitglieder des XY-Clubs"* usw.

- **Prinzip der Wechselseitigkeit:** Können Sie dem Kunden etwas geben, einen Gefallen oder ein Geschenk? Wenn Sie von einem Menschen ein überraschendes Geschenk bekommen, fühlen Sie sich oft verpflichtet, etwas zurückzugeben. Anwendungsbeispiele: Bei Spendenorganisationen, die ihrem Brief ein kleines Geschenk beifügten, verdoppelte sich fast der Response. Auch wenn Sie dem Kunden einen kostenlosen Service bieten oder ihm einen Gefallen tun, fühlt er sich oft Ihnen verpflichtet.

- **Sympathie-Prinzip:** Können Sie das Angebot oder den Verkäufer möglichst sympathisch erscheinen lassen? Menschen bevorzugen Leute, die sie mögen. Anwendungsbeispiel: Kunden schließen z. B. Versicherungen am liebsten bei solchen Vertretern ab, die ihnen bezüglich Alter, Konfession, politischer Überzeugung etc. ähnlich und sympathisch sind. Aber auch Webseiten, Prospekte, Mailings etc. sollten von Anfang an einen sympathischen Anstrich haben.

- **Prinzip „Sozial bewährt":** Können Sie darauf hinweisen, dass bereits viele andere Menschen Erfolge mit Ihrem Angebot haben? Haben Sie schon einmal in einer Veranstaltung alleine angefangen zu klatschen, dann folgten einzelne andere und kurz danach gab der ganze Saal Beifall? Menschen folgen gerne anderen. Wir sind Gruppenwesen. Zeigen Sie Ihrer Zielgruppe, wie Ihre Produkte von größeren Gruppen geschätzt werden. Anwendungsbeispiel: Ein Fernsehspot zeigt Kinder einer coolen Clique, die alle coole Schuhe vom gleichen Hersteller tragen. Eine E-Mail oder ein Werbebrief nennt dem Empfänger verschiedene Anwender aus seinem Umfeld. Oder in Fernsehspots oder kurzen Videos berichten Anwender begeistert über die positiven Wirkungen eines Produkts.

- **Folgewirksamkeit:** Können Sie vor dem Kauf einen Kontext schaffen, der es Menschen nahelegt und erleichtert, einen kleinen Schritt in Ihre Richtung zu machen? Wenn Menschen etwas versprechen oder tun, orientieren sie sich in vergleichbaren Situationen beim nächsten Mal an ihrer ersten Zusage oder ihrem ursprünglichen Verhalten. Anwendungsbeispiel: Bei vielen Telefonkampagnen von Wohltätigkeitsorganisationen ist die erste Frage: *„Wie geht es Ihnen?"* Die meisten Angerufenen antworten mit der Floskel *„Ganz gut"*. Jetzt wird es für den Sammler leichter, den Angerufenen um Spenden für Leute zu bitten, denen es nicht so gut geht. Viele Menschen, die gerade zugegeben haben, in guten persönlichen Umständen zu leben, möchten nicht knauserig erscheinen.

- Autorität: Können Personen Ihr Angebot empfehlen, die von der Zielgruppe als Autorität oder Meinungsbildner anerkannt werden? Menschen orientieren sich gerne am Urteil von Experten und Autoritäten. Ein Anwendungsbeispiel ist die von Kirchner genannte Prominenten-/Leitbildwerbung: Ein positives Gutachten zum Thema Infrarotkabinen eines Medizinprofessors wird einem Werbebrief beigelegt oder befindet sich auf einer E-Commerce-Seite.

Lassen Sie uns an dieser Stelle das bisher Gesagte zusammenfassen: Nach einem kurzen Kontakt mit dem Werbemittel kann der Eindruck entstehen, das Werbemittel sei relevant. In diesem Fall kommt es dann zu einer intensiveren Beschäftigung damit, beispielsweise liest der Interessent den auf die Headline folgenden Text. Sollte es dann zu einer Reaktionsbereitschaft kommen, kann mithilfe der hier dargestellten Mittel der Beeinflussung eine Reaktion entstehen. Auf diese Reaktion sollte dann das werbende Unternehmen möglichst schnell reagieren und das Gewünschte (Informationen, Produkte ...) liefern. Idealerweise macht der Umworbene jetzt positive Erfahrungen, sodass ihm der nächste Kontakt mit dem werbenden Unternehmen leichter fällt.

Spezielle Spielregeln für die Gestaltung im Rahmen der unterschiedlichen Werbestrategien | 8.4

Wir wollen Ihnen an dieser Stelle einen kurzen Überblick dazu liefern, welche speziellen Spielregeln sich für die Gestaltung aus den unterschiedlichen Involvement-Situationen und damit aus unseren vier Strategien für die Gestaltung ableiten lassen. Natürlich gelten hier alle bereits vorgestellten allgemeinen Regeln nur in unterschiedlicher Intensität.

An dieser Stelle schließt sich nun der Kreis zwischen Wahrnehmung, Involvement und Gestaltung eines Werbemittels. Wie wir bereits ausführlich in Kapitel 1 besprochen haben, kennen wir unterschiedliche Involvement-Situationen.

Nach dem Elaboration Likelihood Modell von Petty und Cacioppo unterscheiden wir nach dem Grad der Bewusstheit die zentrale (bewusste) Reizaufnahme von der eher peripheren Reizaufnahme. Wir haben bereits mehrmals erörtert, dass die Art der Wahrnehmung nicht dichotom ist, sondern dass sie mit Blick auf die Bewusstheit der Rezipienten als Kontinuum zwischen vollbewusst, teilbewusst, flüchtig bis hin zur Unbewusstheit auftreten kann.

Damit sind die Besonderheiten der Situationen grundsätzlich festgelegt und determinieren die Art und Weise der Gestaltung.

Die zentrale, bewusste Reizverarbeitung zeichnet sich aus durch die klare Aufmerksamkeit, eine Fokussierung auf den Inhalt, ein tiefes Elaborieren und eine kognitive Verarbeitung, die eher resistent gegenüber Beeinflussung ist.

Die periphere Reizverarbeitung benötigt eine geringere Aufmerksamkeit, fokussiert eher auf das „Wer" und „Wie" einer Botschaft, elaboriert nicht weiter, sondern ist eher affektiv und anfällig gegen Beeinflussung.

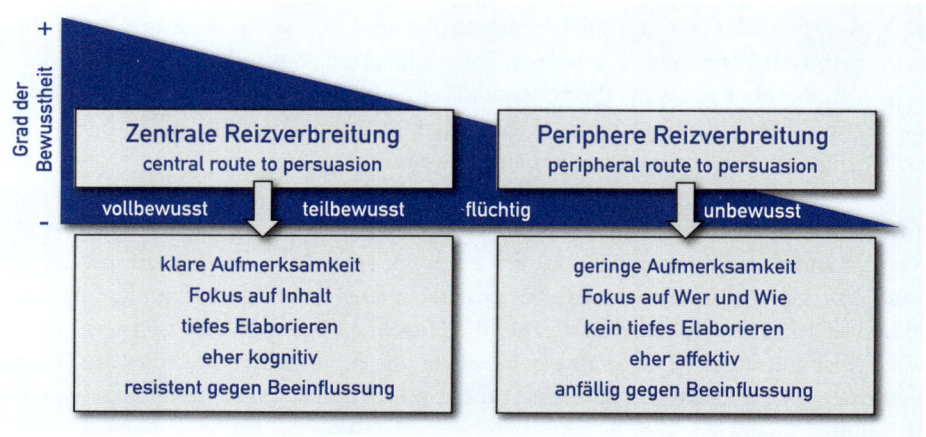

Abb. 8.4: Elaboration Likelihood Modell nach Petty und Cacioppo

Wir wollen Ihnen im Folgenden einen kurzen Überblick dazu liefern, was Sie bei der Kommunikation mit High-Involvierten und Low-Involvierten mit Blick auf Ihre Gestaltung beachten sollten.

8.4.1 Gestaltungsregeln bei High-Involvierten

Welche Besonderheiten gilt es nun in der Kommunikation mit High-Involvierten zu beachten? Im Rahmen der Auswahl geeigneter Medien im High-Involvement konnten Sie bereits Einblick nehmen, worin die Schwerpunkte dieser Strategie liegen. Sowohl Strategie 1 „Channelising" als auch Strategie 2 „Selektion" sprechen hoch interessierte, dem Angebot zugeneigte Menschen an. Lachmann (2004) fasst die wichtigen Gestaltungsregeln wie folgt zusammen:

Strukturierung der Information

Helfen Sie dem Betrachter, die angebotenen und gesuchten Informationen möglichst schnell und einfach aufzunehmen. Zudem geht es um die „richtige" Menge an Informationen. Ein Zuviel an Information kann schnell zu Verwirrung und Überforderung führen, zu wenig Information zu Verärgerung und Desinteresse. Auf jeden Fall zählen jetzt Fakten und Wissensmanagement. Finden Sie heraus, welche Entscheidungskriterien Ihre Zielgruppe anlegt, strukturieren Sie die Inhalte genau nach diesen Kriterien (Menü

Website / Touchscreen). Der Empfänger kann sich dann selbst aussuchen, welches Kriterium für ihn den höchsten Stellenwert einnimmt und die Informationsaufnahme danach steuern.

Auch aussagekräftige Bilder und Visualisierungen sowie verständlich und leicht leserlich aufbereitete Texte sind jetzt hilfreich. Konzentrieren Sie sich auf das Wesentliche.

Usability und Navigation im Internet

Gerade mit Blick auf unsere Strategien 1 und 2 im Internet haben wir es ja mit high-involvierten Personen zu tun. Wer seine Frage in das Suchfeld von *Google* eingibt, ist es gewohnt, dass er blitzschnelle Antworten bekommt. Wenn Sie Ihre *Google AdWords* intelligent gesetzt haben und im oberen Drittel bei *Google* erscheinen, sind Sie nur noch einen Mausklick vom potenziellen Kunden entfernt. Jetzt kommt es darauf an, ihn nach dem „Klick" nicht mehr zu verlieren. Entscheidend ist hier die bereits zu Beginn des Kapitels ausführlich behandelte Usability. Wer heute im Internet sucht, der hat sich an gewisse Standards und Abläufe gewöhnt. Nutzen Sie diesen Effekt der Gewohnheit. Wer schnell an die gewünschte Information will, der hält sich nicht lange auf mit unübersichtlichen Inhalten, hübschen Flash-Animationen oder „kreativer" Menüführung, die nicht preisgibt, was eigentlich dahintersteckt. Die Navigation muss demnach so aufgebaut sein, wie es der User gewohnt ist. Das gilt auch für die Anordnung der Felder. Das Menü sollte oben oder links stehen, das Suchfeld rechts oben, das Logo Ihres Unternehmens links oben, Inhalte zentral und visuell gut strukturiert.

✉ **Zudem benötigen gerade hoch involvierte Seitenbesucher eine klare und gut sichtbare Handlungsaufforderung.**

Sie muss unter jedem Menüpunkt die Möglichkeit zur sofortigen Kontaktaufnahme oder (Kauf-)Reaktion ermöglichen. Wir betonen es noch einmal an dieser Stelle: High-Involvierte stehen oft unmittelbar vor der Entscheidung. Nicht selten fehlt ihnen nur noch eine letzte Information zum Kauf. Der kurze Weg ins Glück lautet hier: Information und Action! Also rücken Sie Ihren „Call to Action" unübersehbar in den Mittelpunkt des Geschehens.

Wenn Sie bei der Ansprache von High-Involvierten unbedingt Ihre Individualität und die Einzigartigkeit Ihres Unternehmens wahren wollen, dann bitte im Bereich Screendesign. Doch bedenken Sie, dass zu viel Kreativität speziell im High-Involvement nur ablenkt. Sie gewinnen bei Menschen, die auf der schnellen Suche nach Inhalten und Information sind, vermutlich keinen Designpreis. Bleiben Sie auf jeden Fall konservativ, wenn es um die Struktur und die Navigation der Seite geht. Ihr User wird es Ihnen danken. Schnell und direkt ans Ziel! So soll es ein.

Rational versus emotional

Im High Involvement steht die rational-kognitive Informationsverarbeitung im Vordergrund. Der Kunde will in dieser Situation eine Entscheidung treffen und braucht klare Hinweise, um das Risiko falscher Entscheidungen zu minimieren. Schwammige Gefühlswelten punkten jetzt nicht mehr.

▶ **Der hoch interessierte Konsument setzt sich gezielt mit Ihrer Botschaft auseinander. Sollten Sie in dieser Situation zu viel Emotion auftragen, wird Ihre Botschaft automatisch an Glaubwürdigkeit verlieren.**

Der Empfänger wird intuitiv davon ausgehen, dass Sie ihn womöglich „einwickeln" und ihn von einer Schwäche des Angebots ablenken wollen. Er wird misstrauisch, weil offenkundig die Fakten nicht allein für das Angebot sprechen.

Ratio und Emotio wollen somit wohl dosiert sein. Emotionen dienen eher dem Wohlgefühl bei der Kaufentscheidung als der Produktbeurteilung. Am besten, Sie schaffen ein klares Informationsspektrum aufbauend auf rationalen Argumenten und eingebettet in emotionale Erlebnisaspekte.

Kognitive Ansprache

Im High-Involvement überwiegt die kognitive, rationale Argumentation gegenüber einer emotionalen Ausarbeitung von Texten. Während die emotionale, bildhafte Ansprache die Sehnsüchte und Bedürfnisse des Kunden zu wecken versucht, will eine kognitive Ansprache mit guten Argumenten überzeugen.

Im High-Involvement haben Sie den Kunden ja bereits an dem Punkt, an dem er seiner Begehrlichkeit nachgibt und sein Bedürfnis aktiv befriedigen möchte. Er weiß nur noch nicht ganz genau wie. Liefern Sie ihm auch sprachlich einen qualitativ hochwertigen Content. Versuchen Sie, ihn mit jedem Satz zu lotsen. Seine Zustimmung zu jedem Absatz Text führt ihn weiter, Schritt für Schritt, in logischer Konsequenz zur Handlungsaufforderung. Jedes innerliche Ja wird zum kleinen Sieg für Sie. Stellen Sie nur Fragen, auf die Ihr Leser mit Ja antworten muss. Ein einziges Nein und Sie haben ihn womöglich schon verloren.

Nehmen Sie Ihren Kunden verbal an die Hand und liefern Sie ihm kognitive Häppchen: leicht zu verdauen, gut bekömmlich, aber gehaltvoll und nahrhaft. Diese Rezeptur führt im High-Involvement zum Erfolg.

Vertrauen

Im High-Involvement stehen Sie einem kritischen und wohl überlegten Kunden gegenüber, der sich der Risiken seiner Entscheidungen bewusst ist. Dem Aspekt Vertrauen kommt jetzt eine hohe Bedeutung zu. Achten Sie besonders auf die glaubwürdige Darstellung Ihrer Informationen und einen seriösen Auftritt z. B. im Internet. Wenn jetzt Zweifel aufkommen, verlieren Sie einen wertvollen Kontakt.

Effekthascherei durchschaut der hoch involvierte Kunde sofort und straft sie ab. Was zählt sind Beratung, Kompetenz, Authentizität. Denken Sie daran: Ihr Produkt oder Ihre Dienstleistung wirken nur so seriös und glaubhaft, wie sie kommuniziert wird. Darum machen Sie keine leere Versprechungen. Verzichten Sie auf jede Form der Übertreibung in höchsten Superlativen und wählen Sie auf keinen Fall eine zu werbliche, aufdringliche Sprache.

Der Kunde darf nicht das Gefühl haben, dass Sie ihm etwas aufschwätzen wollen. Er will entscheiden und er will es aus freien Stücken tun – aus seiner Sicht gründlich und wohl überlegt.

Wer im High-Involvement wirbt, der muss auf Traumwelten und emotional aufgeladene Kampagnen verzichten. Die dürfen Sie den Low-Involvierten präsentieren. Im High-Involvement gilt die Regel: Ehrlich, aufrichtig und echt währt am längsten!

Gestaltungsregeln bei Low-Involvierten 8.4.2

Wir erinnern uns noch einmal. Die Kommunikation in einer Low-Involvement Situation verläuft über das periphere Wahrnehmungsfeld. Sie kann nicht mit einer bewussten Verarbeitung von Inhalten rechnen. Unsere Zielgruppe wird sich kaum kognitiv damit auseinandersetzen. Die Wahrnehmung erfolgt eher affektiv, also gefühlsbetont, mit geringer Aufmerksamkeit, ohne tiefes Elaborieren.

Die Wahrnehmung läuft nebenbei ab und erreicht das Bewusstsein nur am Rande. Inhalte werden in dieser Aufmerksamkeitsstufe unkritisch und ungeprüft aufgenommen. Der Empfänger erweist sich dadurch anfällig für Beeinflussungen. Damit muss die Gestaltung im Low-Involvement-Bereich in erster Linie über Bilder kommuniziert werden. Bilder werden schneller dekodiert als Text, können intensiver Gefühle transportieren und steuern den Blickverlauf in der Werbung. Um überhaupt wahrgenommen zu werden, muss die Art der Gestaltung einen bestimmten Kontrast zum Umfeld aufweisen. Im Low-Involvement-Bereich sollten Sie Text möglichst sparsam und schlagwortartig verwenden. Die Gestaltung darf keine Rätsel aufgeben, die ein Nachdenken erforderlich machen, und darf insgesamt nicht zu komplex sein. Mit Blick auf das schnelle „Dekodieren" im Low-Involvement-Bereich sollte der Empfänger der Botschaft sofort erkennen können, wer der Absender ist und was angeboten wird.

Hier haben diejenigen Anbieter einen klaren Vorteil, die in ihren werblichen Auftritten eine gewisse Konsistenz beachten. Gemeint ist die „Eigentypik" ihres werblichen Erscheinungsbildes, die beim Konsumenten bereits so gut trainiert ist, dass sie auch im peripheren, unscharfen, flüchtigen Bereich schnell wiedererkannt werden kann.

Alles, was jetzt auf Bekanntes, Gelerntes und im Langzeitgedächtnis bereits Verankertes trifft, genießt klare Vorteile. Lachmann (2004) fasst die geltenden Gestaltungskonzepte unter Low-Involvement-Situationen in einem „3-K-Prinzip" zusammen. Er fordert Konsistenz – Kontrast – Klarheit.

Konsistenz

Für die Strategie des Vorprägens (Branding) im Low-Involvement spielt die Konsistenz Ihrer Kommunikation eine entscheidende Rolle.

Ein kurzer Blick sollte jetzt Bekanntes, Gelerntes und im Langzeitgedächtnis bereits Verankertes zeigen.

Es kommt zur Wiedererkennung: Schon beim bloßen Überfliegen muss z.B. klar sein: *„Logo-Auto-orange-schwarze-Headline – klar, Sixt!"* Hier wird aktiviert. Konsistenz baut auf der stetigen und eigentypischen Kommunikation sowie auf einer starken Präsenz und hohem Werbedruck auf. Es kommt also darauf an, dass Sie Ihren Werbemitteln einen gleich bleibenden Rahmen (z.B. *Sixt*-Werbung) verleihen, der die Wiedererkennung erleichtert.

Kontrast

Der (äußere) Kontrast bezeichnet nach Lachmann den „Grad, in dem sich das einzelne Werbemittel von seinem Umfeld abhebt." Kontrast ist eines der wichtigsten Prinzipien für das Aktivierungskonzept. Er entspricht zum einen dem von uns immer wieder erwähnten, sehr bildhaften Begriff des „Anschreiens".Auf der anderen Seite kann Kontrast aber auch – bedeutend leiser – durch Eigentypik entstehen. Es geht hierbei um die Unterschiedlichkeit einer Marke insbesondere zu ihren Wettbewerbern. Denken Sie dabei zum Beispiel an die starke Kontrastfunktion der Lila-Kuh oder der orange-schwarzen Anzeigen von *Sixt*. Eine Farbgebung, die eindeutig zum Umfeld kontrastiert und der Marke ihre schnell erkennbare Eigentypik verleiht.

Ob laut werden, grell erscheinen oder sich einfach durch eine gute Eigentypik abheben – es geht immer ums Auffallen durch starke Reize und äußere Kontraste. Die Arten von Reizen, über die sich Aufmerksamkeit und Folge-Involvement erzeugen lässt, haben wir bereits in Kapitel 2.4 beschrieben. Es handelt sich vor allem um emotionale, kollative und physische Reize, die jetzt geschickt zum Einsatz kommen sollten.

Klarheit

Die Aufnahme und die Verarbeitung der werblichen Information sollte dem Gehirn so einfach wie nur möglich gemacht werden. Gerade Low-Involvierte beschäftigen sich nur kurze Zeit mit der Werbung. Und oft mit geringem Bewusstsein. Deshalb muss die Botschaft ganz einfach und ganz schnell aufgenommen werden. Das Prinzip der Klarheit gilt ganz besonders für die Bilder. Sie sollten keine Rätsel darstellen oder ablenkende Dekoration vermitteln. Bilder sind unsere „schnellen Schüsse ins Gehirn" und als solche übermitteln sie so sofort und auf direktem Weg die Botschaft.

Halten Sie sich mit Texten im Low-Involvement Bereich zurück. Zuviel Text schreckt den wenig Interessierten ab. Den Aufwand tut er sich nicht an. Dann schon lieber Bilddominanz. Bilder im Low-Involvement sollten im Sinne der Aktivierungsstrategie einen hohen aktivierenden Reiz vermitteln. Im Sinne der Konditionierung wiedererkennbar und konsistent sein. Achten Sie in beiden Fällen darauf, dass das Layout nicht zu komplex erscheint. Klarheit lautet hier das Schlagwort für erfolgreiche Kommunikation.

Ausblick: Die Zukunft heißt kundenorientiertes Marketing

Der Kunde im Mittelpunkt aller Marketingbemühungen –

so lautet unsere Forderung durch das gesamte Buch hindurch. Doch Kundenorientierung geht weit über die Gestaltung von Werbemitteln und Kommunikation hinaus. Es gibt unendlich viele Berührungspunkte, in denen Kunde und Unternehmen sich begegnen. Ein Kunde betritt den Laden, spricht mit der Verkäuferin, telefoniert mit dem Call-Center, hat Beschwerden, Reklamationen, teilt seine Freude über ein Produkt mit anderen. Er begegnet Ihrem Unternehmen auf Veranstaltungen, im Internet, in Blogs, in Foren.

Bei jedem dieser Kontakte ergänzt der Mensch sein persönliches Bild von Ihrem Unternehmen. Eindruck für Eindruck, Begegnung für Begegnung setzt sich ein Image zusammen wie die Teile eines Puzzles – gesammelt über ein ganzes Konsumentenleben.

Denken Sie, es wäre sinnvoll, alle diese Berührungspunkte zu ignorieren und stattdessen weiter fleißig hübsche Werbebilder zu entwerfen? Sicher nicht!

Wir verfolgen daher den Anspruch, dass Unternehmen in Zukunft noch viel stärker, wenn nicht sogar radikal kundenorientiert sein müssen – und zwar vom Topmanager bis zum Hausmeister.

9.1 | Die Aufgabe lautet: Kundenorientiert denken, fühlen, atmen

Unternehmen müssen in Zukunft aus jeder Pore Kundenorientierung atmen. Jeder Mitarbeiter sollte Kundenorientierung leben, jedes einzelne Feld einer Organisation kundenorientiert ausgerichtet sein.

Aus organisationspsychologischer Sicht haben wir es hier mit vier Feldern zu tun, die uns die Möglichkeiten zur Kundenorientierung geben: die Arbeit, das Individuum, die Gruppe und die Organisation.

Arbeit	Individuum
■ Arbeitstätigkeit ■ Gestaltung der Arbeitstätigkeit	■ Personalauswahl ■ Personalentwicklung
Gruppe	Organisation
■ Gruppennorm und Gruppenzusammenhalt ■ Soziale Konflikte ■ Kommunikation in der Gruppe ■ Führung	■ Betriebsklima ■ Organisationsklima ■ Change Management

Abb. 9.1: Vier Arbeitsfelder der Organisationspsychologie für den Faktor Mensch nach v. Rosenstiel (2003)

Arbeit

Beginnen wir mit dem Handlungsfeld Arbeit. Hier steht die Frage im Mittelpunkt, was die eigentliche Tätigkeit des Mitarbeiters zum Thema Kundenorientierung beitragen kann (Nerdinger/Blicke/Schaper, 2008; Nerdinger 2003a/b). Maßgebend sind hier laut Baumgartner und Udris (2005) insbesondere folgende Aspekte:

- Beratungs- und Beschwerdemanagement: Telefonberatung, das Führen von Hotlines, Kundenservice für erworbene Produkte und Dienstleistungen, Management von Reklamationen und Beschwerden etc.
- Informationsmanagement: Vermittlung oder Verarbeitung standardisierter Informationen, wie Führen von Kundendatenbanken, Entgegennahme und Weiterleitung von Anrufen.
- Auftragsmanagement: Bestell- oder Buchungsservices. Aktives Management von Kundenbeziehungen und Kampagnen.

Individuum

Solche Tätigkeiten haben natürlich Auswirkungen auf das zweite Handlungsfeld: das Individuum. Wenn Sie sich als kundenorientiertes Unternehmen etablieren wollen, müssen Sie sich grundlegend fragen: Wie können Sie dies bereits bei der Personalauswahl sicherstellen? Wie fördern Sie bei Ihren Mitarbeitern kundenorientiertes Denken und Verhalten? Eine wirkungsvolle Richtlinie besagt, dass sich die Mitarbeiter selbst emotional auf den Kunden einstellen müssen, um bei ihm einen positiven emotionalen Eindruck auslösen zu können.

Der Kunde ist nicht länger der Feind, der fordert, nervt, verlangt, fragt, kritisiert. Er ist der beste Freund, mit dem man gerne redet, den man gerne trifft und dem man auf *Facebook* die neusten Geschichten berichtet. Was so lapidar und simpel klingt, erfordert ein radikales Umdenken in deutschen Unternehmen. Der Kunde steht nicht mehr am Ende aller Überlegungen, sondern ganz am Anfang.

Gruppe

Kommen wir nun vom Individuum direkt zur „Gruppe". In diesem dritten Feld geht es um den Zusammenhalt (Kohäsion) und die Arbeits- und Verhaltensnormen in der Gruppe. Sie bestimmen entscheidend das Verhalten der einzelnen Mitglieder. Auch innerhalb der Gruppen und Teams sollte Kundenorientierung die Regel darstellen. Gleichzeitig geht es hier um Gruppenstrukturen und -prozesse wie Führung, Gruppe und Leistung, Konflikte in der Gruppe, Kommunikation in der Gruppe.

Nicht selten werden zur Optimierung solcher Prozesse Trainer engagiert. Sie stellen mit aufwändiger und einfühlsamer Methodik sicher, dass Gruppen effizient arbeiten, Teams reibungslos funktionieren, Konflikte smart bewältigen und Führungsaufgaben effizient wahrgenommen werden.

Doch wie viele Trainer gibt es, die mit Teams die Orientierung hin zum Kunden trainieren? Und damit meinen wir nicht Verkaufsgespräche. Auch hier fordern wir Trainer und Coaches, die eines niemals aus den Augen verlieren: den Kunden!

Organisation

Mehrere Gruppen gemeinsam ergeben eine Organisation. Hier spielen beispielsweise Themen wie das Organisations- und Betriebsklima, Motivationsprozesse und die Arbeitszufriedenheit eine entscheidende Rolle. Auch dem Change-Management wird viel Beachtung geschenkt. Nicht zuletzt von unseren bereits oben erwähnten Managementtrainern.

Unser Vorschlag: Wie wäre es mit einem Training zum Change-Management in Richtung Kundenorientierung. Ganz im Sinne der Erkenntnis von Heraklit: „Alles fließt und alles verändert sich" – hoffentlich zum Guten hin: zum Kunden!

Obwohl mit der konsequenten Ausrichtung dieser Handlungsfelder auf den Kunden hin schon einiges verbessert würde, reicht uns diese Optimierung noch lange nicht.

Gehen wir doch noch einen Schritt weiter und betrachten das gesamte Unternehmen aus der Sicht eines CEO. Zeit, die heiligen Kühe zu schlachten!

9.2 Die gute Nachricht: Der Top-Down-Ansatz ist out

Betrachtet man die Aufgaben des Marketings aus interdisziplinärer Sicht, so könnte der Eindruck entstehen, dass ein „Top-Down-Ansatz" im Sinne eines langfristig geplanten, von „oben" vorgegebenen Marketings noch zeitgemäß wäre. Es zeigt sich jedoch in der täglichen Praxis, dass dem nicht so ist.

Angebotsorientierte, langfristige und damit unflexible Marketingpläne erweisen sich aufgrund des im Gegensatz dazu unberechenbaren, kurzfristigen Konkurrenz- und Kundenverhaltens sehr oft als sinnlos.

Im Hinblick auf die strategischen Markt- und Marketingziele wirkt sich im Zeitalter des Internets vor allem die Variable „Zeit" aus. Während noch vor Jahren der Grundsatz galt, dass der Planungshorizont langfristig anzulegen sei, lässt sich heute in vielen Branchen diese Langfristigkeit nicht mehr halten. Die Zeitkontraktion korreliert heute mit einer Fülle von „Events", die trotz einer prospektiv angelegten Marktanalyse jedes Langfristigkeitspapier zur Makulatur werden lässt. Starre und langfristige, vertikale Marketingpläne machen aufgrund ihres straffen Korsetts eine schnelle Reaktion praktisch unmöglich.

Damit wird klar, dass heute zunehmend die Taktik die Strategie „diktiert". Mit anderen Worten heißt das für uns: Die Kommunikationstaktik muss sich schnell auf die Veränderung des Marktes einstellen können. Firmen, welche diesem Wandel nicht folgen, können trotz bester Produktion, hoher Managementqualität, bester Werbegüter, niedriger Werbekosten, hervorragenden Images und trotz einer ausgefeilten Corporate Identity nicht überleben. Hierin liegen sicherlich die wichtigsten Gründe für die exponentiell steigende Zahl an Firmeninsolvenzen in Deutschland.

Das Scheitern der „Top-Down-Strategie" hat viele Gründe, von denen wir nur einige nennen wollen. In erster Linie sind es die hierarchischen Denk- und Organisationsschablonen, die der verhängnisvollen absatzorientierten „Top-Down-Strategie" zugrunde liegen. Statt die eigene Strategie zu ändern und sich auf die veränderten Motive und Wünsche der Kunden einzustellen, versuchen die „Top-Down-Denker" den Markt zu manipulieren, um dadurch Platz für die eigenen Angebote zu schaffen. Das Top-Management legt – hoch oben und weit weg vom Kunden – die obersten Ziele als Rahmenplan fest. Die weiteren Führungsebenen haben sich danach zu richten und ihre Teilpläne anzupassen. Der Blick aller richtet sich immer schön nach oben zur Spitze des Unternehmens. Niemand blickt nach unten und schaut, was der Kunde will. Kein Wunder, dass alle einen steifen Hals bekommen. Verhängnisvoll insofern, als mit zunehmender Größe eines Unternehmens die Geschäftsleitung mehr und mehr den Kontakt zum Kunden verliert und oft nicht mehr weiß, was eigentlich an der „Front" passiert.

Dieses Verhalten ist für ein Unternehmen nicht nur wachstumshemmend, sondern mitunter schnell auch tödlich. Wer heute seine Kunden aus den Augen verliert, der hat schon verloren. Der moderne Konsument lässt sich nichts mehr diktieren. Er möchte gesehen, gehört, respektiert werden. Trotzdem herrscht in vielen Unternehmen auch heute noch das Paradigma von der überragenden Bedeutung der „Top-Down-Strategie" vor. Schon allein, weil sich damit alles so geradlinig planen lässt. Die Konsistenz der Planung erfreut die Strategen – bedeutend mehr als die Realisten.

Schon die Organigramme der Unternehmen spiegeln wider, dass die Frage nach dem „Wer" wichtiger ist als nach dem „Was". Viel zu oft dienen neue Angebote allein der Selbstverwirklichung der Unternehmer als der Realisierung von Kundenwünschen. Die Prioritäten orientieren sich an Titeln und daran, wer für welchen Bereich zuständig ist. Viel wichtiger wäre die Orientierung an dem, *was* gerade auf dem Markt notwendig und gewünscht ist.

Der CEO leitet und gibt eine bestimmte Richtung vor. Der Forschungsdirektor betreibt Forschung. Der Verkaufsleiter leitet den Verkauf. Der Marketingleiter ist für Marketing zuständig. Der Werbemann erzeugt Werbung. Jedes Glied in der differenzierten hierarchischen Kette weiß, was es zu tun hat. Die Organisation ist perfekt. Das Angebot steht.

Was fehlt, ist wieder einmal die Kenntnis darüber, das Angebot so zu entwickeln und zu positionieren, dass der Konsument damit einen unvergleichlichen Nutzen verbindet.

Marketing wird dialogisch – Rede mit mir! 9.3

Marketing ist keine Einbahnstraße, auf der die Unternehmen dieser Welt mithilfe der Werbetreibenden dieser Welt ihre Produkte und Leistungen zum Kunden hin transportieren. Marketing funktioniert nur noch, wenn die Kommunikation in beide Richtungen verläuft. Schnell, authentisch und nutzen- und erlebnisbetont.

Darum steht auch nach Rensmann (2002) nicht mehr das „Anbieterdenken" im Sinne von „Wie kann ich möglichst viele Kunden finden, die mein Produkt kaufen und damit meinen Share-of-Market erhöhen?" im Vordergrund. Es sind vielmehr die Motive und Wünsche des einzelnen Kunden und seine Erfahrungen mit der Leistung über die Zeit hinweg, die zunehmend in den Fokus der Unternehmen rücken. Rensmann spricht hier von der „Nugget-Frage", die folgendermaßen lautet: Welche weiteren Produkte und Dienstleistungen könnte ich aufgrund der guten Beziehung zu meinen Kunden an sie verkaufen, um dadurch meinen Share-of-Customer zu erhöhen? Genau hierin liegt die Chance eines richtig verstandenen dialogischen Marketings.

Dallmer (2003) hat diese Entwicklung schon vor Jahren vorausgesehen: *„Der Kunde der Zukunft wird anspruchsvoller denn je und will dafür weniger bezahlen denn je. Speed-Marketing, Participation-Marketing, Community- und Convenience-Marketing prägen die nächsten Jahre im Direktmarketing. Wer seine Kunden kennt und mit ihnen im Dialog bleibt, verschafft sich wirksame Wettbewerbsvorteile. Voraussetzungen dafür sind z.B. eine schnelle und korrekte Datenerfassung, die Analyse der Kundenprofile, eine Bonitätsbewertung und die rasche Abarbeitung von Informations- und Medienzusendungs-Wünschen."*

Die Zukunft liegt im Dialog

Für Siouffi (2003) ist gerade der Dialog die Basis der Kommunikation. *„Man kann niemanden verstehen oder sich selbst verständlich machen ohne das Zuhören und Sprechen. Deshalb wird der Dialog auch zum Schlüssel für erfolgreiches klassisches Marketing von morgen. Immer mehr klassische Medien wie Anzeigen, Fernsehen, Plakate, Beilagen, Radio, Internet, usw. werden Response-Elemente integrieren und so den Dialog mit den Empfängern beginnen. Der Kunde möchte nicht länger ein König sein. Er war es ohnehin nie gewesen. Er möchte endlich ein Kunde sein, dessen Wünsche man ernst nimmt."*

Wenn Sie sich heute umsehen, dann werden Sie schnell feststellen, dass sämtliche Prophezeiungen über den zunehmenden Dialog zwischen Unternehmen und Kunden im Großen und Ganzen eingetreten sind. Wir befinden uns inmitten eines rasanten Dialog-Zeitalters, das gerade dabei ist, unsere klassischen Marketingmodelle zu revolutionieren. Kotler (Kotler / Jain / Suvit, 2002) spricht vom zukunftsfähigen „Sense-and-Response-Marketing". Seinen Überlegungen folgend *„übernehmen die Kundinnen und Kunden klassische Aufgaben des Marketings. Sie stellen sich Produkte zusammen, definieren Preise, diskutieren über die Qualität der Produkte in einer offenen Kommunikation und bestimmen in vielen Fällen mit Ihrer Permission selbst, welche Werbebotschaften sie empfangen möchten und welche nicht."*

Die wichtigsten Veränderungen betreffen indes die Unternehmen selbst, denn auch die internen Strukturen müssen diesen neuen strategischen „Bottom-Up-Ansatz" abbilden. Gute Strategien sind eben nur solche, die auch taktisch und operational gut funktionieren. Das dialogorientierte Marketing wird in der Praxis nur dann realisierbar sein, wenn Unternehmen und Agenturen ein neues, kundenorientiertes Verständnis verinnerlichen. Die Visionen und schlagwortartigen Parolen dieses „Dialoges" müssen in der Praxis gelebt und realisiert werden. Dabei dürfen wir vor allem die beschränkten Kapazitäten von Kunden und Zielgruppen nicht außer acht lassen – sowohl in kognitiver als auch in zeitlicher Hinsicht. Nicht die Kommunikationskanäle sind die Determinanten dieses Prozesses, sondern schlicht beschränkte Möglichkeiten beim Kunden. Wer kann und will schon ununterbrochen im Dialog mit Unternehmen stehen? Mögen sie noch so Interessantes zu bieten haben.

Umso wichtiger erscheint es daher, dass sich Unternehmen, die dem dialogorientierten Marketingansatz folgen, ganz klar an den Motiven, Bedürfnissen und Wünschen der Kunden ausrichten.

Im Vergleich zum traditionellen Marketing geht es immer mehr darum, nicht das Produkt bzw. die Dienstleistung als Ausgangspunkt zu nehmen, sondern eine konsequent aufgebaute Kundenbeziehung.

Auf Basis dieser Beziehung werden die Marketingaktivitäten strukturiert und gezielt eingesetzt. Denken Sie um und werden Sie zum Kundenversteher. Rücken Sie bei all Ihren Bemühungen Ihre Kunden in den Mittelpunkt Ihrer Überlegungen. Verschaffen Sie ihnen Erlebnisse, Freude, Service, Genuss, Begeisterung, Zufriedenheit. Denn der Kunde zahlt die Rechnung. Der Kunde ist König!

Anhang: Methoden zur Erkennung von Kundenbedürfnissen und Motiven

Fazit dieses Buches ist: Der Kunde steht im Mittelpunkt. Er muss Ausgangspunkt aller Überlegungen zur Produktentwicklung und zum Leistungserstellungsprozess sein.

Seine Antriebe und Motive, seine Bedürfnisse und Wünsche, seine Befindlichkeiten und Empfindlichkeiten, seine realistischen Vorstellungen und abgehobenen Träume und davon abgeleitet sein ganz konkreter, individueller Nutzen in einer ganz konkreten Involvement-Situation stehen natürlich auch im Fokus aller Aktivitäten im Sinne einer wirkungsvollen Werbepsychologie.

Damit Sie hier nicht, wie leider in der Praxis so oft zu beobachten, mit unbegründeten Vermutungen, Wunschvorstellungen oder Projektionen im Sinne von, *„Der Kunde hat gefälligst so zu sein, wie wir ihn uns vorstellen"*, arbeiten und damit am Kunden vorbei und gewissermaßen ins Leere agieren, geben wir Ihnen zum guten Schluss noch einige Hinweise mit auf den Weg, wie Sie Ihr Bild vom Kunden über die in Kapitel 4 vorgestellte Situationsanalyse hinaus absichern können.

1 Die Listenmethode

Bei Praktikern sehr beliebt und weit verbreitet sind so genannte Nutzen- und Motivlisten, die man in vielen Seminaren erhält. Oft kann man allerdings nicht mehr nachvollziehen, woher diese Listen stammen, noch lässt sich ihre Vollständigkeit prüfen.

Allein, sie besitzen einen großen subjektiven Vorteil: Man sucht sich ein paar Nutzen heraus und schon hat man sein Gewissen beruhigt. Bedürfnis ausgesucht, Marktforschung und Zielgruppenanalyse erledigt! So schnell kann es gehen.

Die Nutzer solcher Listen erfreuen sich an ihrer Überzeugung, sie hätten bereits genug getan, um die Motive und Bedürfnisse ihrer Kunden zu erforschen. Leider müssen wir all jene herb enttäuschen. Eine Werbekampagne steht solange auf höchst wackligen Beinen, solange die Grundlage die Meinung einer einzigen Person bildet – basierend auf einer ominösen Bedürfnisliste, die obendrein auch noch unvollständig daherkommt.

Bitte nutzen Sie diese Listen daher mit Vorsicht und überprüfen Sie die Nutzenanalyse von mehreren Seiten. Zum Beispiel, indem mehrere Personen aus Ihrem Unternehmen – bevorzugt jene mit Kundenkontakt – zutreffende Kundenmerkmale aus einer solchen Liste auswählen. Meistens sucht jeder etwas andere Motive aus – und zeigt damit auch zugleich die Grenzen solcher Motivlisten auf.

Caples Praxiserfahrungen

Folgende Motivgruppen haben sich nach den Praxiserfahrungen des Direktmarketing-Urgesteins John Caples (1974; 1997, S. 26) im responseorientieren Marketing herausgeschält:

- Was ist das Eigeninteresse / der Eigennutz der Zielgruppe? (Empfehlung: Sprechen Sie zuerst das Eigeninteresse / den Eigennutz der Zielgruppe in Ihrer Werbung an).
- Mit welcher Neuigkeit können Sie die „Neu-Gier" der Zielperson ansprechen? (Empfehlung: Falls etwas neu ist, stellen Sie die Neuigkeit möglichst prominent in Ihrer Werbung heraus. Vermeiden Sie aber Werbung, die nur auf Neugier aufbaut. Kombinieren Sie Neugier immer mit Eigeninteresse oder Neuigkeiten.)
- Wie können Sie dem Wunsch nach Convenience entsprechen? (Empfehlung: Zeigen Sie der Zielperson einfache, schnelle Wege, ihre Ziele zu erreichen.)

Auf Basis solcher Fragen erstellte Listen können erste Gedanken rund um die Motive und Bedürfnisse der Zielpersonen anregen. Wir empfehlen aber dringend, es nicht dabei zu belassen. Versuchen Sie, mit mehreren verschiedenen Methoden zum Ergebnis zu kommen. Wann immer Sie dabei zu ähnlichen Ergebnissen kommen, sind Sie auf einem guten Weg. Ein weiterer Schritt ist die Leserfrage nach Vögele.

2 Die Leserfrage nach Vögele

Siegfried Vögele (1990) entwickelte ein sehr einfaches Verfahren, mit dessen Hilfe sich Werbetreibende in das Denken und Fühlen der Zielgruppe einfühlen können. Das Konzept hinter der so genannten Leserfrage versetzt auch Sie sehr schnell in die Lage, die Interessen Ihrer Zielgruppe zu erfassen. Folgen Sie einfach seiner Empfehlung:

Überlegen Sie sich zuerst mögliche Fragen, die Ihrer Zielgruppe durch den Kopf gehen könnten,

- bevor sie Ihr Angebot nutzen werden,
- während sie es nutzen und
- nachdem sie es genutzt haben.

Diese Fragen sollten jeweils mit einem der klassischen W-Frageworte beginnen, wie z.B.:

■ wann	■ warum	■ was	■ welche/r	■ wem
■ wessen	■ weswegen	■ wie	■ wo	■ woher
■ mit wem	■ wohin	■ wer	■ woran	

Außerdem sollten Sie die Fragen in einer offenen Form stellen, also so, dass man sie nicht nur mit „Ja" oder „Nein" beantworten kann. Die Antworten auf diese Fragen spielen für die spätere Gestaltung (Text, Bild, Links etc.) eine Rolle. Und aufgrund von Antworten wie „Ja" oder „Nein" lassen sich keine Texte entwickeln. Bezogen beispielsweise auf ein Seminarangebot könnten das Fragen sein wie:

Vor dem Seminar

- Wie teuer ist das Seminar?
- Wie werde ich die im Seminar vermittelten Erkenntnisse nutzen können?
- Wie werde ich meinem Chef die neuen Erkenntnisse beweisen können?
- Wie hilft mir das Seminar, unser größtes Marketingproblem zu lösen?
- Wer hat bislang an diesem Seminar teilgenommen?
- Wie unterhaltsam wird das Seminar sein? usw.

Während des Seminars

- Wo geht es zum Seminarraum?
- Wer ist hier der Ansprechpartner?
- Bei wem muss ich mich anmelden?
- Soll ich das Namensschild und meine Unterlagen selber nehmen oder werden diese mir gegeben?
- Wer hat mich begrüßt? Welche Funktion hat er/sie?
- Weshalb stehen die Tische hintereinander?
- Wo kann ich mich hinsetzen?
- Von welchem Platz aus habe ich die beste Sicht?
- Wer ist die Person, die neben mir sitzt? usw.

Am Ende des Seminars

- Wie komme ich zum Bahnhof/Flughafen?
- Wann ist das Seminar zu Ende – wirklich um 17:00 Uhr?
- Erreiche ich tatsächlich meinen Zug/mein Flugzeug?

- Wann bekomme ich das Zertifikat nach dem Seminar?
- Wie kann ich nach dem Seminar dem Seminarleiter noch Fragen stellen?
- Wer hilft mir nach dem Seminar noch weiter? usw.

Zum Schluss formulieren Sie – möglichst für die Zielgruppe positive – Antworten auf die Fragen. Beispielsweise dürfte *„Sehr teuer"* als Anwort auf die Frage, *„Wie teuer ist das Angebot?"*, die meisten Zielgruppen nicht zufrieden stellen. Eine Antwort wie, „Nur ein Cent pro Tag", wird hingegen viel positiver bewertet.

Wirkungsvolle, weil aktivierende Antworten, sind immer positiv und immer konkret. Eine Antwort wie „Zeit sparen" ist zwar positiv, wird aber von vielen Menschen als nicht überzeugender Allerweltsnutzen eingestuft. Der Grund: Diese schlagwortartige Antwort können viele Anbieter nutzen. Konkretisieren Sie Ihre Antworten und sofort werden diese überzeugender. Meistens gelingt das durch Angabe einer Zahl (die Sie natürlich auch auf Nachfrage belegen können sollten): *„Sparen Sie jeden Tag bis zu 54 Minuten Ihrer Arbeitszeit."*

Wie Sie sicher anhand dieses Beispiels bemerken, können nutzenorientierte Antworten sowohl als Ausgangspunkt für die Gestaltung der Werbemittel als auch zur Optimierung des Angebots dienen.

> Noch am Rande eine Bemerkung für die wissenschaftlich Interessierten:
> Vögeles Lesefragentechnik erinnert an Experimente von Garfinkel (1967). Dieser führte Experimente durch, um die impliziten Wünsche, Bedürfnisse und Sichtweisen von Personen kennen zu lernen. Er zeigte, dass im Alltag ständig Rekurs auf die postulierten Bedürfnisse und Wünsche der Interaktionspartner genommen wurde, um die eigenen Handlungen darauf abzustimmen. Man erhält annäherungsweise die Motive und Bedürfnisse, wenn man möglichst nutzenorientierte Antworten auf diese Fragen formuliert, die dann als sinnvoller Ausgangspunkt im Sinne der Psychologen und Neurowissenschaften für die Gestaltung dienen können. Damit sind die Aussagen zur Leser- und Kundenfrage nicht als Beschreibungen möglicher Realität zu sehen, sondern als im Alltag bewährte Regeln, sich den Motiven, Gefühlen und Wissenswelten der Zielgruppe zu nähern.

Eine weitere, einfache Methode ergänzt die Ergebnisse der Leserfragetechnik nach Vögele. Diesmal steht nicht die Überlegung im Vordergrund, was die Zielgruppe fragen *könnte*. Vielmehr interessiert, welchen Nutzen die Zielgruppe in Gesprächen *selbst nennt*.

3 Die Nutzen-Selbstmoderation

Die Nutzen-Selbstmoderationstechnik befragt die Kunden selber. Sie wurde aus den typischen Moderationstechniken entwickelt, die seit mehreren Jahrzehnten erfolgreich in vielen Firmen durchgeführt werden (Bataillard 1984; Klebert / Schrader / Straub 1989). Sie können die Nutzen-Selbstmoderation alleine durchführen oder gemeinsam mit mehreren Personen. Wichtig bei der Auswahl der Teilnehmer ist, dass jeder davon Kontakt zu den Kunden pflegt. Eine gemeinsame Durchführung kann die Ergebnisse objektivieren.

Zur Durchführung benötigt jede Person lediglich einen Block mit Haftnotizen und einen Kugelschreiber. Stets nach einem Kundengespräch lässt die durchführende Person dieses Revue passieren und versucht, alle Nutzen, die sie vom Gesprächspartner gehört hat, zu notieren. Zwei Grundregeln gelten dabei:

- Immer nur einen Nutzen auf eine Haftnotiz notieren.
- Wenn man in mehreren Gesprächen denselben Nutzen hört, wird dieser auch zum wiederholten Male auf die Haftnotizen notiert. Die Häufigkeit der Zettel sagt später etwas über die Relevanz des betreffenden Nutzens aus.

Erster Schritt: Mindestens zwei Wochen lang jeden gehörten Nutzen auf einer Haftnotiz festhalten

Nach etwa zwei Wochen oder 10 bis 15 Gesprächen nimmt man sich, alleine oder in der Gruppe, ein bis drei Stunden Zeit und sortiert die Nutzen nach Ähnlichkeit. Dies kann z.B. an einem Flipchart oder auf einem großen Bogen Packpapier passieren. Das Ergebnis sind mehrere Cluster, die ähnliche Nutzen auf den Haftnotizen enthalten.

Zweiter Schritt: Haftnotizen nach Ähnlichkeit ordnen

Der dritte Schritt bringt die Entscheidung: Geben Sie jedem Cluster (Haufen) eine passende Überschrift. Dabei kommt es häufig vor, dass einige Haftnotizen anderen Clustern zugeordnet werden oder sogar ein neues Cluster entsteht. Die so gefundenen Überschriften übernehmen Sie in eine Nutzenliste.

Die nun herausgearbeiteten „Kaufgründe" sind zumeist von unterschiedlichster Relevanz für die Zielgruppe. Wir empfehlen Ihnen daher, die Gründe nach Relevanz zu ordnen. Einen ersten Hinweis liefert Ihnen die Häufigkeit der Zettel zu einem bestimmten Nutzen. Wählen Sie nun diejenigen Nutzen aus, die

- einerseits für Ihre Zielgruppe hohe Relevanz besitzen (Häufigkeit der Nennungen) und
- andererseits nicht von Ihrer Konkurrenz geboten werden können.

Diese Nutzen liefern Ihnen die entscheidenden Argumente und sollten als Basis für die spätere Gestaltung Ihrer Kampagen dienen. Auf diese Weise gelingt es Ihnen, einfach und schnell herauszuarbeiten, was Ihnen aus der Perspektive des Kunden die entscheidende Wettbewerbsvorteile sichert. Ein solcher möglichst relevanter und vom Mitbewerber differenzierender Nutzen ist in der Literatur unter den unterschiedlichsten Begriffen bekannt, wie z.B. komparativer Konkurrenzvorteil (KKV, Backhaus, 1999) oder Positionierung.

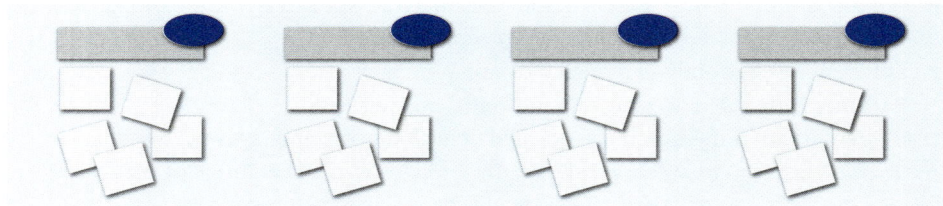

Dritter Schritt: Überschriften finden und nach Relevanz für den Kunden ordnen

4   Die Vorher-Nachher-Technik

Bei dieser Methodik liegt die Herausforderung darin, sich die Situation der Zielperson vor und nach dem Kauf möglichst genau zu vergegenwärtigen. Dabei steht folgende Frage im Vordergrund: Was hat sich für die Zielperson positiv geändert durch den Kauf? Aus dieser positiven Änderung können Sie den Nutzen ableiten.

5   Kundeninformationen im Internet finden

Im Internet erfolgreich nach Kundeninformationen suchen, heißt, die goldene Nadel im „Terabyte-Heuhaufen" finden. Hier ist eine kleine Auswahl von Möglichkeiten, mit denen man (fast immer kostenlose) Marketinginformationen im Internet findet.

Aktuelle Literatur zur Zielgruppe

Die gute Nachricht: Über viele Zielgruppen wurde bereits viel geschrieben. Wer also seiner Zielgruppe gerne näher kommen möchte, der recherchiere nach geeigneter Lektüre. Eine lückenlose Übersicht aller Bücher die seit 1913 in Deutschland erschienen sind, bietet die *Deutsche Nationalbibliothek* (www.d-nb.de). Wer auf der Katalogseite (https://portal.d-nb.de) eine Zielgruppe oder ein Produkt eingibt, bekommt dann als Ergebnis alle Bücher zu diesem Thema. Wenn Sie zu viele Ergebnisse erhalten, grenzen Sie das Suchfeld über die erweiterte Suche (Menü links) ein.

Suchen Sie sich die interessantesten Ergebnisse aus, kaufen Sie das Buch oder leihen Sie dieses in Ihrer Bibliothek aus. Sie können auch per Internet Bücher zur Ausleihe anfordern: http://www.subito-doc.de. Und falls Ihr Ergebnis als „elektronische Ressource" vorliegt, haben Sie oft Glück: Sie können dann das Werk meist kostenlos herunterladen.

Daten- und Quellenlieferant Wikipedia

Eine erste Annäherung an das Thema bietet häufig ein *Wikipedia*-Eintrag zur Zielgruppe oder zum Produkt. Zu den Zielgruppen finden sich hier Hinweise auf interessante Studien und Weblinks. Bei Produkten findet man oft aktuelle Zahlen, Hinweise auf Verbände (die oft mehr Informationen liefern können) und weitere Links. Besonders brauchbar sind die Rubriken „Quellen" und „Weblinks" am Ende eines Artikels.

Ein anschauliches Beispiel liefert das Stichwort „Automobil" und die dazu gehörende Unterseite „Automobil/Tabellen und Grafiken". Gibt man im *Wikipedia*-Suchfeld den noch präziseren Begriff „Kraftfahrzeugbestand" ein, erhält man eine Fülle von Daten zu diesem Thema unter diversen *Wikipedia*-Stichwörtern.

Erfolg mit Suchstrategien

Der Startpunkt für eine Suche im Internet ist in über 90 Prozent der Fälle in Deutschland Google.de. Doch häufig bringt hier die Eingabe eines Wortes zu viele Ergebnisse – „Marktstudie" – liefert z.B. eine knappe halbe Million Internetseiten.

Bessere Ergebnisse erhält man meist, wenn man vor der Suche eine Suchstrategie entwickelt. Sie besteht aus mindestens drei Überlegungen:

- Mit welchen Wörtern (englisch oder deutsch) lassen sich die gesuchte Marktstudie, Zielgruppe, das Produkt genau beschreiben? Hilfe leisten hier ein Englisch- (www.leo.org) und ein Synonymlexikon (synonyme.woxikon.de).
- In welchen Dateiformaten werden die Ergebnisse vorliegen? Qualitativ gute Ergebnisse liegen häufig als PDF- oder Powerpoint-Datei vor.
- Welche möglichen Suchseiten, Institutionen, Organisationen und Websites könnten die gesuchten Informationen anbieten?

Einige Google-Tricks

Die erste Überlegung konzentrierte sich auf die Wörter, die die gesuchte Information möglichst genau beschreiben. Diese werden in das *Google*-Suchfeld eingegeben. Es könnten z.B. folgende drei Wörter sein: „Marktstudie", „Direktmarketing", „Dialogmarketing". Die Ergebnisse sind aber immer noch nicht zufrieden stellend.

Jetzt kommt die zweite Überlegung zum Zug: Die Suchergebnisse werden meist besser, wenn man nur nach bestimmten Dokumentarten sucht: Dazu klickt man rechts neben dem *Google*-Suchfeld auf „Erweiterte Suche".

Unter „Dateiformat" kann nun die Einschränkung „PDF-Datei" oder „Powerpoint-Präsentation" eingestellt werden.

Möglichst aktuelle Ergebnisse erhält man über die Einstellungen unter „Datum". Eine interessante Suchoption ist auch „Position". Wählt man hier „im Titel der Seite" aus, erhält man nur Ergebnisse, die die Suchbegriffe im Titel einer Webseite enthalten. Das reduziert die Menge der Ergebnisse gewaltig. Mehr Informationen zu den *Google*-Suchmöglichkeiten erhält man nach dem Anklicken von „Hilfe" (ganz klein, unten in der Fußzeile).

Google findet nur wenige Informationen aus dem Internet

Nach Schätzungen weist *Google* nur zwischen 0,25 bis unter zehn Prozent der Informationen nach, die man über das Internet finden kann. Einer der vielen Gründe dafür: Viele Informationen liegen in Formaten vor, die Suchmaschinen nicht lesen können: Die bereits weiter oben genannte Deutsche National Bibliothek (DNB) weist z.B. alle seit 1913 erschienenen Bücher und andere Publikationen nach, Ende 2009 sind das mehr als 25 Millionen Einträge. Doch über *Google* findet man davon nur wenige Seiten: Informationen über die Bibliothek und einige Such-Startseiten verschiedener Medien-Kataloge. Über die Suchseiten kann man dann in dem – von *Google* nicht nachgewiesenen – Gesamtbestand recherchieren.

Der allergrößte Teil der Informationen des Internets befindet sich in solchen „unsichtbaren Netzen", im Deep Web. Deshalb ist die Überlegung, nach konkreten Institutionen und Websites zu suchen, die nützliche Informationen liefern könnten, eine der wichtigsten.

Suchmaschinen für Marktstudien

Spezialisierte Suchmaschinen für Marktstudien liefern meist Nachweise für kostenpflichtige Studien. www.markt-studie.de versteht sich als „unabhängiges Recherche- und Verkaufsportal für kostenpflichtige Marktstudien unterschiedlicher Herausgeber" und weist ca. 60.000 Marktstudien nach.

(Teilweise) kostenlose Marktstudien findet man in den Suchmaschinen von *Horizont* und *Werben & Verkaufen*. Meist finden Sie auch hier eine kurze Zusammenfassung der Studien.

Verbände liefern Marktdaten

Viele Marktinformationen erhält man über Verbände, denn sie erheben häufig Daten für ihre Mitglieder und die Öffentlichkeit. Man findet die für ein Thema relevanten Verbände über die Suche von www.verbaende.com und www.verbandsforum.de. Die Marktinformationen finden sich dann auf den angegebenen Verbandsseiten unter Menüpunkten wie „Studien", „Daten und Fakten" oder „Marktdaten", manchmal auch unter „Publikationen".

Spezialisierte Seiten, die regelmäßig Studien veröffentlichen

Weiterhin gibt es für verschiedene Themen spezialisierte Seiten. Hier einige Beispiele regelmäßig erscheinender Marktinformationen:

- Studien zur Konjunktur- und Wirtschaftslage findet man auf den Seiten verschiedener Wirtschaftsinstitute. Mehrfach jährlich erscheinen Wachstums- und Konjunkturanalysen, z.B. beim *Zentrum für Europäische Wirtschaftsforschung*. Statistiken rund um Deutschland findet man über das Statistik-Portal aller Statistischen Ämter des Bundes und der Länder.
- Auch der Direkteinstieg beim Statistischen Bundesamt bringt viele Ergebnisse. Unter dem Menüpunkt „Publikationen, Querschnitt" findet sich eine Fülle statistischer Ergebnisse, u.a. das komplette *Statistische Jahrbuch* als kostenloser Download.

- **Europäische Statistiken** liefert die Europäische Kommission unter http://ec.europa.eu/eurostat. Als führendes Statistikportal zu allen Arten von Statistiken versteht sich www.statista.de. Die Ergebnisse sind hier allerdings teilweise kostenpflichtig. Eine umfangreiche Linksammlung bietet http://crisismaven.wordpress.com/references.
- Viele Studien erhält man auch über **Landes- und Bundesministerien,** meist unter dem Stichwort „Publikationen" . Ein idealer Startpunkt ist www.bund.de, der zentrale Zugang von Bund und Ländern zu deren Informationsangeboten im Internet. Über den Reiter „Behörden" und einem dann einzugebenden Suchbegriff findet man die entsprechenden staatlichen Stellen.
- **Werbetrends** veröffentlicht u.a. www.nielsen-media.de. Die Entwicklung der Werbebranche aus der Sichtweise von Agenturchefs präsentiert der Gesamtverband Kommunikationsagenturen unter der Rubrik „Themen-Wissen". Aktuelle Entwicklungen im Dialogmarketing präsentiert der DDV mit seinem Dialog-Barometer (im Suchfeld „Barometer" eingeben). Studien zur nationalen und internationalen Lage unserer Branche veröffentlicht jährlich die *Deutsche Post* unter www.deutschepost.de/dmm.
- **Branchendaten und Informationen über Zielgruppen** liefern viele große Verlage kostenlos auf ihren Mediaplanungsseiten, wie z.B. über www.medialine.de (Reiter „Marktinformation", „Marktanalysen"). Weitere Quellen sind z.B. www.axelspringer-mediapilot.de („Branchen & Werbemarkt") oder www.bauermedia.de (Reiter „Studien").
- Informationen aus den verschiedenen **Markt-Media-Studien** findet man mit dem Zielgruppenfinder von www.pz-online.de. Er bietet dem Nutzer einen schnellen Überblick in Form von kompakten Übersichtsmatrizen über die 17 wichtigsten Markt-Media-Studien.
- **Branchendaten zur Kreativwirtschaft** liefert www.kreativwirtschaft-deutschland.de (Reiter „Information" bzw. in den kostenlos downloadbaren Jahrbüchern für Kulturwirtschaft).
- Daten zur **Nutzung der Printmedien** findet man unter www.stiftunglesen.de, www.die-zeitungen.de und www.deutsche-fachpresse.de.
- Daten zur **Nutzung des Internets** findet man im (N)Onliner-Atlas(www.nonliner-atlas.de). Er gilt als Deutschlands größte Studie zu diesem Thema. Eine Fülle von Studien liefert auch der *Bundesverband der digitalen Wirtschaft* (www.bvdw.de, Reiter „Medienbibliothek", Typ: „Marktzahlen und Studien"). Weitere Quellen sind: www.agof.de, www.ard-zdf-onlinestudie.de, die Forschungsgruppe Wahlen (www.forschungsgruppe.de, Menüpunkt „Umfragen und Publikationen, Internetstrukturdaten") und der *Bundesverband Informationswirtschaft, Telekommunikation und neue Medien e.V.* (www.bitkom.org, Reiter „Markt & Statistik").
- **Linkverzeichnisse:** Thematisch orientierte Linklisten, wie z.B. Social Bookmarks Seiten, können ebenfalls hilfreich sein. So liefern unter dem Stichwort „Marktstudie" www.oneview.de oder www.mister-wong.de erste brauchbare Ergebnisse.

6   Auswertung der verschiedenen Methoden

Um zu einem nachhaltigen und objektiven Ergebnis zu kommen, empfehlen wir Ihnen, die Ergebnisse der verschiedenen Methoden in einer Übersicht zusammenzufassen. Benutzen Sie als Spalte die von Ihnen angewandten Methoden, als Zeile die von Ihnen gefundenen Motive/Bedürfnisse. Halten Sie dann in den entsprechenden Feldern fest, woher Sie die Informationen zu einem konkreten Motiv/Bedürfnis haben und wie sicher aus Ihrer Sicht diese Informationen sind.

	Liste	Leserfrage	Selbst-moderation	Vorher-Nachher	Internet-recherche
Motiv/Bedürfnis					
Motiv/Bedürfnis					
Motiv/Bedürfnis					
Motiv/Bedürfnis					
Motiv/Bedürfnis					
Motiv/Bedürfnis					

Die Autoren

Prof. Dr. Karl Peter Fischer, Dipl. Psych. Univ., betreut als Inhaber der 4M Werbeagentur GmbH seit 20 Jahren namhafte Kunden. Dabei ist es ihm gelungen, Marketing und Kommunikation auf eine anspruchsvolle, wissenschaftlich fundierte Ebene zu heben und auf diesem Wege eine lebendige, emotionale Kundenkommunikation in der Praxis zu etablieren. An der Fachhochschule für angewandtes Management arbeitet er als Professor im Bereich Markt- und Werbepsychologie und ist Leiter des Studienprogramms Kommunikations- und Werbemanagement. Neben seinem Lehrauftrag an der Privatuniversität Schloss Seeburg ist er fester Dozent am Siegfried Vögele Institut in Königstein und kann als freier Trainer gebucht werden.
Mehr Info: www.4m-werbeagentur.de
Blog: www.4m-werbepsychologie.de

Dipl. Kauffrau Daniela Wiessner studierte Betriebswirtschaftslehre an der LMU in München und arbeitet seit über 15 Jahren als freiberufliche Konzeptionerin und Creative Director für Agenturen-Networks. Ihre ausgeprägten Erfahrungen aus der Praxis vermittelt sie als Autorin, Beraterin und Trainerin für Markenführung und Kommunikation in On- und Offline-Medien. Zudem ist sie als Dozentin an der Fachhochschule für angewandtes Management tätig.
Mehr Infos: www.divendo.biz

Dipl. Psych. Univ. Robert K. Bidmon arbeitet in Wissenschaft und Praxis mit dem Arbeitsschwerpunkt „Psychologie des Dialogmarketings". Freiberuflicher Trainer und Berater. Gastvorlesungen an der Universität Rostock, Lehraufträge an den Universitäten München, Gießen, verschiedenen Fachhochschulen, Dualen Hochschulen und Akademien.
Mehr Info: www.dialog-blogger.de

Bringen Sie mehr Effizienz in Ihre Kommunikation und Ihr Marketing. Alles, was Sie dazu wissen müssen, erfahren Sie in unseren Seminaren, Workshops oder auf der Website zum Buch. Stöbern Sie in unserem Blog, informieren Sie sich über das aktuelle Seminarprogramm und holen Sie sich wertvolle Anregungen unter:
www.angewandte-werbepsychologie-in-marketing-und-kommunikation.de

Literaturverzeichnis

AdAge (Hrsg.). (2003, Sept. 15.): Subliminal Advertising: Adage Encyclopedia. Verfügbar (10.5.2011) unter: http://adage.com/article/adage-encyclopedia/subliminal-advertising/98895/

Alderfer, C. P. (1972): Existence, relatedness, and growth: Human needs in organizational settings. New York: Free Press

Ambler, T. / Vakratsas, D. (1999): How Advertising Works: What Do We Really Know? Journal of Marketing, 63 (Jan. 1999), 26 – 43

Anderson, J. R. (1996): ACT: A simple theory of complex cognition. American Psychologist, 51 (April), 355 – 365. Verfügbar (10.5.2011) unter: http://act-r.psy.cmu.edu/publications/pubinfo.php?id=97

Atkinson, R. / Shiffrin, R. (1968): Chapter: Human memory: A proposed system and its control processes. In K. Spence / J. Spence (Hrsg.): The psychology of learning and motivation (Volume 2). pp. 89 – 195. (Bd. 2, S. 89 – 195). New York: Academic Press

Backhaus, K. (1999): Industriegütermarketing. (6. Aufl.) München: Vahlen

Bataillard, V. (1984): Pinwand-Moderations-Technik. Strukturiertes Brainstorming. Visualisierung des Sitzungsverlaufs und der gemeinsamen Zielsetzungen. Zürich: Verlag Organisator

Baumgartner, M. / Udris, I. (2005): Call Center ist nicht gleich Call Center. Arbeit (1), 3. – 17. Verfügbar (10.5.2011) unter: http://www.call.ifap.ethz.ch/Berichte/Artikel_CALL_Arbeit%202_korr.pdf

Behrens, G. / Hinrichs, A. (1986): Werben mit Bildern. Zum Stand der Bildwahrnehmungsforschung. Werbeforschung / Praxis (3), 85 – 88

Belch, G. E. / Belch, M. A. (2002 / 2001): Advertising and promotion: An integrated marketing communications perspective (5. ed., internat). Boston: McGraw-Hill/Irwin

Belz, C. / Forschungsinstitut für Absatz und Handel. (1997): Strategisches Direct Marketing – vom sporadischen Direct Mail zum professionellen Database Management mit Fallstudien. Wien: Ueberreuter

Berlyne, D. E. (1974): Konflikt, Erregung, Neugier zur Psychologie der kognitiven Motivation. (Original erschien 1960: Conflict, arousal and curiosity) Konzepte der Humanwissenschaften. Stuttgart: Klett

Bettman, J. R. (1979): An information processing theory of consumer choice. Addison-Wesley advances in marketing series. Reading Mass. u.a: Addison-Wesley

Bischof, N. (2001): Das Rätsel Ödipus: Die biologischen Wurzeln des Urkonfliktes von Intimität und Autonomie. (5. Aufl.) München: Piper

Böhringer, J., Bühler, P. / Schlaich, P. (2006): Kompendium der Mediengestaltung: Für Digital- und Printmedien (3. Aufl.). X.media.press

Bransford, J. D. (1979): Human Cognition: Learning understanding and remembering. Belmont, California: Wadsworth

Britt, S. H. (1956, Oct. 30): New York Harald Tribune

Bruhn, M. (2003): Kommunikationspolitik: Systematischer Einsatz der Kommunikation für Unternehmen. (2. Aufl.). München: Vahlen

Caples, J. / Hahn, F. E. (1997): Tested advertising methods. 5. ed. Paramus, NJ: Prentice-Hall

Caples, J. (1974): Tested advertising methods. 4. ed. Englewood Cliffs, NJ: Prentice-Hall

Cialdini, R. B. (1987): Einfluss. Wie und warum sich Menschen überzeugen lassen. (Original: Influence – How and Why People Agree to Things). Landsberg: mvg

Cialdini, R. B. (2002a): Die Psychologie des Überzeugens. Ein Lehrbuch für alle, die ihren Mitmenschen und sich selbst auf die Schliche kommen wollen. (Orig. erschien 2001: Influence, 4th ed.). (2. Aufl.) Bern, Göttingen: Hogrefe

Cialdini, R. B. (2002b). Influence. Science and practice. . (4. Aufl.). Needham Heights, MA: Allyn / Bacon

Cohen, J. B. (1983): Involvement and you: 1000 great ideas. Advances in Consumer Research, 10, 325 – 328

Comscore, Block, B. (Mitarbeiter). (2010): Im April wurden in Deutschland mehr als 9 Milliarden Videos online angesehen. Verfügbar (10.5.2011) unter: http://www.microsoftpanel.com/Press_Events/Press_Releases/2010/6/Im_April_Wurden_in_Deutschland_Mehr_als_9_Milliarden_Videos_Online_Angesehen

Dallmer, H. (2003): Wohin führt der Weg des Dialogmarketings? – Statement. In: Siegfried Vögele Institut, DDV / Horizont (Hrsg.), Perspektiven des Dialogmarketings: 1. Europäischer Dialogtag. 14. – 15. Mai 2003, Königstein/Frankfurt(Main) (S. 14)

Dallmer, H. (Hrsg.). (2002): Direct Marketing / More. Das Handbuch. (8. Aufl.) Wiesbaden: Gabler

Damasio, A. R. (2005): Descartes' Irrtum – Fühlen, Denken und das menschliche Gehirn. (2. Aufl.) München: List

Diedenhofen, H.-J. (1991): Imageanalysen: Aussagefähige Grundlage für Strategien pharmazeutischer Unternehmungen. (Dissertation, St. Gallen, Hochschule f. Wirtschafts-, Rechts- u. Sozialwiss.)

Drevdahl, J. E. (1956): Factors of importance for creativity. Journal of Clinical Psychology, 12, 21 – 26

Eder, A. B. (2001): Erklärungsmodelle für den Mere Exposure Effekt: Die affektive Qualität der perzeptuellen Geläufigkeit. (Diplomarbeit Naturwissenschaftliche Fakultät der Leopold-Franzens-Universität Innsbruck)

Felser, G. (2007): Werbe- und Konsumentenpsychologie (3. Aufl.). Berlin: Springer Spektrum Akad. Verl.

Fleming, M. L. / Sheikhian M. (1972): Influence of pictorial attributes on recognition memory. Communication Review, 20, 423 – 441

Friesewinkel, H. / Kink, K. (1986): Pharma-Gespräche: Reflexionen zur Theorie und Praxis des Managements. Wiesbaden: Med. Tribune

Friesewinkel, H. (1992): Pharma-Business. Berlin: Habrich

Garfinkel, H. (1967): Studies in ethnomethodology (Reprint). Englewood Cliffs: Prentice-Hall

GIM-Gesellschaft für Innovative Marktforschung (Hrsg.). (2008): Digital Signage. Die globale Studie – Chancen und Risiken: POPAI

Gladwell, M. (2010): Blink!: Die Macht des Moments. München: Piper

Goethe, J. W. von / Beutler, E. (1965): Schriften zur Kunst (2. Aufl.). Gedenkausgabe der Werke, Briefe und Gespräche: (Brief an F. v. Müller vom 24.4.1819, S. 52) Hrsg. von Ernst Beutler, Zürich: Artemis-Winkler

Goldenberg, J., Levav, A., Mazursky, D. / Solomin, S. (2009): Cracking the ad code. Cambridge: Cambridge Univ. Press.

Goldenberg, J., Mazursky, D. / Solomon, S. (1999): The Fundamental Templates of Quality Ads. Marketing Science, 13 (Business Source Complete)

Goleman, D. (2006): Soziale Intelligenz. Wer auf andere zugehen kann, hat mehr vom Leben. München: Droemer Knaur

Grawe, K. (2004): Neuropsychotherapie. Göttingen: Hogrefe

Greff, G. (1997): Das 1x1 des Telefonmarketing. Wiesbaden: Gabler

Grimm, R. (1979): Werbeträger. In: L. G. Poth (Hrsg.), Praktisches Lehrbuch der Werbung. 2. Aufl. (S. 159 – 195). München: Moderne Industrie

Gröppel-Klein, A. (2009): Ladengestaltung. In: M. Bruhn, F.-R. Esch / T. Langner (Hrsg.): Handbuch Kommunikation. Grundlagen – Innovative Ansätze – Praktische Umsetzungen. (S. 315 – 336). Wiesbaden: Gabler

Haseloff, O. W.: Über Wirkungsbedingungen politischer und werblicher Kommunikation. In O. W. Haseloff (Hrsg.): Kommunikation. (Forschung und Information. Schriftenreihe der RIAS-Funkuniversität) (S. 151 – 187). Berlin: Colloquium Verlag

Häusel, H.-G. (2008): Brain View: Warum Kunden kaufen. (2. Aufl.) Freiburg im Breisgau: Haufe

Hell, W. (1993): Kognitive Täuschungen: Fehl-Leistungen und Mechanismen des Urteilens, Denkens und Erinnerns. Heidelberg, Berlin, Oxford: Spektrum, Akad. Verlag

Hiam, A. (1997): Marketing für Dummies: Gegen den täglichen Frust mit Marketing. Bonn, Albany u.a.: Internat. Thomson Publ.

Hospes, I. (2001): Markenerweiterung. (Diss., Universität Bonn). Aachen: Shaker Verlag

Hüther, G. (2007): Bedienungsanleitung für ein menschliches Gehirn. Göttingen: Vandenhoeck / Ruprecht

Huitt, W. (2007): Maslow's hierarchy of needs. Educational Psychology Interactive. Valdosta, GA: Valdosta State University. Online (5.5.2011): http://www.edpsycinteractive.org/topics/regsys/maslow.html

IMAS International. (2007): Glaubwürdigkeit von Werbekanälen. Verfügbar (10.5.2011) unter: www.imas-international.de/Glaubwurdigkeit.pdf

Jeck-Schlottmann. (1988): Werbewirkung bei geringem Involvement. (Arbeitspapier Nr. 1 der Reihe „Konsum und Verhalten"). Saarbrücken

Jung, C. G. (1986): Der Mensch und seine Symbole. (9. Aufl.) Olten, Freiburg im Breisgau: Walter

Kastin, K. S. (1999): Marktforschung mit einfachen Mitteln: Daten und Informationen beschaffen, auswerten und interpretieren. München: Dt. Taschenbuch-Verlag

Kirchner, G. (1988): Prospekt- und Katalogoptimierung in Gestaltung und Copy. Landsberg/Lech: Moderne Industrie

Kirchner, G. (1991): Die neue Praxis der Direktwerbung. Wie Sie Ihre Verkaufs- und Werbeprobleme selbst lösen. Wiesbaden: Forkel-Verlag

Klebert, K., Schrader, E. / Straub, W. (1989): Moderationsmethode: Gestaltung der Meinungs- und Willensbildung in Gruppen, die miteinander lernen und leben, arbeiten und spielen. (4. Aufl.) Hamburg: Windmühle

König, A. R. (2004): Lesbarkeit als Leitprinzip der Buchtypographie. Eine Untersuchung zum Forschungsstand und zur historischen Entwicklung des Konzeptes „Lesbarkeit". Alles Buch. Studien der Erlanger Buchwissenschaft, Band VII. Verfügbar (4.5.2011) unter: http://www.buchwissenschaft.phil.uni-erlangen.de/forschung/publikationen/Koenig.pdf

Koschnick, W. J. (2007): Neuroökonomie und Neuromarketing. Eine Einführung in ein komplexes Thema. In: W. J. Koschnick (Hrsg.), Focus-Jahrbuch 2007. (S. 3 – 82). München: Focus Magazin

Kotler, P., Armstrong, G., Saunders, J., Wong, V., Walther, W. (2006): Grundlagen des Marketing (3. Aufl.) München: Pearson Studium

Kotler, P., Jain, D. / Suvit M. (2002): Marketing der Zukunft: Mit „Sense and Response" zu mehr Wachstum und Gewinn. Frankfurt am Main (u.a.): Campus

Kover, A. J., Goldberg, S. M. / James, W. L. (1995): Creativity vs. Effectiveness?: An Integrating Classification for Advertising. Journal of Advertising Research, 35 (November/December), 29 – 40

Krause, R. (1998): Non-verbale Kommunikation. Signale zwischen Menschen. Verfügbar (03.06.05) unter: http://www.uni-saarland.de/fak5/krause/nonverb.htm

Kroeber-Riel, W. / Esch, F. R. (2000): Strategie und Technik der Werbung. Verhaltenswissenschaftliche Ansätze. (5. Aufl.) Stuttgart: Kohlhammer

Kroeber-Riel, W. / Weinberg, P. (2003): Konsumentenverhalten. (8. Aufl.) München: Vahlen

Kroeber-Riel, W. (1987a): Informationsüberlastung durch Massenmedien und Werbung in Deutschland. DBW – Die Betriebswirtschaft, 47 (3), 257 – 261

Kroeber-Riel, W. (1987b): Weniger Informationsüberlastung durch Bildkommunikation. Wirtschaftswissenschaftliches Studium, 16, 485 – 489

Kroeber-Riel, W. (1993): Bildkommunikation. München: Vahlen

Kuss, A. / Tomczak, T. (2004): Käuferverhalten: Eine marketingorientierte Einführung. (3. Aufl.) Stuttgart: Lucius / Lucius

Lachmann, U. (2004): Wahrnehmung und Gestaltung von Werbung. (3. Aufl.) Hamburg: Gruner und Jahr

Langer, I., Schulz v. Thun, F. / Tausch, R. (2002): Sich verständlich ausdrücken. Anleitungstexte, Unterrichtstexte, Vertragstexte, Amtstexte, Versicherungstexte, Wissenschaftstexte, weitere Textarten. (7. Aufl.) München: Reinhardt

Lauterborn, R. F. / Schultz, D. E. / Tannenbaum, S. I. (1993): Integrated marketing communications. Chicago Ill.: NTC Business Books

Lewis, E. S. E. (1915): Getting the most out of business: Observations of the application of the scientific method to business practice. New York: Ronald Press. Verfügbar (10.5.11) unter: http://www.archive.org/details/gettingmostoutofoolewi

Lindgaard, G., Fernandes, G., Dudek, C. / Browñ, J. (2007): Attention web designers: You have 50 milliseconds to make a good first impression! Behaviour and Information Technology, 25 (Number 2/March-April 2006), 115 – 126(12). Verfügbar (10.5.11) unter: http://www.ingentaconnect.com/content/tandf/tbit/2006/00000025/00000002/art00003

Lindo, W. (2008): Newsletter-Marketing Praxisbuch. Die scharfen Business-Workshops! Poing: Franzis

Lindsay, P. H. / Norman, D. A. (1981): Einführung in die Psychologie. Informationsaufnahme und -verarbeitung beim Menschen (Original erschien 1977: Human information processing): Berlin: Springer

Lürssen, J. (2004): AIDA – reif für das Museum? Verfügbar (10.5.11) unter http://www.marketing-site.de/content/aida-reif-fuer-das-museum;36859

Maar, C. / Burda, H. (2004): Iconic turn: Die neue Macht der Bilder. (3. Aufl.) Köln: DuMont

Maier, H.-D. (2004): Der Managementprozess des Marketing nach H. D. Maier. Verfügbar (10.5.11) unter: http://www.hdm-marketing.de/

Maslow, A. H. (1943): A theory of human motivation. Psychological Review, 50, 370 – 396

McCandliss, B. D., Cohen, L. / Dehaene, S. (2003): The visual word form area: expertise for reading in the fusiform gyrus. Trends in Cognitive Sciences, 7 (7), 293 – 299. Verfügbar (10.5.11) unter: http://www.sacklerinstitute.org/cornell/people/bruce.mccandliss/publications/publications/McCandliss.etal.2003.TrendsCogSci.pdf

McClelland, D. C. (1961): The achieving society. Princeton, NJ: Van Nostrand

Meffert, H. (1982): Marketing: Einführung in die Absatzpolitik. (6. Aufl.) Wiesbaden: Gabler

Metzinger, T. / Schmidt, T. (2011): Der Ego-Tunnel: Eine neue Philosophie des Selbst ; von der Hirnforschung zur Bewusstseinsethik. (2. Aufl.) Berlin: Berliner Taschenbuch-Verlag

Miller G A. (1956): The magical number seven. The Psychological Review, 63, 81 – 97. Verfügbar (10.5.2011): http://psychclassics.yorku.ca/Miller/

Mothes, K. G. (1984): Pharmastrategien im Wandel. Siegburg-Seligenthal

Negroponte, N. (1995): Total digital: Die Welt zwischen 0 und 1 oder die Zukunft der Kommunikation. München: Bertelsmann

Nerdinger, F. W. (2003a): Grundlagen des Verhaltens in Organisationen. Stuttgart: Kohlhammer

Nerdinger, F. W. (2003b): Kundenorientierung. Praxis der Personalpsychologie: Göttingen , Bern, Toronto, Seattle: Hogrefe

Nerdinger, F. W., Blickle, G. / Schaper, N. (2008): Arbeits- und Organisationspsychologie (Gebundene Ausgabe). Berlin: Springer

Neuberger, O. (1974): Messung der Arbeitszufriedenheit: Verfahren und Ergebnisse. Stuttgart: Kohlhammer

Neumann, P. (2003a): Markt- und Werbepsychologie – Grundlagen. Definitionen, Interventionsmöglichkeiten – Operationalisierung – Statistik. (3. Aufl.) Gräfelfing: Fachverlag Wirtschaftspsychologie

Neumann, P. (2003b): Markt- und Werbepsychologie – Praxis. Wahrnehmung – Lernen – Aktivierung – Image – Positionierung – Verhaltensbeeinflussung – Messmethoden. (2. Aufl.) Gräfelfing: Fachverlag Wirtschaftspsychologie

O´Shaugnessy, J. (1987): Why People Buy. New York: Oxford Press

Ogilvy, D. (1984): Über Werbung. Düsseldorf: Econ

Ogilvy, D. (1991): Geständnisse eines Werbemannes. München: Econ

Paivio, A. (1971): Imagery and verbal processes. New York: Holt Rinehart and Winston

Paivio, A. (1978): Dual coding: theoretical issues and empirical evidence. In: J. M. Scandura / C. J. Brainerd (Hrsg.): Structural process models of complex human behavior. (proceedings of the NATO Advanced Study Institute on Structural/Process Models of Complex Human Behavior) Banff, Alberta, Canada, June 18 – 26, 1977 (Series E, Applied sciences, S. 527 – 549). Alphen aan den Rijn: Sijthoff / Noordhoff

Paivio, A. (1986): Mental representations: A dual coding approach. Oxford psychology series: Bd. 9. New York: Oxford Univ. Press

Pepels, W. (2005): Marketing-Kommunikation: Werbung – Marken – Medien. Das Kompendium. Rinteln: Merkur-Verlag

Peters, T. J. (1994): Liberation management: Necessary disorganization for the nanosecond nineties (1st Ballantine Books U.S). New York: Ballantine

Petty, R. / Cacioppo, J. T. (1983): Central and Peripheral Routes to Persuasion: Application to Advertising. In: L. Percy, A. G. Woodside / J. C. Olson (Hrsg.): Advertising and consumer psychology. 2. print. (S. 3–24). Lexington, Mass.: D.C. Heath and Company

Petty, R. E. / Cacioppo, J. T. (1984): The elaboration likelihood model of persuasion. Advances in Consumer Research, 11, 673 – 675

Petty, R. E. / Cacioppo, J. T. (1986): The elaboration likelihood model of persuasion. In: L. Berkowitz (Hrsg.): Advances in experimental social psychology (Bd. 19, S. 123 – 205). New York: Acad. Press

Pollmann, S. (2008): Allgemeine Psychologie. München u.a: Reinhardt

Pricken, M. (2001): Kribbeln im Kopf: Kreativitätstechniken / Brain-Tools für Werbung / Design. Mainz: Schmidt

Raphel, M. / Erdman, K. (1988): Do-it-yourself Handbuch der Direktwerbung. Bonn: Norman Rentrop

Rehe, R. F. (1986): Typografie und Design für Zeitungen. Darmstadt: IFRA

Reichle, A. (2004): Eine explorative Studie zur Anwendbarkeit des Hamburger Textverständlichkeitsmodells auf Werbetexte unter Einbeziehung der Dimension Personzentrierung. (Diplomarbeit, Ludwig-Maximilians-Universität München)

Reiss, S. / Haverkamp, S. (1996): The sensitivity theory of motivation: Implications for psychopathology. Behaviour Research and Therapy, 34 (8), 621 – 632

Reiss, S. (2004): The Sixteen Strivings for God. Zygon, 39 (2 – June), 303 – 320

Rensmann, F.-J. (2002): Die Konzentration auf den Kunden. In: H. Dallmer (Hrsg.): Direct Marketing / More. Das Handbuch (S. 57 – 71). Wiesbaden: Gabler

Rosenstiel, L. von / Neumann, P. (1990): Die Macht des ersten Eindrucks. Absatzwirtschaft (4), 64 – 72

Rosenstiel, L. von. (1969): Psychologie der Werbung. Rosenheim: Komar

Rosenstiel, L. von. (2003): Grundlagen der Organisationspsychologie. (5. Aufl.) Stuttgart: Schäffer-Poeschel

Scheier, C. (2005): Wie wirken Plakate. Verfügbar (10.5.11) unter: http://www.epamedia.at/websites/web_9_5/docs/artikel_wie_wirken_plakate.pdf

Scheuch, M. (2001): Verkaufsraumgestaltung und Ladenatmosphäre im Handel. Forschungsergebnisse der Wirtschaftsuniversität Wien. Wien: Facultas; Service-Fachverl.

Schierl, T. (2001): Text und Bild in der Werbung. Bedingungen, Wirkungen und Anwendungen bei Anzeigen und Plakaten. Köln: Herbert von Halem Verlag

Schmalt, H.-D. / Langens, T. A. (2009): Motivation. (4. Aufl.) Stuttgart: Kohlhammer

Schneider, K. / Schmalt, H.-D. (1981): Motivation. Stuttgart: Kohlhammer

Schneider, K. / Schmalt, H.-D. (1994): Motivation. (2. Aufl.) Stuttgart, Berlin, Köln: Kohlhammer

Schneider, W. (1997): Deutsch für Werber. Edition VDZ – Die Publikumszeitschriften. Bonn: Zeitschriften Akademie ZAK GmbH

Schubert, T. (2004): Empirische und theoretische Überprüfung der psychologischen Wirkung des ersten Kurzdialogs im Direktmarketing. (Diplomarbeit, Ludwig-Maximilians-Universität München)

Schuhmacher, H. (2008): Emotionalisierung im SB-Warenhaus – POS-Aktivitäten in der Praxis. Presented at Consumer Insights Powerstrategien für mehr Erfolg am POS der Nymphenburg Consult AG, Frankfurt am Main

Schultz, D. E., Tannenbaum, S. I. / Lauterborn, R. F. (1993): Integrated marketing communications. Chicago Ill.: NTC Business Books

Schultz, W. (1998): Predicitve reward signal of dopamine neurons. Journal of Neurophysiology, 80, 1 – 27. Verfügbar (10.5.11) unter: http://jn.physiology.org/content/80/1/1.long

Schultz, W. / Dayan P. / Wolfram, R. / Montague, P. R. (1997): A neural substrate of prediction and reward. Science, 275, 1593 – 1599. Verfügbar (10.5.11) unter: http://citeseerx.ist.psu.edu/viewdoc/download?doi=10.1.1.124.5997/rep=rep1/type=pdf

Schwarz, T. (2004): Leitfaden E-Mail Marketing und Newsletter-Gestaltung. Verfügbar (10.5.11) unter: www.absolit.de/PDF/Leitfaden_Dialogmarketing_xmas.pdf

Schweiger, G. (1985): Nonverbale Imagemessung. Werbeforschung / Praxis, 4, 126 – 134

Schwindt, A. (2010): Das Facebook-Buch. Köln u.a: O'Reilly

ShopConsult by Umdasch. (2004): Beeinflussbarkeit der Konsumenten am POS durch gezielten Einsatz von Emotionen bei der Gestaltung von Preisschildern. Verfügbar (5.5.2011) unter: http://sc.e-novation.at/images/content/pdfs/researchletter24feb2004_screen.pdf

Siouffi, B. (2003): Wohin führt der Weg des Dialogmarketings? – Statement. In: Siegfried Vögele Institut, DDV / Horizont (Hrsg.), Perspektiven des Dialogmarketings: 1. Europäischer Dialogtag. 14. – 15. Mai 2003, Königstein/Frankfurt (Main) (S. 16)

Smith, G. H. / Engel, R. (1968) (Hrsg.): Influence of a female model on perceived characteristics of an automobile. Proceedings of the 76th annual convention of the American Psychological Association

Soper, B. / Milford, G. / Rosenthal, G. (1995): Belief when evidence does not support theory. Psychology / Marketing, 12 (5), 415 – 422

Spiegel, B. (1970): Werbepsychologische Untersuchungsmethoden. Experimentelle Forschungs- und Prüfverfahren. Berlin: Duncker / Humblot

Spitzer, M. (2003): Lernen. Gehirnforschung und die Schule des Lebens. Heidelberg: Spektrum, Akad. Verl.

Storch, M. / Krause, F. (2000): Das Zürcher Ressourcen Modell ZRM. Verfügbar (10.5.11) unter: http://www.majastorch.de/download/zrm.pdf

Taylor, S. E. (1963): Eye Movements in Reading – facts and fallacies. American Educational Research Journal, 2 (4), 187 – 202

Tietz, B. (1981): Die Werbung: Handbuch der Kommunikations- und Werbewirtschaft. Landsberg am Lech: Moderne Industrie

Trommsdorff, V. (2009): Konsumentenverhalten. (7. Aufl.) Stuttgart: Kohlhammer

Tulvig, E. (1985): How many memory systems are there? American Psychologist, 4, 385 – 398. Verfügbar (10.5.11) unter: http://alicekim.ca/14.AmPsy85.pdf

Ulrich, H. (1976): Zum Praxisbezug der Betriebswirtschaftslehre in wissenschaftstheoretischer Sicht. Bern: Haupt

Vögele, S. / Bidmon, R. K. (2002): Psychologische Aspekte der Dialogmethode. In: H. Dallmer (Hrsg.): Direct Marketing / More. Das Handbuch. (8. Aufl.) (S. 435 – 458): Wiesbaden: Gabler

Vögele, S. (1990): Dialogmethode: Das Verkaufsgespräch per Brief und Antwortkarte. (5. Aufl.) Landsberg/Lech: Moderne Industrie

Vögele, S. (1995): 99 Erfolgsregeln für Direktmarketing. Der Praxis-Ratgeber für alle Branchen. Landsberg/Lech: Moderne Industrie

Vögele, S. (2002): Dialogmethode: Das Verkaufs-gespräch per Brief und Antwortkarte. (12. Aufl.) Landsberg/Lech: Moderne Industrie

Wahba, A. / Bridgewell, L. (1976): Maslow reconsidered: A review of research on the need hierarchy theory. Organizational Behavior and Human Performance, 15, 212 – 240

Weinberg, P. (1986): Nonverbale Marktkommuni-kation. Konsum und Verhalten. Bd. 11. Heidelberg: Physica-Verlag

Weinberg, T. (2010): Social media marketing: Strategien für Twitter Facebook / Co. Beijing, Köln: O'Reilly

Weinhold-Stünzi, H. (1974): Grundlagen moderner Marketing-Konzepte. Marketing und Distribution. St. Gallen: Verl. für Marketing und Distribution

Weinhold-Stünzi, H. (1984): Wissenschaftsziele für Betriebswirtschaftslehre: Steigerung ihrer Leistungsfähigkeit durch Zielvergaben. Zeitschrift Führung + Organisation, 53 (8), S. 475 – 479

Wheildon, C. / Heard, G. (Hrsg.) (2005): Type and Layout. Are you communicating or just making pretty shapes? How typography and design can get you message across – or get in the way. Hastings, Victoria, Australien: The Worsley Press

Wheildon, C. (1990): Communicating – or just making pretty shapes. Verfügbar (14.3.2003) unter: http://www.ianmc.com.au/articles/cojmps.pdf

Wheildon, C. (1995): Type and Layout. How typography and design can get you message across – or get in the way. Berkely, California: Strathmoor Press

Wimmer, R. M. (1988): Menschen sind Augen-tiere. Absatzwirtschaft, 31 (2), 88 – 99

Winkielman, P. / Schwarz, N. / Reber, R. / Faendeiro, T. A. (2003): Cognitive and affective consequences of visual fluency: When seing is easy on the mind. In: L. M. Scott / R. Batra (Hrsg.): Persuasive imagery. A consumer response perspective. Includes bibliographical references and index (S. 75–90). Mahwah, N.J: Lawrence Erlbaum Associates

Zimbardo, P. G. / Gerrig, R. J. (2008): Psycholo-gie. (18. Aufl.) München: Pearson Studium

Stichwortverzeichnis